Handelsgeographie

und

Handelsgeschichte.

Ein Handbuch

für

Handels-, Gewerbs- und polytechnische Schulen

sowie für Kaufleute und Fabrikanten.

Erster oder allgemeiner Theil.

Dritte ganz umgearbeitete und stark vermehrte Auflage.

Von

Dr. Adolph Nischwitz,

Lehrer der Handelsgeographie und Handelsgeschichte an der öffentlichen Handels lehranstalt zu Leipzig.

Leipzig.

G. J. Göschen'sche Verlagshandlung.

1851.

Buchdruckerei der J. G. Cotta'schen Buchhandlung in Stuttgart.

Inhaltsverzeichniß.

Allgemeine Darstellung der Erde nach ihren Wasser- und Land- oder Erdtheilen.

Wassertheile.

Erklärung der nothwendigsten auf die See Bezug habenden Erscheinungen und Umstände.

Land- oder Erdtheile.

Allgemeine Handelsgeographie von Europa.

Handelsprodukte Europa's

mit Angabe der wichtigsten Produktionsgegenden

Produkte aus dem Thierreich.

Produkte aus dem Pflanzenreich.

Produkte aus dem Mineralreich.

Colonien der Europäer in andern Erdtheilen.

Einfuhrprodukte

aus diesen Colonien, sowie überhaupt aus allen übrigen Erdtheilen, nach Vorkommen, Güte und Menge.

Animalische Produkte.

Vegetabilische Produkte.

Mineralische Produkte.

Gewerbsindustrie.

Manufaktur- und Fabrikwaaren mit Angabe der Länder und Plätze, welche sie in größter Menge und am besten liefern.

Vom Handel im Allgemeinen.

Eintheilung des Handels.

Handelsgeschichte.

Einleitung.

Allgemeine Darstellung der Erde nach ihren Wasser- und Land- oder Erdtheilen.

Wassertheile.

Die Oberfläche der Erde, über 9 Mill. Quadratmeilen groß, ist größtentheils von Wasser bedeckt, aus welchem noch nicht ein Drittel des Ganzen als festes Land hervorragt.[1] Diese große, durchaus zusammenhängende, und daher nur ein Ganzes bildende Wasserfläche heißt überhaupt die See, auch das allgemeine Weltmeer oder der Weltocean (richtiger Erdocean), und dieser wird durch die in ihm liegenden Landmassen (Erdtheile) am natürlichsten in fünf einzelne, besonders benannte Weltmeere oder Oceane getheilt, die, nach ihrer Lage an und zwischen den verschiedenen Ländern, wieder in mehrere kleinere Meere mit ihren Theilen, den Busen, Baien, Straßen rc., unter verschiedenen Namen zerfallen.

I. Das nördliche Eismeer oder arktische Polarmeer.

Dieses hat den Nordpol zum Mittelpunkt, erstreckt sich rings um denselben als runde Fläche bis zum Polarkreis ($23\frac{1}{2}^0$ südlich vom Pol) oder bis zum Grenzpunkt der nördlichen gemäßigten Zone, benetzt die Nordküsten Europa's, Asiens und Amerika's und umschließt die Inseln Spitzbergen, Nowaja-Semlja, Neu-Sibirien, Melville rc.[2]

[1] Daß ehemals alles Land vom Meer bedeckt gewesen seyn mag, und nur nach und nach die höchsten Landstrecken als trockener Boden aus demselben hervortraten, davon scheinen die vielen bis jetzt aufgefundenen Spuren in den höchsten Gebirgen zu zeugen.

[2] Das nördliche Polarmeer hat einen Reichthum an Treibholz, meist große mit den Wurzeln ausgerissene Nadelholz- und andere Bäume, die

Theile desselben sind:

1. das lappländische Meer an den Küsten Norwegens und Rußlands;

2. das Meer von Spitzbergen um die gleichnamige Inselgruppe;

3. das weiße Meer mit dem Onega- und Dwina- oder Archangel'schen Busen im europäischen Rußland;

4. das karische Meer zwischen der Doppelinsel Nowaja-Semlja und Nordwest-Sibirien;

5. das sibirische Meer an der Nordküste Sibiriens, mit mehreren Busen an den Ausflüssen der sibirischen Flüsse Ob, Jenisei, Lena, Indigirka, Kolyma ꝛc. in Asien;

6. der Georgs-Archipel in Nordamerika, mit der nördlichsten Inselgruppe (Melville u. a.);

7. die Baffins-See ebendaselbst, mit der Prinzregenten-, Lancaster-, Barrow-, Baffins-, Davis-, Cumberlands- ꝛc. Straße oder Einfahrt;

8. der Parry-Archipel im Westen der Baffinssee, mit der Hekla-Fury-Straße und der James- und Repulse-Bai; [1]

9. das grönländische Meer an der Ostküste Grönlands, dem östlichsten Landtheile Nordamerika's.

II. Der atlantische Ocean oder das westliche oder amerikanische Weltmeer.

Dieser fluthet zwischen Europa, Afrika und Amerika, hängt im Norden mit dem nördlichen, im Süden mit dem südlichen Eismeer zusammen, bespült im Osten die Westküsten Europa's

wahrscheinlich von sibirischen und nordamerikanischen Flüssen ins Meer geschwemmt, an die Küsten von Grönland, Island, Spitzbergen, Nowaja-Semlja ꝛc. getrieben werden, und wovon auch Norwegen und Schottland seinen Theil empfängt.

Wir verdanken die Kunde von diesen nördlichsten Gegenden der Erde dem eifrigst verfolgten Streben der Engländer, eine nordwestliche Durchfahrt zwischen dem festen Lande von Amerika und dem Nordpol aufzufinden, was allerdings die Fahrt nach China und den östlichen Theilen Asiens bedeutend abkürzen würde. Daher denn auch Nordpol-Expeditionen oder Polarreisen von England aus bis in die neueste Zeit — die letzten unter den Kapitänen Parry, John Roß, Back, Dease und Simpson ꝛc. — für diesen Zweck, allein noch immer ohne Erfolg, unternommen wurden. Doch soll die durch die bekannte englische Hudsonsbai-Compagnie veranstaltete Expedition, unter der Leitung der beiden letztgenannten Engländer, Dease und Simpson, im Jahre 1839 das Ergebniß geliefert haben, daß es jetzt außer allem Zweifel steht, wie ein offenes Meer unter diesem Himmelsstriche vorhanden ist, und man doch noch hoffen darf, endlich auch auf dieser Seite eine wo nicht regelmäßige, doch zeitweise Schifffahrt nach Asien möglich machen zu können.

und Afrika's (durch das mittelländische Meer auch einen Theil des westlichen Asiens), im Westen die Ostküsten Amerika's, und wird durch den Aequator in das nord- und südatlantische Meer (letzteres auch äthiopisches genannt) getheilt.

Theile desselben sind

A. Im Osten:

1. das Nord- oder scandinavische Meer zwischen Island und den norwegischen und schottländischen Küsten, mit den Busen von Drontheim und Bergen in Norwegen und dem Murray-Busen in Schottland;

2. die Nordsee oder das deutsche Meer zwischen Großbritannien, den Niederlanden, Deutschland und Dänemark, mit dem Zuydersee und Haarlemer oder Leydener Meer in Holland und dem Busen Dollart zwischen Holland und Hannover (Ostfriesland);

3. die Ostsee oder das baltische Meer, welche durch das Skagerak zwischen Dänemark und Norwegen (hier der Busen Christiansfiord in Norwegen) und das Kattegat zwischen Dänemark und Schweden, nebst drei Meerengen, nämlich dem kleinen Belt zwischen Jütland und der Insel Fünen, dem großen Belt zwischen Fünen und der Insel Seeland, und dem Sund (Oeresund) zwischen Seeland und Schweden, mit der Nordsee zusammenhängt, Schweden, Dänemark, Deutschland, Preußen und Rußland bespült, nach Norden zwischen Schweden und Rußland den bottnischen, nach Osten in Rußland den finnischen, nach Südosten den Rigaer oder livländischen Busen und nach Süden in Preußen das curische und frische und in Pommern das Stettiner Haff bildet;

4. der Canal la Manche (Aermelmeer) oder Canal schlechtweg zwischen England und Frankreich, mit der 7 Stunden breiten Straße oder Pas de Calais, auch Straße von Dover genannt, zwischen den genannten beiden Ländern und der normännischen oder normandischen Bucht im nordwestlichen Frankreich;

5. das caledonische Meer vor der Nord- und Nordwestküste Schottlands und um die Hebrideninseln; weiter südlich am Ocean der Donegal- und Galway-Busen an der Westküste Irlands;

6. die irische See zwischen Großbritannien und Irland, mit dem Nord- und St. Georgs-Canal, welche diese beiden Länder trennen, nebst der Bristol-Bai im südwestlichen England;

7. das aquitanische Meer an der Westküste Frankreichs, mit dem Loire- und Girondebusen;

8. das biscayische oder cantabrische Meer zwischen Frankreich und Spanien, mit dem Busen von Gascogne im südwestlichen Frankreich und dem Busen von Bilbao an der Nordküste Spaniens;

9. das portugiesische Meer an der West- und Südküste Portugals, mit den Busen von Lissabon (Tajomündung) und Setuval oder St. Ubes im südwestlichen Portugal und dem Busen von Cadix im südwestlichen Spanien;

10. das mittelländische Meer zwischen Südeuropa, Nordafrika und einem Theile des westlichen Asiens. Es hängt durch die drei Meilen breite Meerenge oder Straße von Gibraltar mit dem atlantischen Ocean zusammen und zerfällt selbst wieder in folgende Theile:

a. das balearische Meer an der Ostküste Spaniens, mit dem Golf von Valencia;

b. das französische Meer an der Südküste Frankreichs, mit dem lionischen Busen an der Mündung des Rhoneflusses;

c. das ligurische oder sardinische Meer an der Südküste Sardiniens, mit dem Busen von Genua;

d. das toscanische (tuskische) oder tyrrhenische Meer an der Westküste Italiens, mit der Straße von Piombino zwischen der Küste von Toscana und der Insel Elba, der Straße von Bonifacio zwischen den Inseln Corsica und Sardinien und den Busen von Gaëta, Neapel, Salerno und Policastro an der Westküste Neapels;

e. das sicilische oder liparische Meer zwischen der Insel Sicilien und der Küste von Neapel, mit der nur ¼ Meile breiten Straße oder dem Faro di Messina (hier die Strudel der Scylla und Charybdis) zwischen Sicilien und Calabrien;

f. das calabrische Meer an der Küste von Unteritalien, mit dem Busen von Taranto in Apulien;

g. das adriatische Meer oder der venetianische Meerbusen zwischen Italien, Deutschland, Dalmatien und der Türkei, mit der Straße von Otranto und den Busen von Manfredonia, Venedig, Triest, Fiume (Quarnero-Busen) und Cattaro;

h. das jonische Meer um die jonischen Inseln und an der Küste von Albanien und Griechenland, mit den Busen von Arta, Missolunghi, Lepanto oder Corinth, dessen Eingang von zwei festen Schlössern, Morea südlich und Rumili oder Rumelien nördlich, oder den kleinen Dardanellen vertheidigt wird, Patras, Navarin, Koron oder dem messenischen und Kolokythia oder dem lakonischen Busen im westlichen Griechenland oder Morea;

i. der griechische Archipel oder das ägäische Meer,

von Griechenland und der europäischen und asiatischen Türkei begrenzt, mit den Busen von Napoli di Romania (Nauplia) und Aegina oder Athen, dem Canal von Negroponte oder Talanta (Euripus), nebst dem Busen von Zeitun zwischen Livadien und der Insel Negroponte im nordöstlichen Griechenland, sowie mit dem Busen von Volo in Thessalien, von Saloniki und Contessa in Macedonien und dem Busen von Smyrna in Natolien oder Kleinasien. Aus diesem Meer führt die Straße der Dardanellen (Hellespont) zwischen der europäischen Türkei und Natolien in

k. das Marmorameer (Propontis), eine Erweiterung der Dardanellenstraße und das kleinste unter allen Meeren, und aus diesem die Straße von Constantinopel oder der thracische Bosporus ebendaselbst in

l. das schwarze Meer (Pontus Euxinus), welches im Westen der Türkei, im Norden und Osten das südliche Rußland und im Süden Natolien oder Kleinasien bespült. Zu bemerken sind hier der Busen von Varna in der Türkei (Bulgarien) und der Busen von Odessa in Rußland. — Nördlich aus diesem Meere führt die Straße von Jenikale oder Kertsch (sonst von Kaffa oder Feodosia, auch cimmerischer Bosporus genannt) zwischen der Halbinsel Krim oder Taurien und der Insel Taman in

m. das Asow-Meer (Palus Mäotis), den nördlichsten Theil des schwarzen Meeres, dessen westliche Vertiefung im russischen Taurien das faule Meer genannt wird;

n. das syrische oder levantische Meer vor der asiatisch-türkischen Provinz Syrien und um die Insel Cypern, mit den Busen von Skanderum oder Alexandrette so wie von St. Jean d'Acre oder Akra und von Gaza (Philistermeer) an der syrischen Küste;

o. das ägyptische Meer an der Nordküste Aegyptens in Afrika, mit den Busen von Damiette, Rosette und Alexandrien (letzterer auch Busen der Araber genannt);

p. das libysche Meer an der Küste der afrikanischen Landschaft Tripolis, mit den Busen von Sydra (große Syrte), Cabes (kleine Syrte) und Tunis;

q. das Barbaresken- oder Korsarenmeer, auch Meer von Algier an den afrikanischen Küsten von Tunis, Algier und Marocco;

11. das maroccanische Meer an der Küste des Reiches Marocco, mit der Bai von Agadir;

12. das canarische Meer um die canarischen Inseln der Spanier vor derselben Küste;

13. das Meer von Senegambien an der Küste Senegambiens und um die capverdischen Inseln der Portugiesen, mit

dem Senegal- und Gambia-Busen an den Mündungen der gleichnamigen Flüsse;

14. das Meer von Guinea, gewöhnlich nur der Meerbusen von Guinea genannt, an der Küste von Oberguinea, mit der Benin- und Biafara-Bai an den Küsten gleiches Namens;

15. das Meer von Congo oder Niederguinea an der gleichnamigen Küste, mit der Benguela-Bai im Reiche gleiches Namens;

16. das Cap-Meer an der Südspitze Afrika's oder am Vorgebirg der guten Hoffnung, mit der Saldanha-, Tafel- und falschen Bai.

B. im Westen:

17. das Eskimo-Meer an der Nordostküste Amerika's, zwischen Grönland und der Halbinsel Labrador, mit der Hudsons-Bai oder besser Hudsons-See im Innern von Nordamerika und der in dieselbe führenden Hudsons-Straße;

18. das Meer von Canada an den Küsten des britischen Nordamerika's, mit dem St. Lorenz-Busen und der Belleisle-Straße zwischen Labrador und der britischen Insel Neufundland;

19. das Meer von Pennsylvanien an den Küsten der Vereinigten Staaten von Nordamerika, mit der Delaware-Bai zwischen den Freistaaten Neu-Jersey und Delaware und der Chesapeak-Bai zwischen den Freistaaten Maryland und Virginien;

20. das Antillen- oder karaibische Meer, oder der westindische Archipel zwischen Nord- und Südamerika und um die westindischen Inseln, mit dem Bahama-Canal zwischen dem nordamerikanischen Freistaat Florida und der spanischen Insel Cuba und dem großen Meerbusen von Mexico zwischen den Vereinigten Staaten und den Freistaaten Texas und Mexico, mit der Apalache-, Pensacola- und Mobile-Bai in den Vereinigten Staaten (in Florida und Alabama) und der Campeche-Bai im südlichen Mexico, nebst der Honduras- und Guatemala-Bai in Centralamerika oder dem Freistaate Guatemala und den Busen von Darien und Venezuela oder Maracaibo, nebst dem Maracaibo-See in Columbien oder den Freistaaten Neugranada und Venezuela oder Caracas in Südamerika;

21. das Meer von Guiana an den Küsten der berühmten englischen, holländischen und französischen Colonien Demerara, Surinam und Cayenne ebendaselbst;

22. das brasilianische Meer an den Küsten Brasiliens, mit dem Amazonen-Busen an der Mündung des gleich-

namigen Flusses und der Allerheiligen- und Rio-Janeiro-Bai im Kaiserthum Brasilien;

23. das La Plata-Meer an den Küsten der Freistaaten Cisplatina oder Uruguay und La Plata, mit dem Busen von Buenos Ayres an der Mündung des Rio de la Plata zwischen den genannten beiden Freistaaten;

24. das Magelhaens-Meer an der Küste von Patagonien, mit dem Falklands- oder Malouinen-Archipel vor derselben und der Magelhaens-Straße zwischen Patagonien und dem Feuerlande, welche den atlantischen mit dem stillen Ocean verbindet;

25. der Neushetlands- oder Südpolar-Archipel vor der Südspitze Amerika's, mit mehreren Inselgruppen am südlichen Eismeere.

III. Der indische Ocean oder das südliche Weltmeer.

Dieser fluthet zwischen Afrika, Asien und Australien, benetzt im Westen die Ostküsten Afrikas, im Norden die Südküsten Asiens, im Osten die Westküsten Australiens (Neuguinea und Neuholland) und hängt im Süden mit dem südlichen Eismeer sowie mit dem atlantischen Ocean zusammen.

Theile desselben sind:

1. das Meer von Madagascar um die Insel gleiches Namens vor der Südostküste Afrika's, mit dem Canal von Mozambik oder comorischen Canal und den Busen von Lagoa und Sofala zwischen den afrikanischen Küsten Sofala und Mozambik und der Insel Madagascar;

2. das arabische Meer an der Südküste von Arabien, mit dem Busen von Aden und dem arabischen Meerbusen oder rothen Meer, auch Schilfmeer genannt, und der in dasselbe führenden Straße Bab-el-Mandeb (Thor der Gefahr) zwischen Afrika und Asien, oder zwischen Aegypten und Arabien;

3. das persische Meer an der Südküste von Persien, mit dem persischen Meerbusen oder grünen Meer und der in denselben führenden Straße von Ormus zwischen Arabien und Persien, nebst den Busen von Cutsch, Cambaya und Bombai in Vorderindien oder Hindustan;

4. der Lakediven- und Malediven-Archipel vor der Südwestküste Vorderindiens;

5. das ostindische Meer oder der große Meerbusen von Bengalen zwischen Vorder- und Hinterindien, mit der in dasselbe führenden Ceylon- oder Palks-Straße und dem durch seine Perlenbänke berühmten Manaar-Golf zwischen

der Südspitze von Vorderindien und der englischen Insel Ceylon, nebst den Busen von Pegu und Martaban in Hinterindien;

6. das hinterindische Meer an der Ostküste der Halbinsel Malacca und an den Südküsten der Reiche Siam und Anam in Hinterindien, mit dem Busen von Siam;

7. das südchinesische Meer an der Ostküste von Cochinchina in Hinterindien und an der Südküste von China, mit der Turonbai und dem Busen von Tonkin oder Anam in dem ersteren und dem Busen von Canton und der Straße von Formosa oder Fokien in dem letzteren Reiche;

8. der indische Archipel, umfassend die ostindischen Inselgruppen, mit seinen Theilen, der Mindoro- oder Suluh-, der Celebes-, Molukken- oder Banda- und Flores- und der Sunda- und Java-See, nebst der Malacca- oder malayischen und der Singapur-, Sunda-, Karimata-, Macassar- und Molukken-Straße zwischen den gleichnamigen Inseln;

9. die Schwanen-See vor der Mündung des Schwanenflusses an der Westküste Australiens (Neuhollands), mit der Geographen- und Flinders-Bai.

IV. Der Austral-Ocean oder das östliche große Weltmeer, südlich vom Aequator gewöhnlich die Südsee, auch das stille Meer genannt.

Es ist dieß die große Wasserfläche zwischen der Ostseite der alten und der Westseite der neuen Welt, oder zwischen Asien und Amerika, und es bespült dieser Ocean im Westen die östlichen Küsten Australiens (Neuholland und Van Diemensland) und Asiens, hängt im Norden mittelst der Cook-Behrings-Straße zwischen Sibirien und der russischen Nordwestküste Amerika's mit dem nördlichen Eismeer zusammen, benetzt im Osten die westlichen Küsten Amerika's und stößt im Süden an das südliche Eismeer. Man theilt ihn nach den beiden Wendekreisen in drei Stücke: in die Nord-, Mittel- und in die Südsee oder das stille Meer.

Theile desselben sind

A. im Westen:

1. das Van Diemens-Meer um die gleichnamige Insel oder Tasmanien, mit der Baß- und Banks-Straße zwischen dieser Insel und Neuholland;

2. das Meer von Neuseeland östlich von Neuholland, mit der Cooks-Straße, welche die beiden neuseeländischen Inseln trennt;

3. das Neusüdwales- und Korallenmeer an der Nordostküste Neuhollands, mit der Botany- und Port-Jacksons-Bai;

4. die Neuguinea-See um die Insel gleiches Namens, mit der Torres- oder Providence- und Dampiers-Straße zwischen Neuholland, Neuguinea und Neubritannien und dem Meerbusen von Carpentaria im Norden Neuhollands;

5. der Marianen- oder Ladronen-Archipel, sowie der Carolinen-, Salomons-, Neuhebriden-, Freundschafts-, Gesellschafts-, Marquesas-, Sandwichs- und mehrere andere Archipele in Australien;

6. das ostchinesische und gelbe Meer, letzteres zwischen der Nordostküste China's und der Halbinsel Korea, mit dem Petscheli- und Korea-Busen und der Straße von Korea; vor der Ostküste China's der Lieukieu- oder Likejo-Archipel;

7. das japanische Meer zwischen Japan und der Mandschurei oder Tungusien, mit den Straßen La Perouse und Sangar zwischen den japanischen Inseln;

8. das kurilische Meer, auch Meer von Tarrakai genannt, zwischen der Insel Tarrakai (Karafta oder Saghalin) und den Kurileninseln;

9. das ochotskische oder tungusische Meer, auch das Lam genannt, zwischen Sibirien und der Halbinsel Kamtschatka, mit dem ischiginskischen und pentschinskischen Busen im Norden und der mandschurischen oder tartarischen Straße zwischen Tungusien und der Insel Saghalin;

10. das Meer von Kamtschatka an der Ostküste der gleichnamigen Halbinsel, mit dem Katharinen-Archipel (Aleuten und Fuchsinseln) zwischen Asien und Amerika und der Awatscha-Bai mit Peter-Paulshafen an der Südostküste von Kamtschatka;

B. im Osten:

11. die Behrings-See zwischen Sibirien und der russischen Nordwestküste Amerika's, mit der Behrings-Straße (bei den Briten Cooks-Straße) zwischen Asien und Amerika, dem Anadyr-Busen im nordöstlichsten Asien (Sibirien) und dem Kotzebue- und Norton-Sund im nordwestlichsten (russischen) Amerika;

12. das kenaiskische Meer an der russischen Nordwestküste Amerika's, mit Cooks-Einfahrt und dem Prinz Williams-Sund östlich von der Halbinsel Alaschka;

13. der König Georgs- und Prinz Wales-Archipel ebendaselbst, mit dem großen Sund an der Nordküste der Insel Sitka;

14. der Quadra-Vancouvers-Archipel an der britischen Nordwestküste Amerika's, mit dem Königin-Charlotten-Sund im Norden der Insel Quadra oder Vancouver;

15. das Meer von Californien an der Westküste von Mexico, mit dem Meerbusen von Californien oder dem Purpurmeer und der Franz Drakes-Bai;

16. das Central-Meer an der Küste von Guatemala oder Centralamerika, mit dem Busen von Papagayo oder Nicaragua und der Nicoya-Bai;

17. das Aequator-Meer an der Küste des Freistaates Ecuador oder Quito in Südamerika, mit dem Busen von Guayaquil;

18. das Meer von Peru an der Küste des gleichnamigen Freistaates, mit der Callao-Bai vor der Hauptstadt Lima daselbst;

19. das Meer von Chile an der Küste des Freistaates gleiches Namens, mit der Coquimbo-, Valparaiso- und Valdivia-Bai;

20. das Meer von Patagonien an der gleichnamigen Küste, mit dem Chonos-Archipel vor derselben, dem Busen von Penas weiter südlich und der Magelhaens-Straße zwischen Patagonien und dem Feuerland.

V. Das südliche Eismeer.

Dieses Meer, soviel bekannt, ohne Inseln, ist völlig offen und uneingeschlossen, daher es hier weder Busen noch Straßen gibt.[1] Seine mächtigen Eisfelder nehmen einen größern Raum ein als die des nördlichen Eismeeres, und erstrecken sich weit in die gemäßigte Zone herein.[2] Der Engländer Weddel, welcher im Jahre 1822 am weitesten gegen den Südpol vordrang, nannte einen daselbst von Eis frei gefundenen Meerestheil Georgs IV. See. — Der Vulkan Erebus 77° 32′ südl. Br., 167° östl. L. von Greenwich wurde von der englischen Südpolarexpedition unter John Roß entdeckt; er ist sehr hoch, so daß man ihn 130 Meilen weit sieht.

Antarktische Expedition. Der Erebus unter Capitän Roß und der Terror unter Capitän Crozier verließen England im September 1839 und gingen nach Van Diemensland.

[1] Man vergleiche hiermit weiter unten die Anmerkung am Schlusse des Erdtheiles Amerika.

[2] Cook fand bis 49° s. Br. feststehende Eisberge; andere Reisende sollen bis 47°, ja bis 39° noch Eismassen (Treibeis) gefunden haben. — In den nördlichen Polarländern scheint, wenigstens nach dem ehemaligen Zustande Grönlands zu schließen, die Eisgrenze auch weiter nach Süden vorzurücken. In Nordamerika reicht sie am weitesten südlich, und es sollen Eisberge bis Neufundland herabschwimmen.

Von Hobartown nach den Auklandsinseln im Jahr 1840. Gelangen 1841 bis 78° 4′ südl. Br. Rückkehr. Kommen an die Inselkette und entdecken 1839 Balleny.

Raumverhältnisse der Meere.

Im atlantischen Ocean.

Der Weg von England nach China beträgt

1) über Suez	2570 geogr.	Meilen.
2) ums Cap der guten Hoffnung . .	3320 "	"
3) über Panama	3590 "	"
4) ums Cap Horn	4200 "	"

Von England nach Australien gibt es drei Wege:

1) über Panama	13,500 engl.	Meilen.
2) ums Cap	12,750 "	"
3) über Suez und Ceylon . . .	12,100 "	"

Von Bremen nach Newyork in den Vereinigten Staaten	gegen	900	Meilen.
Von Cadix nach der Havana in Westindien	"	900	"
Vom Cap Sierra-Leona, dem südwestlichsten Punkte in Afrika, bis zum Cap Roxo, dem südöstlichsten Punkte in Brasilien	"	400	"
Vom Cap der guten Hoffnung in Südafrika bis zum Cap Horn in Südamerika .	"	900	"

Im indischen Ocean.

Vom Cap der guten Hoffnung bis in den Busen von Calcutta in Bengalen .	"	1400	"
Vom Cap der guten Hoffnung bis zur Mündung des Schwanenflusses an der Südwestküste Neuhollands	"	1200	"

Im stillen Ocean.

Von der Botanybai in Neusüdwales bis zur Magelhaensstraße in Südamerika .	"	1400	"
Von Canton in China oder von Batavia in Ostindien bis in den Busen von Panama in Mittelamerika	"	2300	"

Erklärung der nothwendigsten auf die See Bezug habenden Erscheinungen und Umstände.

Ebene See. Diese findet statt, wenn das Wasser des Meeres ruhig ist.

Meeresströmung. Das Meer ist beständig in Bewegung, hat aber keine allgemeine regelmäßige Strömung, doch gibt es eigenthümliche Bewegungen desselben nach verschiedenen Richtungen, von welchen die zwischen den Wendekreisen von Osten nach Westen gehende Aequinoctial- oder Aequatorial- oder Rotations-Strömung, welche nicht durch Winde und Stürme, sondern wahrscheinlich durch die Axendrehung der Erde von Westen nach Osten entsteht, besonders merkwürdig ist. Am stärksten ist dieselbe im atlantischen Ocean, wo sie von der Nordwestküste Afrika's ununterbrochen nach der Ostküste Amerika's geht, sich an der Küste von Mittelamerika bricht und als Golfstrom, den die Schiffer benützen, 15 Meilen breit und schnell fließend, ohne Ufer zu haben, nordwärts nach den Küsten Nordamerika's hin, dann wieder zurück nach Europa zu sich wendet, bis er endlich nach einer südlichen Biegung dem Anfang der Strömung sich wieder anschließt. Man will wissen, daß diese Strömung zu ihrem Kreislauf fast drei Jahre braucht. — Viele andere Strömungen haben ihren Grund theils in örtlichen Ursachen, theils aber auch wohl in der Anziehungskraft der Sonne und des Mondes. In manchen Gegenden gibt es auch periodische Strömungen, welche ihre Richtung durch Winde erhalten. Starke Strömung findet gewöhnlich auch in Meerengen statt, in manchen doppelte, eine obere und eine untere, welche, wie bei Gibraltar, in entgegengesetzter Richtung fließen.

Ebbe und Fluth. Diese Meeresbewegung ist die merkwürdigste von allen und besteht in einem täglich zweimal regelmäßig wechselnden Steigen und Fallen des Meeres nach seinen Küsten hin: 6 Stunden lang wächst das Wasser gegen das Ufer an, und dieß ist die Fluth; steigt es nicht mehr, so ist hohe See. Bald darauf fällt das Wasser wieder 6 Stunden lang und zieht sich vom Ufer zurück, und dieß ist die Ebbe; hat es seinen tiefsten Stand erreicht, so ist tiefe See. Da das Entstehen der Ebbe und Fluth durch die Anziehungskraft des Mondes gegen die Erde erklärt wird, so wird sie auch astronomische Bewegung des Meeres genannt. Der Unterschied der Wasserhöhe zur Ebbe- und Fluthzeit ist in verschiedenen Gegenden sehr verschieden, von 3 bis 60 Fuß, ebenso der Eintritt und die Dauer des Steigens und Fallens. Eingeschlossene Meere, wie die Ostsee, haben oft gar keine oder nur unbedeutende Ebbe und Fluth. Im Mittelmeere steigt die Fluth gewöhnlich nur 1 Fuß, im adriatischen Meer aber 2 Fuß.

Wellen oder **Wogen** entstehen, wenn Winde, Stürme und Orkane das Meer bewegen, aufwühlen, ja aufthürmen.

Brandung. Darunter versteht man die ungestüme Anhäufung und Brechung der Wellen an steilen und felsigen Küsten, von welchen sie schäumend und tosend zurückprallen. Es kommen da oft 7 bis 10 Wellen so nach einander, daß die zweite über die erste u. s. w. schlägt und alle 10 erst zusammen als **eine** Wassermasse von der Küste zurückschlagen.

Springfluthen oder **Sturmfluthen** entstehen, wenn Stürme zur Zeit der Fluth (s. vorher) das Wasser dem Lande zu treiben, wo sie dann, besonders zur Vollmondszeit, an niedrigen Küsten oft furchtbare Verwüstungen anrichten, wie dieß 1828 wieder an der Nordsee der Fall war.

Hohle See nennt der Schiffer das nach einem Sturm noch lange in hohen und für ihn sehr gefährlichen Wogen gehende Meer, das seinen wagerechten Stand wieder zu gewinnen strebt. **Hohe See** und **tiefe See** s. unter **Ebbe** und **Fluth**.

Meerstrudel, Wirbel, Mahlstrom. Es gibt Stellen im Meere, wo das Wasser um einen in der Tiefe verborgenen Schlund schneckenförmig wirbelt. Solche Punkte sind der furchtbare **Mahlstrom** bei der Insel Moskoe an der Küste Norwegens, die **Scylla** und **Charybdis** in der Straße von Messina, der **Euripus** zwischen der griechischen Insel Negroponte und Livadien u. m. a.

Wasserhose oder **Wassersäule.** Man versteht darunter ein ganz eigenthümliches und zugleich sehr gefährliches elektrisches Phänomen auf dem Meere. Das Wasser fängt nämlich an in einem Kreise zu wirbeln und zu kochen und sich schneckenförmig in einer Säule zu erheben, zu welcher meist zugleich auch eine Wolke sackähnlich sich niedersenkt und sich mit ihr verbindet, worauf beide mit Brausen übers Meer ziehen, bis sie nach einiger Zeit unter Blitz und fürchterlichem Krachen zerplatzen. Die Schiffer suchen sie durch Kanonenschüsse zu zerstören, und hüten sich überhaupt in ihre Nähe zu kommen, weil, wenn sie das Schiff erreichte, dieses unfehlbar zertrümmert werden würde. Zuweilen wird sie auch vom Meer über das nahe liegende Land getrieben, wo sie dann als **Windsbraut** Bäume aufwirbelt, Häuser abdeckt und überhaupt große Verwüstungen anrichtet.

Tiefe des Meeres. Da der Boden des Meeres dieselbe Abwechselung seiner Oberfläche wie das feste Land darbietet — wie er denn auch nichts anders als eine nur tiefere Fortsetzung desselben ist — und es also auch hier Höhen und Tiefen gibt, so muß natürlich die Tiefe des Meeres auf verschiedenen Punkten sehr verschieden sein, was auch die vielfachen Versuche durchs Senkblei (**Loth**), womit nicht nur die Tiefe, sondern auch die Beschaffenheit des Meeresbodens erforscht wird, genügend bestätigt haben. Die hohe See in weiter Entfernung vom Lande ist gewöhnlich sehr tief, was jedoch auch der Fall an hohen steilen Küsten ist, wogegen bei niedrigen Küsten, die auch unter dem Wasser sich nur langsam senken, die Tiefe gegen das Land hin allmälig abnimmt. Durch Messungen weiß man auch, daß überhaupt die nördlichen Meere seichter sind als die südlichen, daß die Ostsee eine Tiefe von nur 300, die Nordsee von 1200, das mittelländische Meer von 9000 Fuß hat, und daß die größte Tiefe des stillen Meeres über 15,000 Fuß, also, ebenso wie die Höhe der größten Berge, ungefähr eine Meile betragen mag, da manche tiefe Stellen, zu deren Ausmessung die Mittel fehlen, bis jetzt noch gar nicht ergründet werden konnten.

Untiefen nennt man die Stellen, wo der Seeboden den Meeresspiegel oder das Niveau beinahe erreicht, und die also nicht die zur Schifffahrt erforderliche Tiefe haben.

Temperatur des Meeres. Diese soll nach der Tiefe verschieden seyn, und die Kälte des Meerwassers mit seiner Tiefe zunehmen; auch soll die Jahreszeit auf eine Tiefe von mehr als 300 Fuß keinen Einfluß mehr haben. Das Meer gefriert um so schwerer, je größer sein Salzgehalt und seine Bewegung, und je entfernter es vom festen Lande ist.

Farbe des Meeres. Das Meerwasser ist hell und durchsichtig, auch im Kleinen, z. B. in einem Glase, farblos, und nur im Ganzen und in einiger Entfernung stellt sich das Meer dem Auge in einer bläulich-grünen Farbe dar, die man deßhalb auch meergrün nennt; doch ist diese Farbe nicht überall gleich, sondern zieht sich in mancher Gegend, nach der Beschaffenheit des Bodens, der Seegewächse und Beimischungen mancher Art, ins Weißliche, Gelbliche, Röthliche, Bläuliche, Schwärzliche 2c.

Salzgehalt des Meeres. Dieser ist sehr verschieden. Man hat in verschiedenen Gegenden in 1 Pfund Seewasser 1 bis 4 Loth Salz gefunden. Es wird dasselbe in Masse und ganz einfach gewonnen, indem man das Meerwasser an den Küsten in flache Gruben leitet, in welchen es verdunstet und das krystallisirte Salz (Baisalz) zurückläßt. Häufig geschieht dieß ohne Zuthun der Menschen. — Irrig ist der Glaube, daß der Salzgehalt das Seewasser gegen Fäulniß schütze, denn die Erfahrung hat im Gegentheil gelehrt, daß es sehr leicht fault und stinkend wird, und daß es, ausgetreten, die Luft verpestet. — Der Geschmack des Meerwassers ist nicht nur salzig, sondern zugleich ölicht, bitterlich und so ekelhaft, daß es durchaus untrinkbar ist.

Leuchten des Meeres. Man unterscheidet ein dreifaches. Zuweilen leuchtet bei Nacht nur das Wasser um das Schiff, vorzüglich in den Furchen, welche dasselbe durch seine Bewegung zieht; ein andermal, besonders bei Gewitterschwüle, glänzen alle Wellen, die an einen festen Gegenstand anschlagen, und alles Wasser, das man schöpft, so lange fort, als es im Schwanken ist. Bei der dritten Art von Leuchten, der prachtvollsten von allen, strahlt die ganze Oberfläche des Meeres von einem phosphorartigen Licht, das sich sogar in die Tiefe und auf die in demselben schwimmenden Fische erstreckt. Der Ursprung dieses Leuchtens wird theils der Elektricität (Phosphorescenz), theils einer unendlichen Menge kleiner gallertartigen Thiere (Mollusken), welche den Ocean bevölkern, zugeschrieben.

Watten sind glatte Sandhügel, die bei der Fluth überspült, bei der Ebbe trocken gelegt werden.

Dünen nennt man Sandhügel, welche das Meer an sandigen Ufern aufwirft und deren Gestalt und Lage durch Wind und Wasser oft verändert wird, wie an den Küsten von Holland und Niederdeutschland.

Sandbänke oder Barren sind oft weit ins Meer hinausreichende Sandhügel oder Dünen, welche, als die bequemsten Orte für das Laichen, meist von unzähligen Fischen belebt sind. — Barren bezeichnen auch die einen Hafen bildenden Felsen.

Klippen sind aus dem Meere gleich Pfeilern hervorragende Felsenspitzen; blinde Klippen solche, die nahe an die Oberfläche des Meeres reichen.

Riffe, Felsenriffe oder Bänke sind ganze Reihen von Klippen. Korallenriffe sind durch Pflanzenthiere vom Grund des Meeres bis an seine Oberfläche wie Wälder angewachsen, und bilden oft ganze Inseln. — Die einen Hafen bildenden Felsen nennt man Barren; doch bezeichnet man damit auch Sandbänke.

Skären (schären). So nennt man die unzähligen Seeklippen an der Ostküste von Schweden, vorzüglich vor Stockholm, welche sich mehrere Meilen weit ins Meer erstrecken und die Einfahrt in die Häfen, namentlich für größere Fahrzeuge, unsicher und gefährlich machen. Daher die Skärenflotte Schwedens, die zur Deckung des Eingangs in die Skären dient, und aus Fahrzeugen besteht, die auch in dem seichten Wasser sicher fortkommen.

Inseln sind größere oder kleinere Hervorragungen oder Rücken und Hochebenen von Gebirgen in der See.

Archipele. Man versteht darunter eine Vereinigung von Inselgruppen oder Inselfluren. — Eigentlich bedeutet das Wort Archipel ein Hauptmeer, d. h. einen Meerestheil, der wegen seiner vielen beisammenliegenden Inseln wichtiger als ein anderer ist.

Eilande. Darunter versteht man gewöhnlich einzeln im Meere liegende (auch wohl unangebaute, unbewohnte) Inseln.

Holm bedeutet im Niederdeutschen eine kleine Insel, auch einen Hügel.

Werder oder Wörthe sind Inseln in Flüssen, Flußwasen; dann aber auch die zwischen Flüssen und stehenden Gewässern urbar und bewohnbar gemachten Sumpfgegenden (Marschland), auch Polder (s. d. Art.) genannt, welche gewöhnlich sehr fruchtbar sind, wie der Danziger, Marienburger und Elbinger Werder an der Weichsel in Westpreußen, der Billwerder, Ochsenwerder rc. in der Elbe bei Hamburg.

Halbinseln, Peninseln oder Vorlande sind Landtheile, die nur auf einer Seite mit dem Festlande zusammenhängen, und auf den andern vom Wasser umgeben sind, wie die skandinavische Halbinsel oder Norwegen und Schweden, die größte in Europa, ferner Morea oder der Peloponnes (Griechenland), die Krim im südlichen Rußland, Kamtschatka in Sibirien, Florida in den Vereinigten Staaten von Nordamerika rc.

Land- oder Erdzungen nennt man schmale Halbinseln, die weit ins Meer hinausragen, wie die curische und frische Nehrung in Ost- und Westpreußen.

Cap oder Vorgebirg heißt jede Spitze oder äußerste Vorragung eines Landes nach dem Meere. Kleine schmale Vorragungen heißen Spitzen.

Landenge oder Isthmus bezeichnet ebenfalls einen schmalen Streifen Landes, der aber zwei größere Landtheile verbindet und zwei Meertheile von einander trennt, wie die Landenge von Corinth zwischen Morea und Livadien in Griechenland, von Perekop zwischen der Krim und Südrußland, von Suez zwischen Asien und Afrika, von Panama zwischen Nord- und Südamerika.

Meerenge, Straße, Kanal, Sund, Bosporus, im Gegensatz von Landenge, ist eine schmale Meerstelle, die auf beiden Seiten vom Lande eingeengt wird, und also zwei größere Meertheile mit einander verbindet und zwei Landtheile von einander trennt, wie der Pas de Calais zwischen England und Frankreich, die Straße von Gibraltar, Messina rc.

Meerbusen, Golfe, Baien und Buchten sind größere oder kleinere Einschnitte und Vertiefungen, die das Meer in allen Gegenden sich ins Land gemacht hat.

Lagunen. Dieß sind kleine Busen, Seen und Moräste, welche Flüsse vor ihrer Mündung ins Meer, oder vielleicht das Meer selbst, nach Durchbrechung eines natürlichen Dammes, durch Eintreten in die niedrigen und flachen Küsten gebildet, wie die Lagunen um Venedig, welche Stadt wohl auf 70 Inselchen steht.

Haff. Ein veraltetes Wort, welches das Meer oder einen Theil desselben bezeichnet, und nur noch als Eigenname drei großer Busen oder vielmehr Landseen an der Küste der Ostsee in Preußen und Pommern vorkommt, von denen zwar jeder durch eine Seeenge (Tief) mit dem Meer in Verbindung steht, die aber doch, wegen der stark ausgehenden Strömung in dasselbe, süßes Wasser haben; es sind dieß das curische, das frische und das Stettiner Haff.

Rhede. Man bezeichnet mit diesem Worte die oft vor einem Hafen oder vor der Küste befindliche Stelle, welche den Schiffen einen einstweiligen sichern Ankerplatz, oder eine Zuflucht gegen gewisse Winde gewährt, bis sie mit eintretender Fluth in den Hafen einlaufen können. Ein offene Rhede heißt in der Schiffersprache eine solche, wo alle Schiffe ohne Unterschied ankern können, eine geschlossene, die von Batterien am Strande vertheidigt wird.

Häfen sind natürliche oder durch Kunst in Buchten bequem und sicher eingerichtete Landungsstellen, worin die eingelaufenen Schiffe vor Stürmen geschützt sind. Es gibt auch Häfen von Flüssen, am häufigsten an ihrer Mündung, aber bisweilen auch in großer Entfernung davon. Man könnte diese, zum Unterschied von den Seehäfen, binnenländische Häfen nennen. Freihäfen sind die, wohin die Schiffe aller Nationen ohne Abgaben ihre Waare bringen können. Viele Häfen können durch Ketten geschlossen werden, und bei allen gibt es Speicher oder Magazine und Packhöfe für die Waaren.

Molo ist ein an einem Hafen ins Wasser hinein aus großen Quadersteinen aufgeführter Damm, der dem Hafen mehr Sicherheit gibt, denselben vor Versandung und die Schiffe gegen Wellen und feindliche Angriffe schützt. Ein Uferdamm, besonders aber ein festes Mauerwerk längs dem Ufer eines Flusses, um denselben in seinem Bette zu erhalten, wird Quai oder Kai genannt.

Werft, Schiffswerft. Der Platz, erhöhte Ort, Gerüste (Stapel), oder die Anstalt in einem Seehafen oder an einem schiffbaren Fluß, wo Schiffe gebaut, und, wenn sie fertig sind, über Rollen oder Walzen vom Stapel gelassen werden. Zur Erbauung großer Kriegsschiffe, die nicht so leicht vom Stapel ins Wasser zu lassen sind, werden in dazu geeigneten Häfen Docks angelegt.

Docks oder Docken. Der Ort oder eine meist durch Dämme und Mauern gesicherte Abtheilung in einem Seehafen (Hafenbecken), wo die Schiffe ungestört liegen, und daselbst aufgehoben, ausgebessert und kalfatert, oder neu erbaut werden. Es gibt nasse und trockene Docks, und sie haben gewöhnlich Schleusen, durch welche man nach Bedarf das Wasser zulassen kann.

Fanal, Faro (Pharus) oder Leuchtthurm bezeichnet überhaupt jedes Feuer, das am Eingange eines Hafens oder an den Küsten des Nachts als Signal unterhalten wird, um die Schiffe an gefährlichen Stellen zu sichern.

Küste, Ufer, Strand oder Gestade. Ueberhaupt die Grenzen des Landes gegen das Meer. Unter Ufer versteht man eigentlich mehr die Begrenzung der Flüsse, und nur im Allgemeinen auch die des Meeres; unter Strand das flache Ufer des Meeres theils außer, theils in dem Wasser, das bei der Fluthzeit vom Wasser bedroht ist und zur Ebbezeit trocken liegt; unter Küste das hohe Ufer und auch wohl eine ganze Strecke Landes längs demselben, während Gestade mehr der poetische Ausdruck für die übrigen ist.

Marschland ist ein tiefliegender, fetter und sumpfiger Boden, oder der Rückstand ausgetrockneter Gewässer an der Meeresküste und an den Mündungen großer Flüsse (das fruchtbarste Land, wenn es trocken gelegt ist), wie in Niederdeutschland und Holland.

Moor, Bruch oder Bruchland ist ein dem vorhergehenden ähnliches Land an Seen und großen Strömen, welches gewöhnlich mächtige Torflager enthält.

Deiche sind Dämme oder Wälle von Steinen und Erde, welche den Zweck haben, Ueberschwemmungen an niedrigen Küsten, wie in Holland, Ostfriesland und Oldenburg, vorzubeugen und das fruchtbare Marschland zu behaupten.

Siehle sind Schleusen in den Deichen, durch welche aus dem eingedeichten Land das Wasser abgeführt und so der Boden trocken gelegt, auch nöthigenfalls frisches Wasser zugeführt wird.

Polder nennt man vom Meer oder von Flüssen angesetztes, durch Dämme (Deiche) gewonnenes und durch Schleusen und Abzugsgräben (Siehle und Slooten) trocken gelegtes Marschland. S. Werder.

Canäle sind künstliche Wasserstraßen zur Verbindung zweier Stromgebiete oder zweier Meere.

Marine. Man versteht zwar im Allgemeinen unter Marine das ganze Seewesen (Hafen, Schiffe, Matrosen ɛc.), die Seemacht überhaupt, also eben sowohl Handels- als Kriegs- und Packet- oder Postschiffe; doch bezeichnet man mit diesem Worte vorzugsweise die Gesammtheit der Schiffe mit ihrer Bemannung ɛc., die gegenwärtig in Europa von mehrern Staaten zum Krieg und zum Schutz des Seehandels gehalten werden, und man sollte daher, wenn nur von der Handelsschifffahrt die Rede ist, Handelsmarine von Kriegsmarine bestimmter unterscheiden.

Kauffahrteischiffe oder Kauffahrer nennt man die größern Handelsschiffe, welche nur Kaufmannsgüter laden. Sie sind nach Beschaffenheit der Waaren oder Ladung, sowie nach den Eigenschaften der zu befahrenden Meere, in Bauart und

Größe verschieden. Ihre Größe wird nach einem Gewichtsmaße ihrer Ladung bestimmt, welches man Tonne (gegen 2000 Pfd.) oder Last (2 Tonnen) nennt. Ein Ostindienfahrer, d. h. ein von den europäischen nach Ostindien handelnden Compagnien ausgerüstetes Kauffahrteischiff erster Größe (von 1000 Tonnen), gleicht in der Ferne einem Linien- oder Kriegsschiff, ist auch so angestrichen, aber meist nur mit gemalten Kanonenlöchern, da es jetzt, wo die Meere sicherer geworden sind, und man von Seeräubern weniger zu fürchten hat, der Kanonen weniger bedarf; doch führen solche Schiffe deren immer noch 10 bis 15 bei sich und sind alle gut bemannt. Der Bau eines solchen großen Ostindienfahrers kostet zwischen 3 bis 400,000 Thaler. Mehrere zusammen unter Bedeckung fahrende Handelsschiffe nennt man eine Kauffahrteiflotte oder auch eine Karawane.

Land- oder Erdtheile.

Wie das Wasser, so wird auch das von demselben umflossene feste Land, das eigentlich nur zwei große Hauptmassen bildet, in fünf Stücke oder Erdtheile (Continente): in Europa, Asien und Afrika, oder die alte Welt und in Amerika und Australien, oder die neue Welt geschieden.

Europa.

(180,000 □Meilen und 242 Millionen Einwohner.)

Der Continent Europa, an Masse der kleinste, an Cultur aber der größte von den Erdtheilen, bildet eigentlich nur eine große Halbinsel oder ein großes Vorland von dem größern Continent Asien, mit dem es allein im Osten zusammenhängt, bildet den nordwestlichen Theil der östlichen Halbkugel und liegt fast ganz in der nördlichen gemäßigten Zone, zwischen 8° und 83° O. L. und 36° und 71° N. Br. (die Inseln abgerechnet). Im Norden stößt er jenseit des Polarkreises an das nördliche Eismeer, im Westen an den atlantischen Ocean, im Süden an das mittelländische und schwarze Meer nebst ihren verschiedenen Theilen, und im Osten an das Uralgebirg, den Uralfluß, das caspische Meer und an den Kaukasus, wo die Flüsse Kuban und Terek zum schwarzen und zum caspischen Meer die Grenze ziehen. Die größte Ausdehnung des festen Landes ist von Südwest nach Nordost, und mag vom Cap St. Vincent in Portugal bis zum Nordural in Rußland über 700 Meilen Länge betragen, während die größte Breite vom Nordcap in Norwegen bis zum Cap Matapan auf Morea in Griechenland nur gegen 500 Meilen umfassen soll. Ausgezeichnet vor den übrigen Erdtheilen ist Europa durch seine Küstenlänge oder Küstensäumung, die durch große Meerbusen und Halbinseln so gegliedert und erweitert ist, daß dieser Continent weit weniger Binnenland als die übrigen Erdtheile hat, wodurch die Vortheile der Schifffahrt vielen Staaten zu Theil werden. Seine Bevölkerung ist in diesem Jahrhundert sehr im Steigen und bewegt sich im Vergleich mit andern Erdtheilen am rascheſten.

Staaten Europa's.

In Nord-Europa.

Schweden und **Norwegen** (Königreiche), auch **Skandinavien** genannt, bestehend aus den Provinzen Swealand, Götaland, Nordland und Lappland in Schweden, und aus den Stiftern Christiania, Christiansand, Bergen, Drontheim und Nordland mit Finnmarken in Norwegen. — Hauptstädte: Stockholm an der Ostsee in Schweden und Christiania an der Nordsee in Norwegen.

Inseln:

Gothland und Oeland in der Ostsee, zu Schweden und die Lofodeninseln im Nordmeer zu Norwegen gehörend.

Handels- und Fabrikplätze:

Stockholm, Gothenburg, Calmar und Karlskrona (Kriegshafen), sowie Norköping, Nyköping, Eskilstuna und (wichtig für Bergbau auf Kupfer und Eisen) Falun und Danemora in Schweden, und Christiania, Bergen, Drontheim und Hammerfest, sowie Kongsberg (hier berühmte Silbergruben), Moß und Friedrichshall in Norwegen.[1]

Dänemark (Königreich), bestehend aus den Inseln Seeland, Fünen, Langeland, Laaland, Falster, Femern, Bornholm und mehrern kleinern vor der Ostküste, wozu noch kommen die Färöerinseln und die Insel Island im Nordmeer; ferner aus den Herzogthümern Jütland, Schleswig, Holstein und Lauenburg (die beiden letztern zu Deutschland gehörig). — Hptst.: Kopenhagen auf der Insel Seeland am Sund.

Handels- und Fabrikplätze:

Kopenhagen, Altona, Kiel, Flensburg, Schleswig, Aalborg, Husum, Tönning und Randers.

Britisches Reich oder **Großbritannien** (die Königreiche England und Schottland) und das Königreich **Irland**, zwei große Inseln, bestehend zusammen aus 117 Grafschaften (Shires). — Hptst.: London an der Themse in England, Edinburg am Forth in Schottland und Dublin am Liffey in Irland.

[1] Die außereuropäischen Besitzungen der Staaten Europa's sehe man unten in dem Abschnitte: Colonien der Europäer.

Kleinere Inseln:

Die Shetlands-, Orkney- und Hebrideninseln im Nordmeer, die Inseln Man und Anglesea im irischen Meer und die normännischen Inseln vor der Nordwestküste Frankreichs am Canale. — Ferner auswärts: die Insel Helgoland vor der Westküste Dänemarks und die Insel Malta im Mittelmeere.

Außerdem hat England noch die Schutzherrschaft über die Republik der jonischen Inseln und besitzt die feste Seestadt Gibraltar in Spanien.

Handels- und Fabrikplätze:

London, Liverpool, Newcastle, Bristol, Pembroke, Hull, Yarmouth und Portsmouth, sowie Manchester, Nottingham und Preston, Birmingham, Soho, Sheffield und Wolverhampton, Leeds, Bradford, Norwich und Colchester, Coventry, Macclesfield und Derby, Worcester und Maidstone in England; Glasgow, Greenok, Edinburg, Dundee und Aberdeen, sowie Paisly, Perth und Lanerk in Schottland, und Dublin, Cork, Belfast und Limerik, sowie Lisburn, Dundalk und Drogheda in Irland.

In Südwest-Europa:

Frankreich (Republik), seit der Revolution getheilt in 86 Departements, vorher in folgende 21 Provinzen: 1. Guyuenne mit Gascogne, Navarra und Bearn; 2. Languedoc mit Foix und Roussillon; 3. Provence; 4. Dauphiné; 5. Lyonnais; 6. Bourgogne oder Burgund; 7. Franche Comté; 8. Elsaß oder Alsace; 9. Lothringen oder Lorraine; 10. Champagne; 11. Isle de France; 12. Orleannais; 13. Anjou mit Maine, Perche und Touraine; 14. Bretagne; 15. Poitou mit Angoumais, Saintonge, Aunis und Vendee; 16. Bourbonnais mit Nivernais und Berry; 17. Auvergne mit Limousin und Marche; 18. Normandie; 19. Artois und Picardie; 20. Französische Niederlande oder Flandern und Hennegau; 21. Insel Corsica. — Hptst.: Paris an der Seine in Isle de France.

Inseln:

Belle Isle, Dieu und einige andere kleine Inseln vor der Westküste im Ocean, die Hyeren und Lerinen vor der Südküste und die Insel Corsica weiter südlich im Mittelmeere.

Handels- und Fabrikplätze:

Havre, Marseille, Bordeaux, La Rochelle, Nantes, Cette und Toulon (Kriegshafen), sowie Paris, Lyon und St. Etienne, Rouen, St. Quentin, Troyes, Mühlhausen und Valenciennes, Rheims, Amiens, Elbeuf, Sedan und Chalons, Choisy, Lüneville und Chaumont, Annonay und Angouleme, Arras und Lille, Sevres und Limoges, St. Gobin und St. Quirin, Creusot, Charenton und Bischweiler, Maubeuge, Charleville und Mutzig, Moulins, Langres und Chatellerault, Montpellier, Neuilly, Thann und Buchsweiler.

Spanien (Königreich), nach der älteren geschichtlichen Eintheilung umfassend: 1) das Reich Castilien mit den Provinzen Neu-Castilien, Alt-Castilien, Asturien, Galicien, Leon, Estremadura, Andalusien, Granada und Murcia; 2) das Reich Aragonien mit den Provinzen Aragonien, Catalonien, Valencia und Mallorca; 3) das Königreich Navarra. und 4) die Baskischen Provinzen oder das Baskenland. — Hptst.: Madrid am Manzanares in Neucastilien.

Inseln:

Die Balearen und Pithiusen vor der Ostküste im Mittelmeere.

Handels- und Fabrikplätze:

Cadix, Sevilla, Barcelona, Valencia, Malaga, Alicante, Bilbao, Corunna und Palma, sowie Segovia, Reus und Mataro, Alcoy, Toledo und Avila, Murcia, Granada und Saragoza, Oviedo und Plasencia, San Ildefonso und Madrid.

Portugal (Königreich), bestehend aus dem eigentlichen Königreiche Portugal im Norden und aus dem Königreiche Algarbien oder Algarve im Süden. — Hptst.: Lissabon oder Lisboa am Tajo in Estremadura.

Inseln:

Die Azoren- oder Terceira-Inseln vor der Westküste im Ocean.

Handels- und Fabrikplätze:

Lissabon, Oporto oder Porto und Setubal oder St. Ubes, sowie Braganza, Braga, Elvas, Evora, Coimbra, Thomar, Beja und Leiria.

In Süd-Europa.

Italien, zerfallend in Ober-, Mittel- und Unter-Italien und umfassend folgende Staaten:

Ober-Italien.

1. Das Königreich Sardinien mit der Hptst. Turin am Po und seinen Theilen, dem Herzogthum Savoyen, dem Fürstenthum Piemont, der Grafschaft Nizza, dem Herzogthum Genua und der Insel Sardinien;

2. das Königreich Lombardei-Venedig (zur österreichischen Monarchie gehörig), zerfallend in die zwei Gouvernements Mailand und Venedig mit den Hauptstädten gleichen Namens;

3. das Herzogthum Parma mit Piacenza und Guastalla und der Hptst. gl. N.;

4. das Herzogthum Modena mit Massa und Carrara und der Hptst. gl. N.

Mittel-Italien.

5. Das Herzogthum Lucca mit der Hptst. gl. N.;

6. das Großherzogthum Toscana mit der Hptst. Florenz am Arno;

7. der Kirchenstaat mit der Hptst. Rom an der Tiber;

8. die Republik San Marino, vom Kirchenstaate eingeschlossen und unter päpstlichem Schutze, mit der Hptst. gleichen Namens.

Unter-Italien.

9. Das Königreich Neapel oder beider Sicilien mit der Hptst. Neapel am gleichnamigen Meerbusen und seinen Theilen Campanien, Abruzzo, Puglien oder Apulien, Calabrien und der Insel Sicilien oder dem Königreich Sicilien jenseits der Meerenge, mit der Hauptst. Palermo an einem kleinen Busen der Nordküste.

Inseln:

Sardinien vor der Westküste im Mittelmeere, zum gleichnamigen Königreich; Elba, vor der Küste Toscana's, zu diesem Großherzogthum; Ischia und Capri, vor dem Busen von Neapel, und die liparischen oder äolischen Inseln, vor der Nordküste Siciliens, zum Königreich Neapel; endlich die zwischen Sicilien und der afrikanischen Küste gelegene Insel Malta (114,500, mit Garnison 120,000 Einw.), mit Gozzo und Comino und dem festen Seehafen La Valetta, zu England gehörig.

Handels- und Fabrikplätze:

Genua, Nizza, Savona, Cagliari, Turin und Alessandria in Sardinien; Mailand, Mantua, Brescia, Como, Bergamo, Pavia, Cremona im Lombardischen, und Venedig, Verona, Vicenza, Bassano, Padua und Treviso im Venetianischen; Parma im gleichnamigen Herzogthum; Reggio und Carrara im Herzgth. Modena; Lucca im gleichn. Herzgth.; Livorno, Florenz, Pisa und Siena in Toscana; Ancona, Civita Vecchia, Sinigaglia, Bologna, Ferrara, Faenza, Tolfa und Rom im Kirchenstaat; Neapel, Palermo, Messina, Gallipoli, Lecce, Reggio, Salerno, Catania, Castellamare und Trapani im Königreich Neapel.

Jonische Inseln (Republik unter englischer Schutzherrschaft), außer den kleinern, 7 an der Zahl: Corfu, Paxo, Santa Maura, Theaki, Kephalonia, Zante und Cerigo, von welchen Corfu, Kephalonia und Zante für den Handel (mit Oel, Korinthen, Wein und Salz) am wichtigsten sind. — Hptst.: Corfu auf der gleichnamigen Insel.

Griechenland (Königreich), bestehend aus Festland und Inseln, ersteres getheilt 1) in Livadien (früher Hellas) oder das eigentliche Griechenland, mit den Landschaften Attika, Böotien, Lokris, Phokis, Akarnanien und Aetolien; 2) in Morea oder den Peloponnes, mit den Landschaften Argolis, Korinth, Lakonien, Messenien, Achaja, Elis und Arkadien. Von den Inseln des Archipels oder den Sporaden (Spezzia, Hydra, Poros, Aegina, Koluri oder Salamis) und Cycladen (Syra, Naxia oder Naxos, Paros, Antiparos, Milo oder Melos, Tine 2c.) gehören alle westlichen, in der Nähe des Peloponnes liegenden hierher. — Hptst.: Athen oder Athiniah, von den Türken Setines genannt, in Livadien.

Handels- und Fabrikplätze:

Patras, Nauplia, Kalamata, Navarin, Gallaxidi, Salona, Missolunghi, Lepanto und Tripolizza auf dem Festlande und Hermopolis auf der Insel Syra, sowie die meisten oben genannten Inseln im Archipel, namentlich Hydra und Spezzia.

Türkei (die europäische) mit den Provinzen Rumelien oder Romanien (früher Thracien), Macedonien, Thessalien, Albanien, Bosnien und Bulgarien. — Hierzu sind noch zu rechnen die unter türkischer Oberhoheit, jedoch unter eigenen Fürsten (Hospodaren) stehenden Landschaften Serbien, Wallachei und Moldau. — Hptst.: Constantinopel oder Stambul an der Straße gleichen Namens oder am thrazischen Bosporus in Rumelien.

Inseln:

Candia (Creta) nebst einigen kleinen Inseln im südlichen und Lemnos oder Stalimene, Taso, Samotraki und Imbro im nördlichen Archipelagus oder ägäischen Meere.

Handels- und Fabrikplätze:

Constantinopel, Saloniki, Adrianopel, Philippopel, Gallipoli, Varna, Durazzo und Skutari, sowie Larissa, Ambelakia, Selimnia, Bosna-Serai oder Sarajewo, Sophia und Rustschuk; in den mittelbaren Fürstenthümern: Belgrad in Serbien, Bukarest in der Wallachei und Jassy und Galacz in der Moldau.

In Ost-Europa:

Rußland (das europäische), zerfallend 1) in Großrußland, das eigentliche Stammland des Reiches, mit der alten Zaarenstadt Moskau; 2) in das Königreich Kasan; 3) in das Königreich Astrachan; 4) in Kleinrußland oder die Ukraine; 5) in Süd- oder Neurußland nebst Bessarabien; 6) in Westrußland oder in die Landschaften Podolien, Volhynien und Litthauen; 7) in die Ostseeprovinzen Ingermanland, Esthland, Livland und Curland; 8) in das Großfürstenthum Finnland. — Hptst.: Petersburg an der Newa in Ingermanland.

Inseln:

Nowaja-Semlja, Waigaz und Kalgujew im nördlichen Eismeere, die Alands-Inseln am Eingange des bottnischen und die Inseln Oesel und Dagöe am Eingange des finnischen Busens der Ostsee.

Handels- und Fabrikplätze:

An der Ostsee: Petersburg, Riga, Reval, Narwa, Helsingfors und Abo; am Eismeer: Archangel; am schwarzen Meer: Odessa, Cherson, Sebastopol und Kertsch; am Asowmeer: Tscherkask und Taganrog; im Innern des Reiches: Moskau, Nischnei-Nowgorod und Kasan, sowie Tula, Katharinenburg, Wladimir, Schuja, Wologda, Kaluga, Jaroslaw und Kostroma.

Polen (Königreich), zu Rußland gehörig und getheilt in 8 Woiwodschaften oder Gouvernements. — Hptst.: Warschau an der Weichsel.

Handels- und Fabrikplätze:

Warschau, Lublin, Plock, Solez, Kalisch, Opatowek, Konin, Tomaszow, Ozockow, Alexandrow, Jesiorna und Bilgorai.

Krakau (früher Freistaat, jetzt unter österreichischer Herrschaft), mit der Hptst. gl. N. an der Weichsel.

In Mittel-Europa:

Holland oder die **Niederlande** (Königreich) mit den Provinzen Holland, Zeeland, Nordbrabant, Holländisch-Limburg, Utrecht, Geldern, Overyssel, Drenthe, Gröningen und Holländisch-Luxemburg. — Hptst.: Amsterdam am Zuydersee, einem Busen der Nordsee in Nordholland.

Inseln:

Texel, Over-Flakkee, Schouwen, Tholen, Nord- und Südbeveland, Walcheren 2c.

Handels- und Fabrikplätze:

Amsterdam, Rotterdam, Dortrecht, Middelburg, Vlissingen (Kriegshafen), Haarlingen, Edam, Alkmaar und Nimwegen, sowie Haarlem, Eindhoven und Herzogenbusch, Leyden, Delft, Utrecht und Tilburg, Zaardam, Gröningen, Mastricht, Schiedam und Gouda.

Belgien (Königreich) mit den Provinzen Südbrabant, Belgisch-Limburg, Antwerpen, Ost- und Westflandern, Hennegau, Namur, Lüttich und Belgisch-Luxemburg. — Hptst.: Brüssel an der Senne in Südbrabant.

Handels- und Fabrikplätze:

Antwerpen, Brüssel, Ostende und Brügge, sowie Gent, Kortryk, Doornik und Mons, Verviers, Mecheln und Löwen, Lüttich, Seraing, Namur, Charleroi und Spaa 2c.

Helvetien oder die **Schweiz** (Republik), bestehend aus folgenden 23 Cantonen: Basel, Baselland, Aargau, Zürich, Schaffhausen, Thurgau, St. Gallen, Appenzell, Graubünden oder Bünden, Tessin, Wallis, Genf, Waadtland (Pays de Vaud), Neuenburg oder Neufchatel, Solothurn, Freiburg, Bern, Luzern, Zug, Schwyz, Glarus, Unterwalden und Uri. — Hptst.: die 3 Vororte Zürich am Zürichersee, Bern an der Aar und Luzern am Ausflusse der Reuß aus dem Vierwaldstädtersee.

Handels- und Fabrikplätze:

Zürich, Basel, Genf, Aarau, Neuenburg, St. Gallen, Bern, Herisau, Winterthur, Rapperswyl, Rorschach, Solothurn, Chaux de Fond, Locle und Val Travers, Vevay, Chur, Bellenz oder Bellinzona und Lavis oder Lugano.

Deutschland, ein Länderverein von 38 Staaten, die zusammen den Deutschen Bund bilden, dessen Angelegenheiten in der Bundesversammlung (Bundestag) zu Frankfurt a. M. verhandelt werden. Die Namen dieser 38 Staaten sind folgende:

1. Oesterreich (Kaiserthum) mit der Hptst. Wien an der Donau; es umfaßt folgende deutsche Länder; a) das Erzherzogthum Oesterreich mit Salzburg und den Hptst. Wien und Linz an der Donau und Salzburg an der Salza; b) die Grafschaft Tyrol mit Innsbruck am Inn; c) das Königreich Illyrien (früher Kärnthen, Krain, Istrien und Friaul) mit Laibach, Klagenfurt und Triest; d) das Herzgth. Steiermark mit Grätz an der Mur; e) das Königreich Böhmen mit Prag an der Moldau; f) die Markgrafschaft Mähren mit Oesterreichisch-Schlesien und den Hptst. Brünn am Zusammenflusse der Zwittawa und Schwarza und Troppau an der Oppa.

Die außerdeutschen Länder der österreichischen Monarchie sind: a) die Königreiche Galizien mit Lodomirien und der Bukowina und den Hptst. Lemberg, Brody und dem am Pruth gelegenen Czernowitz; b) Ungarn mit Ofen und Pesth an der Donau; c) Slavonien mit Essek an der Drau; d) Kroatien mit Agram an der Sau und Fiume am adriatischen Meere; e) Dalmatien mit Zara und Ragusa an demselben Meere; ferner f) das Großfürstenthum Siebenbürgen mit Hermannstadt; g) die Militärgrenze mit Semlin und Peterwardein an der Donau und h) die italienischen Staaten oder das lombardisch-venetianische Königreich mit Mailand und Venedig.

2. Preußen (Königreich) mit der Hptst. Berlin an der Spree und den Provinzen a) Brandenburg mit Berlin; b) Pommern mit Stettin an der Oder; c) Schlesien mit Breslau an der Oder; d) Sachsen mit Magdeburg an der Elbe; e) Westphalen mit Münster an der Aa; f) Rheinpreußen, zerfallend in Jülich-Cleve-Berg und das Großherzogthum Niederrhein, mit den Hauptst. Köln und Coblenz am Rhein.

Die außerdeutschen Provinzen der preußischen Monarchie sind: a) das Großherzogthum Posen mit Posen an der Warthe; b) Westpreußen mit Danzig an der Weichsel; c) Ostpreußen mit Königsberg am Pregel und d) der Canton Neuenburg oder Neufchatel in der Schweiz mit der Hauptstadt gl. N.

3. Bayern (Königr.) mit den Haupttheilen von Franken, der Pfalz und Schwaben und der Hptst. München an der Isar;

4. Sachsen (Königr.) mit Dresden an der Elbe;

5. Hannover (Königr.) mit Hannover an der Leine;

6. Württemberg (Königr.) mit Stuttgart;

7. Baden (Großherzgth.) mit Karlsruhe;

8. Hessen (Kurfürstth.) mit Cassel an der Fulda;

9. Hessen (Großherzgth.) mit Darmstadt;

10. Hessen (Ldgrafsch.) mit Homburg v. d. Höhe;

11. Holstein-Lauenburg (Herzgth.) mit Glückstadt an der Elbe;

12. Luxemburg (Großherzgth.) mit Luxemburg an der Elze;

13. Sachsen-Weimar (Großherzgth.) mit Weimar an der Ilm;

14. Sachsen-Coburg-Gotha (Herzgth.) mit Coburg an der Itz;

15. Sachsen-Meiningen-Hildburghausen-Saalfeld (Herzgth.) mit Meiningen an der Werra;

16. Sachsen-Altenburg (Herzgth.) mit Altenburg unweit der Pleiße;

17. Braunschweig (Herzgth.) mit Braunschweig an der Ocker;

18. Nassau (Herzgth.) mit Wiesbaden am Fuße des Taunus;

19. Mecklenburg-Schwerin (Großherzgth.) mit Schwerin am Schweriner See;

20. Mecklenburg-Strelitz (Großherzgth.) mit Neustrelitz am Zierkersee;

21. Oldenburg (Großhergth.) mit Oldenburg an der Hunte;

22. Anhalt-Bernburg (Herzgth.) mit Bernburg an der Saale;

23. Anhalt-Dessau (Herzgth.) mit Dessau an der Mulde;

24. Anhalt-Köthen (Herzgth.) mit Köthen an der Ziethe;

25. Schwarzburg-Sondershausen (Fürstth.) mit Sondershausen an der Wipper;

26. Schwarzburg-Rudolstadt (Fürstth.) mit Rudolstadt an der Saale;

27. Hohenzollern-Hechingen (Fürstth.) mit Hechingen an der Starzel; seit 1850 von dem regierenden Fürstenhause an Preußen abgetreten; ebenso:

28. Hohenzollern-Sigmaringen (Fürstth.) mit Sigmaringen an der Donau;

29. Liechtenstein (Fürstth.) mit Liechtenstein (sonst Vaduz) am Rhein;

30. Waldeck (Fürstth.) mit Arolsen an der Aar;

31. Reuß ältere Linie (Fürstth.) mit Greiz an der weißen Elster;

32. Reuß jüngere Linie (Fürstth.) mit Schleiz an der Wiesenthal und Lobenstein an der Lemnitz;

33. Lippe-Detmold (Fürstth.) mit Detmold an der Werra;

34. Schaumburg-Lippe (Fürstth. mit Bückeburg an der Aue;

35. Die freie Stadt Frankfurt a. M.

36. Die freie Hansestadt Lübeck a. d. Trave;

37. Die freie Hansestadt Bremen a. d. Weser;

38. Die freie Hansestadt Hamburg a. d. Elbe.

Inseln Deutschlands:

Rügen, Usedom und Wollin vor der Küste der preußischen Provinz Pommern in der Ostsee, Wangerog vor der oldenburgischen und Norderney nebst einigen andern kleinen Inseln vor der hannöverischen Küste (Ostfriesland) in der Nordsee.

Handels- und Fabrikplätze:

In Oesterreich: Wien, Nußdorf, Glocknitz, Waidhofen, Linz, Steyer und Hallein im eigentlichen Oesterreich; Bregenz, Botzen, Roveredo, Trient, Lienz und Gröden in Tyrol; Triest, Laibach, Idria, Klagenfurt, Villach und Ferlach in Illyrien; Grätz, Feistritz und Innerberg oder Eisenärz in Steiermark; Prag, Reichenberg, Rumburg, Hohenelbe, Neuhurkenthal, Bürgstein, Turnau, Haida und Neuwald in Böhmen; Brünn, Blansko, Iglau und Troppau in Mähren; Brody, Lemberg und Wieliczka in Galizien; Pesth, Preßburg, Debreczyn, Kaschau und Kremnitz in Ungarn; Essek in Slavonien; Fiume in Kroatien; Zara und Ragusa in Dalmatien; Kronstadt und Hermannstadt in Siebenbürgen und Semlin in der slavonischen Militärgrenze. (Das Königreich Lombardei-Venedig sehe man unter Italien, S. 24.)

In Preußen: Berlin, Brandenburg, Frankfurt a. d. O., Cottbus, Guben, Spremberg ꝛc. in Brandenburg; Stettin, Stralsund und Köslin in Pommern; Breslau, Reichenbach, Hirschberg, Görlitz, Goldberg, Grünberg, Schreibershau, Warmbrunn, Tarnowitz und Gleiwitz in Schlesien; Magdeburg, Tangermünde, Burg, Mühlhausen, Langensalza, Großbartlof im Eichsfeld, Zeitz, Eilenburg, Nordhausen, Althaldensleben, Suhl und Schönebeck in Sachsen; Bielefeld, Iserlohn und Hagen in Westphalen; Köln, Düsseldorf, Mühlheim, Coblenz, Trier, Elberfeld, Barmen, Crefeld, Aachen, Eupen, Malmedy, Solingen, Remscheid und Rade vor dem Walde in Rheinpreußen; Posen, Bromberg und Lissa in Posen; Danzig, Elbing und Thorn in Westpreußen; Königsberg, Memel und Pillau in Ostpreußen und Neufchatel, Chaux de Fond, Locle und Val Travers im Schweizercanton Neuenburg.

In Bayern: Nürnberg, Fürth, Hof, Augsburg, München, Schwabach, Schweinfurt, Bamberg, Würzburg, Oberzell, Berchtesgaden und Amberg.

In Sachsen: Leipzig, Chemnitz, Plauen, Zittau, Großschönau, Rochlitz, Merane, Crimmitzschau, Bischofswerda, Großenhain, Kirchberg, Annaberg, Sebnitz, Bautzen, Penig, Neukirchen, Seifen und Freiberg.

In Hannover: Emden, Leer, Lüneburg, Osterode, Osnabrück, Hannover und Goslar.

In Württemberg: Cannstatt, Ulm, Friedrichshafen, Stuttgart, Heilbronn, Reutlingen, Eßlingen, Calw, Münsingen, Heidenheim und (Schwäbisch-) Gmünd.

In Baden: Constanz, Leopoldshafen, Ludwigshafen, Mannheim, Heidelberg, Pforzheim, Karlsruhe, Ettlingen, St. Blasien, Triberg und Neustadt.

In Kurhessen: Cassel, Hanau, Wannfried, Eschwege, Schmalkalden und Großalmerode.

In Hessen-Darmstadt: Mainz, Bingen, Offenbach, Darmstadt, Nierstein, Laubenheim.

In Holstein-Lauenburg: Altona, Kiel, Glückstadt, Wandsbeck und Lauenburg.

In Sachsen-Weimar-Eisenach: Ruhla, Apolda, Neustadt an der Orla, Weida, Auma und Ilmenau.

In Coburg-Gotha: Gotha, Neudietendorf, Ruhla, Zella und Mehlis.

In Meiningen: Sonnenberg, Limbach und Lauscha.

In Braunschweig: Braunschweig und Holzminden.

In Nassau: Niederlahnstein, Rüdesheim und Eltville.

In Mecklenburg-Schwerin: Rostock, Wismar, Boitzenburg und Schwerin.

In Mecklenburg-Strelitz: Neubrandenburg, Altstrelitz und Fürstenberg.

In Oldenburg: Oldenburg, Brake, Elsfleth, Jever, Varel, Oberstein und Idar.

In Schwarzburg-Sondershausen: Arnstadt, Günthersfeld, Breitenbach und Gräfenroda.

In Schwarzburg-Rudolstadt: Frankenhausen, Volkstädt und Katzhütte.

In Reuß-Greiz: Greiz, Zeulenroda und Burgk.

In Reuß-Schleiz und Lobenstein: Schleiz und Gera.

Außerdem Frankfurt a. M. und die Hansestädte Hamburg, Bremen und Lübeck.

Die Staaten Europa's nach ihrer Größe und Bevölkerung.

		□M.	Einw.	Hptst.
Rußland mit Polen[1]	gegen	100,000	58 Mill.	Petersburg (580,000 Ew.) Moskau (380,000 Ew.) Warschau (165,130 Ew.)
Schweden und Norwegen[2]	—	14,000	4¼ —	Stockholm (88,000 Ew.)
Oesterreich	—	13,000	35 —	Wien (420,000 Ew.)

Davon zu Deutschland gehörig gegen 4000 □M. mit etwa 13 Mill. Ew.

Deutschland	—	11,600	37 —	Frankfurt a. M. (Sitz der deutschen Bundesversammlung.) (60,000 Ew.)
Frankreich	—	10,000	34 —	Paris (1,600,000 Ew.)

[1] Polen bildete seit 1814 als Königreich einen selbstständigen constitutionellen Staat unter der Herrschaft des russischen Kaisers, verlor aber, in Folge seiner Empörung (1830), seine Selbstständigkeit, und wurde, jedoch mit eigener Verwaltung, im Jahre 1831 als Provinz dem russischen Reiche einverleibt. Größe: 2300 □M. mit mehr als 4 Mill. Einw. (vor 1772 über 13,000 □M. mit fast 13 Mill. Einw.); Hauptstadt: Warschau mit 140,000 Einw.

[2] Das Königreich Norwegen, früher mit Dänemark verbunden, mußte im Jahre 1814, in Folge des Napoleonischen Krieges, an Schweden abgetreten werden; es behielt jedoch seine eigene Verfassung, Gesetze und Behörden, und bildet daher einen selbstständigen Staat mit eigenen Ständen. Ein Vicekönig oder Statthalter vertritt die Stelle des schwedischen Monarchen. — Größe: nahe an 5000 □M. mit 1,200,000 Einw.; Hauptstadt: Christiania mit 25,000 Einw.

		□M.	Ew.	Hptst.
Türkei	gegen	9,000	9 Mill.	Constantinopel (600,000 Ew.)
Spanien	—	8,500	13 —	Madrid (170,000 Ew.)
England	—	5,600	25 —	London (2 Mill. Ew.)
Preußen	—	5,080	16 —	Berlin (408,500 Ew.)
Davon zu Deutschland gehörig 3,333 □M. mit 10½ Mill. Ew.				
Dänemark mit Island	—	2,600	2¼ —	Kopenhagen (121,000 Ew.)
Mit Inbegriff von Schleswig, Holstein und Lauenburg.				
Neapel	—	2,000	7 —	Neapel (402,000 Ew.)
Portugal	—	1,700	3½ —	Lissabon (250,000 Ew.)
Sardinien	—	1,300	5¼ —	Turin (125,000 Ew.)
Kirchenstaat	—	800	2¾ —	Rom (160,000 Ew.)
Schweiz[1]	—	800	2¼ —	Zürich (16,000), Bern (25,000), Luzern (10,000 Ew.)
Griechenland[2]	—	800	1 —	Athen (20,000 Ew.)
Holland	—	600	3 —	Amsterdam (206,000 Ew.)
Dazu gehörig das deutsche Großherzogthum Luxemburg mit einem Theile von Limburg.				
Belgien[3]	—	500	4 —	Brüssel (113,200 Ew.)
Toscana	—	400	1½ —	Florenz (90,000 Ew.)
Parma	—	100	500,000	Parma (30,000 Ew.)
Modena	—	100	400,000	Modena (25,000 Ew.)

[1] Die Schweiz oder Helvetien besteht seit 1814 aus 22 Freistaaten oder Bundesländern, Cantone genannt, welche die Schweizerische Eidgenossenschaft bilden.

[2] Griechenland wurde 1829 frei vom türkischen Joch und bildet seit 1832 ein unabhängiges Königreich unter Otto von Bayern.

[3] Die im Jahr 1815 zu einem Reiche vereinten Niederlande trennten sich 1831 in zwei besondere Königreiche: Holland im Norden und Belgien im Süden.

		□M.	Ew.	Hptst.
Jonien [1]	gegen	45	200,000	Corfu (20,000 Ew.)
Krakau	—	20	140,000	Krakau (36,000 Ew.)
Andorra [2]	—	9	15,000	Andorra (2000 Ew.)
Monaco [3]	—	2	7,000	Monaco (1500 Ew.)
San Marino	—	1½	7,000	Marino (6000 Ew.)

Hauptgebirge Europa's.

Den größten und höchsten Gebirgszug Europa's bilden die Alpen im Süden, deren Hauptstock in der Schweiz sich findet, von wo aus sie in vielen Verzweigungen nach allen Richtungen sich ausbreiten und so das ganze südliche Europa zum Gebirgsland machen.

Südwestlich erstrecken sie sich unter den Namen Lepontische, Penninische, Grajische, Cottische und See- oder Meeralpen durch Sardinien zu den

Sevennen im südöstlichen Frankreich, welche mit dem Auvergnegebirg daselbst sich verbinden, und stoßen durch dieselben an die

Pyrenäen zwischen Frankreich und Spanien, deren Zweige als Cantabrisches, Iberisches und vielfaches Sierrengebirg die ganze pyrenäische Halbinsel durchziehen.

Westlich bilden die Alpen das

Juragebirg an der französisch-helvetischen Grenze, als dessen nördliche Fortsetzung man ansehen kann die

Vogesen zwischen Frankreich und Deutschland, deren nordöstlicher Zweig in Deutschland der Hundsrück heißt, sowie die noch nördlicher ziehenden

Ardennen an den Grenzen Frankreichs und Belgiens, deren östlicher Zweig in Deutschland das Eifelgebirg genannt wird.

[1] Die sieben jonischen Inseln stehen als Freistaat seit 1815 unter englischer Schutzherrschaft, die ein Lord-Obercommissär in Corfu ausübt.

[2] Das Pyrenäenthal Andorra, in dem Grenzgebiet zwischen Spanien und Frankreich, oder zwischen Catalonien und Languedoc, bildet einen kleinen fast ganz unabhängigen Staat mit republikanischer Verfassung.

[3] Das kleine Fürstenthum Monaco in der sardinischen Grafschaft Nizza hat seinen eigenen Fürsten.

Nördlich gehen die Alpen unter dem Namen Rauhe Alp und Schwarzwald nach dem südwestlichen Deutschland (Württemberg und Baden) über, welche, sowie die nördlich mit diesen in Verbindung stehenden deutschen Gebirge — der Odenwald und das Vogelsgebirg (in Hessen-Darmstadt), der Spessart und das Rhöngebirg (im nordwestlichen Bayern), der Taunus und der Westerwald (in Nassau und Rheinpreußen), die westphälischen Gebirge mit dem Teutoburger Wald und der Porta Westphalica — im II. Theile unter Deutschland näher bezeichnet werden.

Südlich ziehen sich ferner die Alpen unter dem Namen

Apenninen (mit den Abruzzen und dem Vesuv) durch ganz Italien und durch die Meerenge nach Sicilien, wo sie im Aetna die größte Höhe erreichen.

Südöstlich reichen sie unter dem Namen Karnische oder Kärnthner, Julische oder Krainer und Dinarische Alpen durch Süddeutschland nach Kroatien, Dalmatien, Bosnien &c. und am rechten Ufer der Donau durch ganz Ungarn bis zum

Balkan oder Hämus in den türkischen Provinzen.

Nordöstlich endlich laufen die Alpen unter dem Namen Rhätische oder Tyroler, Norische oder Salzburger und Steiersche oder Steiermärkische Alpen ebenfalls durch Süddeutschland bis zur Donau, wo sie die

Karpathen im nördlichen Ungarn berühren, welche in einem Hauptarm, als

Sudeten zwischen Mähren, Schlesien und Böhmen, deren Hauptstock das Riesengebirg ist, bis zum Lausitzer Gebirg (mit der sächsischen Schweiz) und zum Erzgebirg zwischen Sachsen und Böhmen auslaufen, an welches letztere im Innern Deutschlands der Böhmerwald (zwischen Böhmen und Bayern), das Fichtelgebirg (im nordöstlichen Bayern), der Thüringerwald (in den sächsischen Herzogthümern) und der Harz nebst dem Wesergebirg (in Hannover und Braunschweig) sich anschließen.

Im Norden Europa's erreicht die größte Höhe das

Skandinavische oder Kjölengebirg in Norwegen und Schweden.

Im Nordosten erhebt sich nur sanft das

Waldaigebirg oder der Wolchonskische Wald, auch die Alaunischen Höhen genannt, im Innern Rußlands, welches durch den nördlichen und südlichen Wolgarücken mit dem

Ural oder Werchoturischen Gebirge, der Scheidewand zwischen Europa und Asien, und dem ebenfalls gegen Asien im Südwesten die Grenze ziehenden

Kaukasus zwischen dem schwarzen und caspischen Meer, verbunden ist.

Auf den brittischen Inseln erreichen die Cornwall-, Wales-, Peak-, Cheviot- und Grampiangebirge, sowie die Schottischen Hochlande; ferner die Longfield-, Donegal- und viele andere irische Berge keine bedeutende Höhe (selten 4000 Fuß), doch sind sie, mit Ausnahme der edlen Metalle, unendlich reicher an Erzen und Steinkohlen als alle übrigen Gebirge Europa's.

Höchste Berge. Diese sind: der Montblanc in Savoyen, der Monte Rosa in Piemont (beide über 14,000 Fuß hoch); ferner das Finsteraarhorn und die Jungfrau in den Berner Alpen (gegen 13,000 Fuß) und die 12,000 Fuß hohe Ortelesspitze in Tyrol, der Grenzstein zwischen der Schweiz, Italien und Deutschland.

Vulkane. Thätige Vulkane sind der Vesuv bei Neapel (= 3500 Fuß), der Aetna oder Monte Gibello (über 10,000 Fuß) auf Sicilien und einige minder wichtige auf den liparischen Inseln (Stromboli) und auf den Azoren; der Hekla und Krabla sowie mehrere andere Vulkane auf Island sind seit länger als 60 Jahren ruhig. — Spuren erloschener Vulkane finden sich besonders in Frankreich und Deutschland (am Rhein und in Böhmen).

Caps oder Vorgebirge. Die bekanntesten sind: im Norden das Nordcap in Norwegen; im Westen C. Finisterre in Spanien und C. Rocca in Portugal; im Süden die Spitze von Tarifa an der Meerenge von Gibraltar, C. Passaro auf Sicilien und C. Matapan auf Morea in Griechenland.

Hauptflüsse Europa's.

Hinsichtlich der fließenden Gewässer, deren Europa viele schiffbare nach allen Richtungen hat, kann man das ganze Festland nach seinen zwei großen Abdachungen in zwei Haupt-Stromgebiete theilen, in ein nordwestliches, mit der Abdachung zum nördlichen Eismeer und zum atlantischen Ocean, und in ein südöstliches, mit der Abdachung zum Mittelmeer und zum caspischen See.

I. Zur nordwestlichen Abdachung gehören und ergießen sich folgende Flüsse.

Ins nördliche Eismeer:

die Petschora bei Pustosersk im nördlichen Rußland,
der Mesen bei Mesen ebendaselbst in's weiße Meer,
die Dwina bei Archangel ebd. und ebd.,

die Onega bei Onega ebd. und ebd.,

die Tana, Grenzfluß zwischen Rußland und Norwegen, bei Tana im nördlichsten Norwegen in den Tana-Fiord;

in die Ostsee:

der Glommen bei Friedrichsstadt in den Busen von Christiania in Norwegen,

die Gothaelf, Abfluß aus dem Wenersee, bei Gothenburg in Schweden ins Kattegat,

die Motalaelf, Abfluß des Wettersees, bei Norköping ebendaselbst,

die Torneaelf, Grenzfluß zwischen Schweden und Rußland, bei der russischen Stadt Tornea in den bottnischen Meerbusen,

die Newa, Abfluß aus dem Ladogasee (über Schlüsselburg), bei Petersburg in Rußland in den finnischen Meerbusen,

die Narowa oder Narwa, Abfluß aus dem Peipussee, bei Narwa ebd.,

die Düna (über Witepsk) bei Riga ebd. in den livländischen Busen Dünamünde,

der Niemen oder Memel (über Grodno in Rußland) unterhalb Tilsit in Ostpreußen,

der Pregel bei Königsberg ebd.,

die Weichsel (über Krakau, Warschau, Modlin und Plock in Polen und über Thorn, Marienburg und Elbing in Westpreußen) unterhalb Danzig bei Weichselmünde in Westpreußen,

die Oder (über Breslau in Schlesien und über Frankfurt und Küstrin in Brandenburg) unterhalb Stettin bei Swinemünde in Pommern,

die Warnow unterhalb Rostock bei Warnemünde ebd.,

die Trave unterhalb Lübeck bei Travemünde zwischen Mecklenburg-Schwerin und Holstein;

zur Nordsee:

die Eider (über Rendsburg und Friedrichsstadt) bei Tönning in Dänemark,

die Elbe (über Melnick, Theresienstadt, Leitmeritz und Aussig in Böhmen, Schandau, Pirna, Dresden, Meißen, Riesa und Strehla in Sachsen, Mühlberg, Bölgern, Torgau, Wittenberg, Roslau, Dessau im Anhalt, Barby, Schönebeck, Magdeburg und Tangermünde in der preußischen Provinz Sachsen, über Boitzenburg in Mecklenburg-Schwerin, Lauenburg in Dänemark und Harburg in Hannover) unterhalb Hamburg, Altona und Glückstadt bei Curhafen zwischen Holstein und Hannover, 150 Meilen,

die Weser (über Münden und Hameln in Hannover und Minden in Westphalen) unterhalb Bremen bei Bremerhafen zwischen Hannover und Oldenburg,

die Ems bei Emden in der hannöverischen Provinz Ostfriesland in den Busen Dollart,

der Rhein (über Basel in der Schweiz, Kehl bei Straßburg und Leopoldshafen bei Karlsruhe in Baden, über Speier in Rheinbayern, Mannheim in Baden, Worms und Mainz in Hessen-Darmstadt, Coblenz, Bonn, Köln, Düsseldorf und Wesel in Rheinpreußen und über die holländischen Städte Arnheim und Utrecht unterhalb Leyden in Holland,

die Maas (über Verdun, Sedan und Mezieres in Frankreich, Namur und Lüttich in Belgien und über die holländischen Städte Mastricht, Roermonde, Venlo und Dortrecht unterhalb Rotterdam bei Vlaardingen und Brielle in Südholland,

die Schelde (über Cambray und Valenciennes in Frankreich und Courtray, Gent, Dendermonde und Rupelmonde in Belgien) unterhalb Antwerpen in Belgien bei Vliessingen und Zierikzee auf Schouwen in Holland;

in den Canal:

die Seine (über Troyes, Melun, Paris und Rouen) bei Havre in Frankreich;

ins aquitanische Meer:

die Loire (über Orleans, Blois und Tours) unterhalb Nantes ebd.,

die Garonne unter dem Namen Gironde (über Toulouse und Agen) unterhalb Bordeaux ebd.;

ins biscayische Meer:

der Adour bei Bayonne ebd.;

ins portugiesische Meer:

der Minho bei Caminha in Portugal,

der Duero bei Oporto oder Porto ebd.,

der Tajo (über Alcantara in Spanien und Abrantes und Santarem in Portugal) bei Lissabon ebd.,

der Guadiana bei Villareal (port.) und Ayamonte (span.) zwischen Portugal und Spanien,

der Guadalquivir (über Cordova) unterhalb Sevilla bei San Lucar in Spanien (Andalusien).

II. Zur südöstlichen Abdachung gehören und ergießen sich folgende Flüsse.

Ins Mittelmeer und zwar hier

ins balearische Meer:

der Guadalaviar bei Valencia in Spanien,
der Ebro (über Saragossa) unterhalb Tortosa ebd.;

in den lionischen Busen:

der Rhone (über Genf in der Schweiz und über die französischen Städte Lyon, Vienne, Valence, Avignon und Beaucaire) unterhalb Arles unweit Marseille in Frankreich;

ins toscanische Meer:

der Arno (über Florenz) bei Pisa unweit Livorno in Toscana,
die Tiber unterhalb Rom bei Fiumicino und Fiumara im Kirchenstaat;

ins adriatische Meer:

der Po (über Turin in Sardinien, Pavia am Einfluß des Ticino (Lombardei), Piacenza in Parma und Cremona in der Lombardei) unterhalb Ferrara im Kirchenstaat bei Porto Maestra im Venetianischen,
die Etsch oder Adige (über Trient und Roveredo in Tyrol und über Verona im Venetianischen) unterhalb Rovigo bei Porto Fossone im Venetianischen;

ins jonische Meer:

der Rusia unweit Pyrgos auf Morea in den Busen von Arkadien;

in den Archipel:

der Salambria (sonst Peneus) unterhalb Larissa und Ambelakia in der türkischen Provinz Thessalien in den Busen von Saloniki, nördlich davon der Olymp und das Thal Tempe, in das er fließt,
der Vardar unweit Saloniki in der türkischen Provinz Macedonien in denselben Busen,
die Maritza (über Philippopel und Adrianopel) bei Enos in der türkischen Provinz Rumelien;

ins schwarze Meer:

die Donau (über Ulm in Württemberg, Regensburg und Passau in Bayern, Linz und Wien in Oesterreich,

Preßburg, Ofen und Pesth in Ungarn, Semlin in Slavonien, Belgrad und Semendria in Serbien, Widdin, Nikopoli, Rustschuk und Silistria in Bulgarien, Braila in der Wallachei und über Galatsch in der Moldau, wo sie den Pruth aufnimmt) unterhalb Ismail bei Kilia in der russischen Provinz Bessarabien (Sulina), 365 Meilen,

der Dnjester bei Akjerman in Bessarabien in den Busen von Odessa,

der Bug unterhalb Nikolajew zwischen Otschakow und Cherson in Südrußland,

der Dnjepr (über Kiew, Jekaterinoslaw und Alexandrowsk) bei Cherson ebd.,

der Kuban, Grenzfluß gegen Asien (Kaukasien), bei Fanagoria ebd.;

ins Asowmeer:

der Don unterhalb Tscherkask bei Rostow ebd.;

in den caspischen See:

der Terek, Grenzfluß gegen Asien (Kaukasien), unterhalb Kisljär in Kaukasien ebd.,

die Kuma über Georgiewsk ebd.,

die Wolga (über Ribinsk, Jaroslaw, Kostroma, Nischnei-Nowgorod, Makariew, Kasan, Simbirsk, Saratow und Sarepta) bei Astrachan ebd.,

der Ural (über Orenburg und Uralsk) bei Gurjew ebendaselbst.

Außer diesen Flüssen des Festlandes ergießen sich von den brittischen Inseln noch folgende ins Meer.

In die Nordsee:

die Thames (tems) oder Themse unterhalb London bei dem Hafen Gravesand in England,

der Humber (ömber) bei Hull ebd.,

der Tyne (tein) unterhalb Newcastle bei dem Hafen Shields ebd.,

der Forth bei Edinburg und dem Hafen Leith in Schottland,

der Tay (teh) unterhalb Perth bei Dundee ebd.,

der Dee (di) bei New-Aberdeen ebd.,

der Neß bei Inverneß ebd.;

ins irische Meer:

der Clyde (kleid) unterhalb Glasgow und Port Glasgow bei Greenock ebd.,

der Mersey (ßi) bei Liverpool in England,

die Savern (ßewwern) unterhalb Glocester ebd. in die Bristolbai,

der Liffey (fi) bei Dublin in Irland,

der Lagan bei Belfast ebd.;

unmittelbar in den Ocean:

der Barrow bei Waterford ebd.,

der Shannon (schennen) unterhalb Limerik ebd.,

der Slaney, bei Werford ebd.,

der Lee bei Cork in den Corkhafen ebd.

In keinem Erdtheile (mit Ausnahme der Vereinigten Staaten in Nordamerika) hat man so viele verschiedene Stromgebiete durch Canäle oder künstliche Wasserstraßen verbunden, als in Europa; England, die Niederlande, Frankreich und Rußland haben die meisten. Siehe Thl. II. die einzelnen Staaten.

Hauptseen Europa's.

Die größten Land- oder Binnenseen Europa's sind:

der Onega-,[1] Ladoga- und[2] Peipussee[3] — im nordwestlichen Rußland; Abflüsse derselben: die Onega, Newa und Narowa;

der Wener-, Wetter-, Hielmar- und Mälarsee — im südlichen Schweden; Abflüsse der beiden erstern: die Gothaelf und die Motalaelf;

der Miösensee im südöstlichen Norwegen, nördlich von Christiania;

der Lommondsee im westlichen Schottland, nahebei Port Glasgow am Clydefluß;

der Neaghsee (nif) im nordöstlichen Irland; Abfluß desselben: der Lagan;

der Genfer-, Neuenburger-, Vierwaldstädter-, Züricher- und Bodensee — in der Schweiz, der erste vom Rhone, der letzte vom Rhein durchflossen;

[1] Kommt dem Ladogasee ziemlich gleich.

[2] 25 Meilen lang, 15 Meilen breit, 292 □M. Flächengehalt.

[3] $11\frac{1}{2}$ Meilen lang, $9\frac{1}{2}$ Meilen breit.

der Lago maggiore oder Locarner=, der Luganer= oder Laviser=, der Como= und Gardasee — in Oberitalien und, mit Ausnahme des Comosee's, zum Theil in der Schweiz;

der Neusiedler= und Plattensee — im westlichen Ungarn;

der Caspische See (zum Theil zu Asien gehörend) im südöstlichen Rußland, 140 Meilen lang, 30—64 Meilen breit, 6000 n. A. 6860 □M. Flächengehalt.

Seehandelshäfen Europa's.

In Rußland.

Am Eismeer:

Archangel an der Mündung der Dwina ins weiße Meer;

an der Ostsee:

Abo am Eingange in den bottnischen und finnischen Meerbusen in Finnland,

Helsingfors am finnischen Busen ebendaselbst,

Wiborg auf der dänischen Halbinsel Jütland, am Asmildsee,

Petersburg (erster Handelshafen des russischen Reiches) an der Mündung der Newa in denselben Busen, mit dem Handels= und Kriegshafen Kronstadt auf einer Insel vor derselben,

Narwa an der Mündung der Narowa in denselben Busen,

Reval an demselben Busen in Esthland,

Pernau an der Pernau und einer Bucht des rigaischen Meerbusens in Livland,

Windau an der Mündung der Windau in Curland.

Libau an der Mündung der Libau in die Ostsee in Curland',

Riga (zweiter Handelshafen Rußlands) an der Mündung der Düna in den gleichnamigen oder livländischen Busen in Livland;

am schwarzen Meer:

Odessa, Freihafen am Busen gl. N.,

Cherson am Dnjepr,

Eupatoria oder Koslow, Freihafen an der Wüstküste der Halbinsel Krim oder Taurien,

Sewastopol ebendaselbst etwas südlicher,

Kaffa oder Feodosia, Freihafen an der Ostküste der genannten Halbinsel,

Kertsch, Freihafen ebd. und an der Straße Jenikale oder Kertsch zwischen dem schwarzen und Asowmeer, wichtig als Hauptquarantäneplatz;

Bertiansk, erst 1836 gegründet;

am Asowmeer:

Mariopol, am asow'schen Meere,

Taganrok, Kriegs- und Handelshafen an der nördlichsten Spitze dieses Meeres;

Rostow an der Mündung des Don im Gouvernement Jekatarinoslaw;

am caspischen Meer:

Astrachan an der Wolga.

In Skandinavien.

Am Eismeer:

Hammerfest auf der Insel Qualöe im äußersten Norden Norwegens, fast 71° Br.;

Tromsöe, auf der Insel gl. N. unter fast 70° Br., hier auch ein Kupferwerk;

am skandinavischen Meer:

Drontheim am Busen gl. N. in Norwegen,

Christiansund in Norwegen, Stifts Trondhjem, auf drei Inseln,

Bergen (erster Handelshafen Norwegens) am Busen gl. N. ebd.;

an der Nordsee:

Stavanger in Norwegen am Bücker- oder Jungefiord,

Arendal in Norwegen am Skagerak, zum Theil auf Felsen, zum Theil auf Pfählen erbaut; lebhafter Seehandel mit England,

Christiansand im südwestlichen Norwegen, am Torredalself und einer sichern Bucht,

Dramen in Norwegen am gleichnamigen Flusse,

Laurwig in Norwegen am Kattegat,

Christiania (zweiter Handelshafen Norwegens) am Busen gl. N. am Skagerak ebd.,

Wenersberg in Schweden, am Ausflusse des Gothaelf aus dem Wenersee,

Karl-Johannsstadt am nördlichen Ende des bottnischen Busens, unweit Tornea.

Gothenburg (zweiter Handelshafen Schwedens) an der Mündung der Gothaelf ins Kattegat, in Schweden,

Halmstadt an der Mündung des Nissa in das Kattegat,

Helsingborg am Sund ebd. (Ueberfahrt nach Helsingör in Dänemark),

Landskrona am Sund, stark befestigte Stapelstadt in Schweden;

an der Ostsee:

Malmö am Ausgang des Sundes zur Ostsee ebd.,

Ystadt im äußersten Süden Schwedens (gewöhnliche Ueberfahrt nach Pommern),

Karlsham, schwed. Seestadt,

Karlskrona, Kriegshafen ebd.,

Calmar an der Ostküste Schwedens,

Westerwik, schwed. Stadt, in der Nähe beträchtliches Kobaltwerk,

Söderköping an der Ausmündung des zur Nordsee über Gothenburg führenden Göthacanals ebd.,

Norköping an der Motalaelf ebd.,

Nyköping, schwed. Stadt auf der Ostküste der Insel Mörs,

Stockholm (erster Handelshafen Schwedens) am Ausflusse des Mälarsees ebd.,

Gefle weiter nördlich am bottnischen Meerbusen ebd.,

Wisby auf der schwed. Insel Gothland vor der Ostküste,

Oerebro, Hafen am Hielmarsee in Nerike, im Westen von Stockholm.

In Deutschland mit Preußen.

An der Ostsee:

Memel an der Mündung des kurischen Haffs in Ostpreußen,

Königsberg an der Mündung des Pregel ins frische Haff, mit dem Vorhafen Pillau an der Einfahrt in dieses Haff, ebd.,

Elbing an der Mündung des Flusses gl. N. ebendahin in Westpreußen,

Fischhausen am frischen Haff,

Pillau auf der Spitze einer Erdzunge zwischen der Ostsee und dem frischen Haff,

Braunsberg in Ostpreußen, an der Ausmündung der Passarge in das frische Haff,

Danzig mit dem Vorhafen Weichselmünde (erster Handelshafen Preußens) an der Weichsel ebd.,

Stettin mit Swinemünde (zweiter Handelshafen Preußens und vierter Deutschlands) an der Oder in Pommern,

Stolpemünde an der Mündung der Stolpe in die Ostsee,
Rügenwalde am rechten Ufer der Wipper,
Colberg an der Persante, starke Festung und einem kleinen Hafen,
Wolgast an der Peene in Westpreußen,
Anclam an der Peene, ebd.,
Demmin an der Peene, die hier die Drebbet und Tollensee aufnimmt,
Barth an einem Meerbusen, Regierungsbezirk Stralsund,
Greifswalde an dem Ryck,
Stralsund an der Meerenge Göllen zwischen der Insel Rügen und dem Festlande,
Rostock mit Warnemünde an der Warnow in Mecklenburg-Schwerin,
Wismar am Busen gl. N. ebd.,
Lübeck mit Travemünde an der Trave,
Kiel an der Ausmündung des Eidercanals im dänisch-deutschen Herzogthum Holstein;

an der Nordsee:

Hamburg mit Curhaven (erster Handelshafen Deutschlands) an der Elbe,
Altona neben Hamburg an der Elbe im dänisch-deutschen Herzogthum Holstein,
Bremen mit Bremerhafen (dritter Handelshafen Deutschlands) an der Weser,
Emden am Busen Dollart in Hannover (Ostfriesland);

am adriatischen Meer:

Triest (erster Handelshafen Oesterreichs und zweiter Deutschlands), Freihafen am Busen gl. N. im österreich. Königreich Illyrien.

In Dänemark.

An der Ostsee:

Helsingör mit Kronburg am Sund auf der Insel Seeland, mit der Sundzolleinnahme (Ueberfahrt nach Helsingborg in Schweden),
Kopenhagen (erster Handelshafen Dänemarks) ebd.,
Kiel, s. oben bei Deutschland,
Eckernförde auf einer Landzunge an einem Meerbusen der Ostsee.
Schleswig an der Schlei im Herzogthum gl. N.,
Flensburg am Busen gl. N. ebd.,
Apenrade an einem Meerbusen im Herzogthum Schleswig,
Aarhuus im Herzogthum Jütland,

Randers, dänische Stadt am Guden,

Aalborg am Lymfiord ebd.,

Dänische Häfen von geringerer Bedeutung sind Hadersleben, Eckernförde und Neustadt;

an der Nordsee:

Husum am Busen gl. N. im Herzogthum Schleswig,

Tönning und Friedrichsstadt an der Eider ebd.,

Helgoland auf der gleichnamigen, jetzt englischen Insel vor der Mündung der Eider,

Glückstadt, feste Hauptstadt an der Elbe und einem freien Flußhafen,

Altona (zweiter Handelshafen Dänemarks), s. oben bei Deutschland;

am Ocean:

Thorshavn auf der Färöerinsel Stromöe,

Reikiavik auf der Insel Island.

In Holland.

An der Nordsee:

Delfzyl am Ausfluß der Ems in den Dollart in der Provinz Gröningen,

Haarlingen an der Westküste Frieslands,

Amsterdam mit Zaandam (erster Handelshafen Hollands) am Zuydersee in Nordholland; an demselben See noch die kleinern Hafenplätze Edam und Hoorn,

Enkhuizen, holländ. Stadt am Zuydersee,

Texel oder Tessel auf der gleichnamigen Insel vor der Spitze Nordhollands,

Helder oder Het Nieuwe Diep, Kriegshafen an der Ausmündung des großen nordholländ. Canals,

Rotterdam (zweiter Handelshafen Hollands) an der Maas in Südholland,

Dortrecht oder Dort auf einer Insel an der Merwe und am Biesbosch ebd.,

Bergen op Zoom in Nordbrabant,

Zierikzee auf der Insel Schouwen vor der Südwestküste,

Vliessingen und Middelburg auf der Insel Walcheren ebd.

In Belgien.

An der Nordsee:

Antwerpen (erster Handelshafen Belgiens) in der Provinz gl. N. an der Schelde,

Brügge an dem breiten und tiefen Canal von Ostende in Westflandern,

Ostende an der Küste derselben Provinz.

In Großbritannien und Irland.

Am Canal la Manche:

Falmouth an der Südküste Englands, bis jetzt noch Hauptpacketbootstation von England,

Plymouth am Busen gl. N. ebd.,

Southampton an einem Meerarm ebd.,

Cowes auf der Insel Wight, einer der sichersten Häfen des Canals, daher die englischen Flotten oft auf seiner Rhede anhalten (anlegen). Seebäder hier und approvisionnement de tous genres pour la marine.

Portsmouth, der größte Kriegshafen der Erde, ebd.,

Brighton ebd. (Ueberfahrt nach Dieppe in Frankreich),

Dover am Pas de Calais ebd. (Ueberfahrt nach Calais in Frankreich);

an der Nordsee:

London mit Gravesand (erster Handelshafen der Erde) an der Themse im östlichen England,

Colchester (Austernplatz) ebd.,

Yarmouth an der Yare ebd.,

Hull am Humber ebd.,

Sunderland in der engl. Grafschaft Durham am Wear,

Newcastle mit Shields (Steinkohlenplatz) am Tyne ebd.,

Berwick am Tweed, der Grenzfluß gegen Schottland (Grafschaft Northumberland),

Gloucester in der Grafschaft gl. N. an der Severn,

Edinburg mit Leith an der Ostküste Schottlands,

Dundee und Perth am Tay ebd.,

Aberdeen am Dee ebd.,

Inverneß am Murraybusen im nördlichen Schottland,

Helgoland auf der gleichnamigen, jetzt brittischen Insel vor der holsteinischen Küste Dänemarks;

am irischen Meer:

Greenock an der Mündung des Clyde in den Nordcanal an der Westküste Schottlands,

Glasgow mit Port-Glasgow an demselben Flusse ebd.,

Whitehaven (Steinkohlenplatz) an der Westküste Englands,

Liverpool (zweiter Handelshafen der Erde) am Mersey ebd.,

Chester am Dee ebd.,

Pembroke mit Milford ebd.,

Cardiff in Südwales an der Bristolsbai,
Bristol an der Mündung des Avon in den Bristolcanal ebd.,
Newport, Hauptstadt der englischen Insel Wight, an der Medina,
Dublin mit Kingstown am Liffey an der Ostküste Irlands,
Drogheda am Boyne ebd.,
Dundalk (Dondahk) an der Mündung des gleichnamigen Flusses in die Dundalkbai,
Belfast am Lagan ebd.;

am Ocean:

Londonderry, Hafen am Foyle,
Sligo am Busen gl. N. an der Westküste Irlands,
Galway am Busen gl. N. ebd.,
Limerick am Shannon ebd.,
Cork am Lee an der Südküste Irlands,
Waterford am Einflusse des Suire in den Barrow ebd.,
Wexford an der Mündung des Slaney;

am Mittelmeer:

Gibraltar, starke Festung mit einer Rhede an der Straße gl. N. im südlichen Spanien,
La Valetta, fester Kriegshafen auf der Insel Malta im Süden von Sicilien.

In Frankreich.

Am Canal la Manche:

Dünkirchen an der Nordküste in Flandern,
Calais in Artois (Ueberfahrt nach Dover in England),
Boulogne ebd. (ebenfalls Ueberfahrt nach Dover in England),
Dieppe in der Normandie, Depart. Niederrhein,
Havre (erster Handelshafen Frankreichs) an der Seine ebd.,
Cherbourg ebd., Depart. Manche und Brest in der Bretagne, Depart. Finisterre, Kriegshäfen,
St. Malo, Depart. Ille-Vilaine,
Morlaix, Depart. Finisterre, am Zusammenfluß der Jaklot und Ossen,
Quimper, Depart. Finisterre, am Odet,
Vannes, Depart. Morbihan, an der Bucht gl. N.,
Granville, Depart. Manche, kleiner Hafen;

am aquitanischen Meer oder am Ocean:

L'Orient an der Westküste am Busen Port-Louis in der Bretagne,

Nantes mit Paimboeuf an der Loire ebd., Depart. Niederloire,

La Rochelle an einem Canal zur Sevre in Aunis, Depart. Nieder-Charente,

Rochefort, Kriegshafen an der Charente ebd.,

Bordeaux an der Garonne in Guyenne, Depart. Gironde;

am biscaischen Meer:

Bayonne am Adour in Navarra, Depart. Unterpyrenäen;

am Mittelmeer:

Port-Vendre in der Grafschaft Roussillon,

Cette an der Südküste in Languedoc (Stapelplatz für Montpellier), Depart. Herault,

Marseille (zweiter Handelshafen Frankreichs) unweit der Rhonemündung in der Provence,

Toulon, der größte Kriegshafen am Mittelmeer ebd.;

am toscanischen Meer:

Bastia an der Nordküste der Insel Corsica.

In Portugal.

Am portugiesischen Meer oder am Ocean:

Oporto oder Porto (zweiter Handelshafen Portugals) am Duero,

Lissabon oder Lisboa (erster Handelshafen Portugals) am Tajo,

Setubal oder St. Ubes am Busen gl. N.,

Lagos und Faro an der Südküste, beide in Algarbien,

Punta Delgada, Angra und Horta auf den Azoreninseln San Miguel, Terceira und Fayal im Ocean.

Ribeira Grande, ebenfalls auf San Miguel.

In Spanien.

Am biscayischen Meer:

Bilbao an der Nordküste im Baskenlande,

Santander in Altcastilien,

Ferrol und Corunna, Kriegshäfen in Galicien;

am Ocean:

Sevilla mit San Lucar am Guadalquivir, an der Südküste in Andalusien,

Cadix (erster Handelshafen Spaniens) am Busen gl. N. ebendaselbst;

am Mittelmeer:

Gibraltar, starke engl. Festung an der Straße gl. N. ebd.,
Malaga in Granada, hier auch östlich davon Almeria, Hafen,
Cartagena, Kriegshafen in Murcia;

am balearischen oder spanischen Meer:

Alicante an der Ostküste in Valencia,
Valencia mit dem Ankerplatz Grao am Guadalaviar ebd.,
Tortosa am Ebro in Catalonien,
Tarragona an der Seeküste ebd.,
Barcelona mit Barcelonetta (zweiter Handelshafen Spaniens) ebd.,
Palma an der Südwestküste der Balearen-Insel Mallorca.

In Italien.

Am ligurischen oder sardinischen Meer:

Nizza, Hauptstadt in der Grafschaft gl. N. an der Südwestküste,
Savona am Busen von Genua in Sardinien,
Genua (zweiter Handelshafen Italiens) am gleichnamigen Busen ebd.,

am toscanischen Meer:

Livorno (erster Handelshafen Italiens), Freihafen in Toscana,
Civita Vecchia, Freihafen im Kirchenstaate,
Neapel am Busen und im Königreich gl. N.,
Cagliari an der Südostküste der Insel Sardinien;

am liparischen oder sicilischen Meer:

Messina an der Straße gl. N. an der Nordostküste der Insel Sicilien,
Palermo am Busen gl. N., an der Nordküste ebd.,
Catania an der Ostküste,
Siragosa an der Südostküste Siciliens,
Trapani an der Nordwestküste;

am calabrischen Meer:

Gallipoli (Oelplatz) am Busen von Taranto im Neapolitanischen (Apulien);

am adriatischen Meer:

Ancona, Freihafen im Kirchenstaat,
Sinigaglia (Meßplatz) ebd.,

Venedig, Freihafen am Golfe gl. N. im österreichischen Italien.

In Oestreich.

Am adriatischen Meer:

Venedig (zweiter Handelshafen Oesterreichs), s. oben bei Italien,

Triest (erster Handelshafen Oesterreichs), s. oben bei Deutschland,

Fiume, Freihafen am Quarnerobusen in Kroatien,

Zara, Spalato, Ragusa und Cattaro in Dalmatien.

In Jonien.

Am jonischen Meer:

Corfu (erster Handelshafen der Republik), Freihafen an der Ostküste der Insel gl. N.,

Argostoli an der Südküste der Insel Kephalonia,

Zante, Freihafen an der Ostküste der Insel gl. N.

In Griechenland.

Am jonischen Meer:

Missolunghi, Lepanto oder Naupaktos und Galaxidi am Busen von Lepanto oder Corinth in Livadien,

Patras (erster Handelshafen Griechenlands) am Busen gl. N. an der Nordküste der Halbinsel Morea oder des Peloponnes,

Gastuni, Navarino und Modon an der Westküste Morea's,

Koron am Busen gl. N. an der Südküste Morea's;

am Archipel:

Napoli di Malvasia oder Monembasia an der Ostküste Morea's,

Napoli di Romania oder Nauplia ebd.,

Athen (Athiniah oder Setines) am Busen gl. N. in Livadien,

Zeitun oder Isdin (Meßplatz) am Busen gl. N. ebd.,

Spezzia, Hydra, Poros, Egina oder Aegina, Egribos oder Negroponte (auch Chalcis genannt), Milo oder Melos, Paros, Naxia oder Naxos, Tine oder Tenos, Andros, Skyros 2c. auf den gleichnamigen Inseln an und vor der Ostküste Morea's im Archipel und

Hermopolis (zweiter Handelshafen Griechenlands) auf der Insel Syros oder Syra ebd.

In der Türkei.

Am adriatischen Meer:

Skutari am See gl. N., durch welchen hier der Brojana fließt (in Albanien),

Dulzigno, ebd.,

Durazzo am Busen gl. N. in Albanien,

Avlona oder Valona am Meerbusen gl. N. in Albanien,

Prevesa in Epirus, am Eingange des Meerbusens gl. N. in Albanien;

am Archipel:

Saloniki (zweiter Handelshafen der Türkei) am Busen gleichen Namens in Macedonien,

Volo in Thessalien, südlich von Larissa,

Enos an der Maritza in Romanien (Stapelplatz für Adrianopel an demselben Flusse),

Canea, Rettimo und Candia an der Nordküste der Insel Candia oder Creta;

am Hellespont:

Gallipoli an der Südostküste Romaniens und an der Dardanellenstraße,

Rodosto am Marmorameere, 40,000 Einw., in Romanien,

Silivri oder Selivria am Marmorameer in Romanien; starker Handel mit geräucherten Ochsenzungen, von denen viele nach Marseille 2c. gehen;

am Bosporus:

Constantinopel oder Stambul (erster Handelshafen der Türkei) am südlichen Eingange in die Straße gl. N. zwischen dem Marmora- und schwarzen Meere, in Romanien,

Burgos in Romanien, bedeutende Fischerei. Im Westen davon der See gl. N.;

am schwarzen Meer:

Varna am Busen gl. N. in Bulgarien,

Kustendsche, ebd.

In der Moldau.

Galacz, Freihafen an der Donau bei der Mündung des Sereth und unterhalb der Mündung des Pruth in dieselbe.

Meßplätze Europa's.

In Deutschland:

Leipzig, Frankfurt a. M. und a. d. O., Constanz, Braunschweig, Breslau, Fürth, Botzen oder Bolzano in Tyrol, Bamberg, Kiel, Kassel, Posen, Offenbach und Naumburg.

In der Schweiz:

Basel und Zurzach (Canton Aargau) am Rhein.

In England:

Stourbridge bei Cambridge und Chester am Dee.

In Frankreich:

Beaucaire am Rhone in Languedoc, Lyon, Straßburg, Bordeaux und Falaise (Depart. Calvados in der Normandie).

In Spanien:

Medina del rio seco im Königreich Leon.

In Portugal:

Viseu (Wi=se=u) in der Provinz Beira.

In Italien:

Alessandria in Piemont, Salerno im Neapolitanischen, Sinigaglia, Benevento im Kirchenstaat, aber im Neapolitanischen gelegen, Reggio in Modena, Bergamo im Mailändischen und Padua, Bassano, Treviso und Verona im Venetianischen, Ferrara (seit 1844), Foggia in Apulien, 18 Meilen nordöstlich von Neapel, Messe in Wolle, Getreide, Kapern, Wein und Oel.

In Ungarn:

Pesth a. d. Donau und Debreczyn im Biharer Comitat.

In Schweden:

Karl=Johannsstadt an der Mündung des Clara=Elf in den Wenersee in Wermland.

In Belgien:

Antwerpen (drei Messen).

In Griechenland:

Zeitun oder Isdin im nordöstlichen Livadien.

In Rußland:

Nischnei-Nowgorod und Rostow a. d. Wolga, Charkow, Romen im Gouv. Pultawa und Kiew in der Ukraine, Korenaja Pustina im Gouv. Kursk, Irbit im Gouv. Perm und Berditschew im Gouv. Volhynien, Pskow oder Pluskow im Gouv. gl. N.

In Polen:

Warschau und Lublin, drei Messen, jede vier Wochen dauernd.

Asien.

(800,000 □M. und 5 bis 600 Mill. Einw.)

Dieser größte und bevölkertste Continent der Erde, der Wohnsitz der ältesten Völker und das Stammland der frühesten cultivirten Reiche und Staaten, ist, bei aller seiner alten und reichen Geschichte, doch geographisch noch sehr unbekannt, und nur sein Umfang, sowie die Küsten und Inseln, wohin europäische Schiffe kamen und Ansiedelungen gründeten, wenig aber sein weites Innere den Europäern aufgehellt. Das ganze Festland Asien liegt auf der nördlichen Erdhälfte (von 1° bis 78° N. Br.), und nur die Hälfte seines großen indischen Archipels reicht in die südliche hinüber (bis 11° S. Br.); es ist größtentheils vom Meer, und zwar im Norden vom Eismeer, im Osten vom stillen, im Süden vom indischen Ocean, im Westen vom mittelländischen und schwarzen Meer umgeben, und hängt nur im Südwesten durch die schmale Landenge von Suez mit Afrika und im Nordwesten auf eine 500 Meilen lange Strecke mit Europa zusammen. Seine westliche vom mittelländischen Meer gebildete Halbinsel Kleinasien oder Natolien ist durch zwei nur ganz schmale Meerengen oder Straßen, den Hellespont oder die Straße der Dardanellen, und den Bosporus oder die Straße von Constantinopel, von Europa, und seine nordöstlichste Spitze durch eine breitere Meerenge, die Behringsstraße, von Amerika getrennt. Die größte Breite und Länge des Festlandes mag wohl über 1100 Meilen betragen.

Staaten Asiens.

In Nord- und Nordwest-Asien:

Asiatisches Rußland (etwa 250,000 □M. und 8 Mill. Einw.) mit folgenden noch wenig cultivirten Ländern:

1. Sibirien, ganz Nordasien umfassend und zerfallend in

a. Westsibirien mit den Haupt- und Handelsplätzen Tobolsk (18,000 Einw.) und Omsk am Irtisch und Tomsk am Ob;

Hierher kann man auch rechnen die Kirgisensteppe oder die südwestliche Fortsetzung Westsibiriens zwischen den Flüssen Ural und Irtisch.

b. Ostsibirien mit Irkutsk nahe am Baikalsee, Jeniseisk, Meßplatz am Jenisei, Jakutsk an der Lena und Ochotsk, Hafen am Meere gl. N.;

Als wichtiger Handelsplatz Ostsibiriens ist außerdem noch zu bemerken Kjächta, dicht an der Grenze der Mongolei und am Bache gl. N., von welchem kleinen Orte aus über die gegenüber am jenseitigen Ufer in der Mongolei liegende Stadt Maimatschin aller Handel Rußlands mit China durch Petersburger und Moskauer Karawanen betrieben wird.

c. Kamtschatka, Halbinsel im äußersten Osten, mit Peter-Paulshafen an der Awatschabai, wo die russisch-amerikanische Pelzhandels-Gesellschaft Magazine unterhält;

d. die Aleuten- und Fuchs-Inseln zwischen Kamtschatka und Amerika, wichtig von jeher wegen der Jagd auf seine Pelzthiere;

e. die Kurilen-Inseln, südlich von Kamtschatka bis nach Japan sich erstreckend und auch zur Hälfte zu diesem Reiche gehörend;

2. Kaukasien oder die neuen russischen Erwerbungen zwischen dem caspischen und schwarzen Meer in Vorderasien, mit folgenden Landschaften oder Gouvernements:

a. Kaukasien, die nördlichste Provinz, mit der Hauptstadt Stawropol;

b. Tscherkessien oder Circassien, weiter südlich im Kaukasus, mit der Hauptfestung Wladi-Kaukas am Terek und dem Hafen Anapa unweit der Mündung des Kuban am schwarzen Meer;

c. Imiretien oder Imerethi mit Mingrelien (das alte Kolchis) und Abchasien, am schwarzen Meer, mit der Hauptstadt Kutais am Rion, nebst dem Hafen Redut-Kale am schwarzen Meer;

d. Georgien oder Grusien im Innern, mit dem Handels- und Fabrikplatz Tiflis am Kur (40,000 Einw.);
e. Russisch-Armenien an der türkischen und persischen Grenze, mit dem Handels- und Fabrikplatz Eriwan;
f. Schirwan, südlich am caspischen Meer, mit der Hauptstadt und Hafen Baku;
g. Daghestan, weiter nördlich an demselben Meer, mit der Hauptstadt und Hafen Derbent.

In West- (oder Vorder-) Asien:

Asiatische Türkei (etwa 24,000 □M. und 12 Mill. Einw.) mit folgenden einzelnen Ländern oder Paschaliks:

1. Natolien oder Anadoli (das alte Kleinasien oder die Landschaften Mysien, Lydien, Karien, Lycien, Phrygien, Galatien, Bithynien und Paphlagonien), auch wohl die Levante[1] im engsten Sinne genannt, mit der Hauptstadt Kutajeh und den Handelsstädten Smyrna oder Ismir (150,000 Einw.), Hauptstapelplatz des Levantehandels am Busen gl. N. am Archipel, Trebisonde am schwarzen Meer und Brussa oder Bursa (Seide), Angora (Teppiche) und Tokat (Kupfer) im Innern;
2. Syrien oder Soristan mit dem alten Palästina oder Kanaan und der phönizischen Küste, den Seehandelsplätzen Aleppo oder Haleb mit seinem Vorhafen Skanderum oder Alexandrette und St. Jean d'Acre und Beirut am mittelländischen Meere, und dem wichtigen Fabrik- und Handelsplatz Damascus oder Damas im Innern;
3. Babylonien und Chaldäa oder Irak Arabi mit den Handels- und Fabrikplätzen Bagdad und Basra oder Bassora am Tigris;
4. Mesopotamien oder Al-Dschesirah zwischen dem Eufrat und Tigris, mit den Fabrik- und Handelsplätzen Diarbekir und Mossul am Tigris und Orfa, dem alten Edessa;
5. Türkisch-Armenien oder Turkomanien mit Kurdistan (dem alten Assyrien) nebst einem kleinen Theile von Georgien und dem Fabrik- und Handelsplatz Arzerum;
6. Inseln vor der Küste von Syrien und Natolien im mittelländischen Meer, als: Cypern, Rhodus, Patmos, Samos, Skio oder Chios, Psara, Mitylene oder Lesbos, Tenedos ꝛc., nebst den Marmora-Inseln im gleichnamigen Meere.

[1] Unter Levante (Morgenland) versteht man im Handel nicht nur die Halbinsel Natolien, sondern überhaupt die vorderasiatischen Küsten, meist auch die Küstenländer und Inseln der europäischen Türkei und Griechenlands, wie auch die ägyptische Küste.

In Südasien:

Arabien (etwa 50,000 □M. und 12 Mill. Einw.), unter der Herrschaft mehrerer Fürsten oder Imams, von welchen der zu Sana im Lande Jemen oder im südwestlichen und der von Maskat im südöstlichen Arabien die mächtigsten sind.

Zu diesem Lande gehören auch die vor der Ostküste im persischen Meerbusen liegenden und durch die wichtigsten Perlenbänke berühmten Bahrein-Inseln.

Handelsplätze des Landes sind die Häfen Mokka (18,000 Einw.), Aden (seit 1838 im Besitz der Engländer), Loheia, Dschidda (Hafen für Mekka) und Jembo (Hafen für Medina) am rothen Meere im Westen, und Maskat und Katif am persischen Meerbusen im Osten. Im Innern ist nur Beitel-Fakih als Hauptmarkt für den bekannten Mokka- oder levantischen Kaffee wichtig.

Persien (etwa 40,000 □M. und 22 Mill. Einw.), welches jetzt, unter drei Chans oder Schahs, aus folgenden drei unabhängigen Staaten besteht.

1. Iran oder Westpersien (das alte Medien und Parthien) mit der Hauptstadt Teheran (70,000 Einw.) und den Handels- und Fabrikplätzen Abuschehr oder Buschir und Bender Abassi, Häfen am persischen Meerbusen im Süden, Räscht mit dem Hafen Enseli am caspischen Meer im Norden und Tauris oder Tebris, Balfrusch, Ispahan, Schiras, Jezd und Mesched im Innern;

2. Kabul oder Afghanistan im Osten, mit der Hauptstadt Kabul am Flusse gl. N. und den Handels- und Fabrikplätzen Herat, Pischaur und Candahar.

3. Beludschistan im Süden, mit der Hauptstadt Kelat.

Ostindien oder **Indien** schlechtweg (120,000 □M. und 200 Mill. Einw.), durch den bengalischen Meerbusen und den Fluß Ganges getheilt in zwei Halbinseln, in Vorder- und Hinterindien, wozu noch kommen die verschiedenen Inselgruppen im indischen Ocean oder der ostindische Archipel im Südosten des Festlandes Ostindien.

I. Vorderindien (Hindustan) oder die Halbinsel diesseits des Ganges, mit der Küste Malabar im Westen und der Küste Coromandel im Osten, begreift folgende Länder:

1. Staat der Briten oder das Gebiet der britisch-ostindischen Handelscompagnie (über 50,000 □M. und mit mehr als 100 Mill. Einw.), zerfallend in vier Präsidentschaften, nämlich: Calcutta und Allahabad in Bengalen, Madras auf der Küste Coromandel und Bombai auf der Küste Malabar, mit den Handels- und Fabrikplätzen Calcutta am Ganges (700,000 Einw.), Sitz des Generalgouverneurs der britisch-ostindischen Compagnie und erster Handelsplatz Asiens, ferner

Madras, Bombai, Surate, Dacca, Patna, Balasore, Benares, Delhi, Masulipatam ꝛc.

In diesem Reiche liegen auch die kleinen Gebiete, die als französisches portugiesisches und dänisches Ostindien, mit den Hafenplätzen Pondichery, Goa und Trankebar, weiter unten bei den Colonien näher bezeichnet sich finden.

2. Staat des Maharatten-Rajah Scindiah im Innern, mit der Hauptstadt Gwalior. (Der Rajah starb 1842 ohne Nachkommen, daher dieses sein Reich Gwalior oder der kleine Maharattenstaat an England gefallen, wenigstens die Oberhoheit; denn er hat seinen Adoptivsohn eingesetzt.)

3. Staat Sindhy oder Sind an der Mündung des Indus oder Sind im Nordwesten, mit der Hauptstadt Heidrabad am Indus. (In Folge der Siege des Generals Napier 1843 dem indobritischen Reiche einverleibt und der Indus für die Schifffahrt aller Nationen eröffnet.)

4. Staat der Siks oder das Königreich Lahore im Norden, mit der Hauptstadt Lahore oder Lahur und dem durch seine kostbaren Shawls berühmten Fabrikplatze Kaschmir, in dem jetzt zu diesem Reiche gehörigen blühenden Thale gl. N. zwischen dem Hindukusch- und Himalayagebirge.

5. Staat Nepal, nördlich im Himalayagebirge, mit der Hauptstadt Katmandu.

II. Hinterindien oder die Halbinsel jenseit des Ganges mit folgenden Ländern:

6. Staat Assam im Norden (seit 1826 ebenfalls dem britischen Gebiet einverleibt) mit der Hauptstadt Jorhaut (Dschorraht), nach Andern Rungpur.

7. Staat Birma mit Pegu und den Hauptstädten Ummerapura und Ava am Irawaddy im Innern und dem Handelshafen Rangun an der Mündung dieses Flusses an der Südküste.

Von diesem Reiche haben die Engländer im Jahre 1826 fast das ganze Küstenland am bengalischen Meerbusen, nebst den Mergui-Inseln vor demselben erworben. (S. Colonien.)

8. Staat Siam mit der Hauptstadt Schubia oder Siam am Menam und dem Handelshafen Bankok oder Bankasai an der Mündung dieses Flusses.

9. Staat Anam mit den Landschaften Cochinchina, Tonkin und Cambodscha, der Hauptstadt Hueh und den Handelsplätzen Faifo mit dem Hafen Turon, Kescho, Cambodscha und der Seehandelsstadt Saigon;

10. Die Halbinsel Malacca mit mehreren kleinen Staaten unter malayischen Fürsten und dem Hauptplatz Salengore.

Auf dieser Halbinsel besitzen die Engländer das an Zinn (Malaccazinn) so reiche Gebiet Malacca mit der Hafenstadt gl. N., wozu auch die immer mehr aufblühenden Inseln Pulo Pinang vor der Westküste und Singapur vor der Südküste am Cap gehören.

III. Ostindischer Archipel, umfassend folgende für den Handel so wichtige und größtentheils unter der Herrschaft der Holländer stehende Inselgruppen:

11. die großen Sunda-Inseln: a) Java (holländisch) mit dem berühmten Seehandelsplatz Batavia an der Nordwestküste, Sitz des Generalgouverneurs der holländisch-ostindischen Handelscompagnie, und dem blühenden Seehafen Surabaya an der Ostküste, b) Sumatra mit dem Hafen Palembang, c) Borneo mit dem Hafen Pontianak, d) Celebes mit dem Hafen Vlaardingen oder Macassar;

12. die kleinen Sunda-Inseln, im Osten von Sumatra und Java gelegen (meist holländisch), als: Banca (hier das meiste und beste Zinn auf der Erde, Bancazinn), Billiton, Bali, Sumbava, Flores, Lombok, Sandelbosch, Timor 2c.;

13. die Molukken oder Gewürz-Inseln, ganz im Osten, zwischen Celebes und Neuguinea gelegen (meist holländisch), als: Gilolo, Ceram, Buro, Ternate, Tidor nebst den Amboina- oder Gewürznelken- und den Banda- oder Muskatnuß-Inseln;

14. die Philippinen oder manilischen Inseln, nördlich von Borneo (spanisch), mit dem Handelshafen Manilla auf der Insel gl. N.; weiter südlich die Suluh-Inseln.

Außer diesen Inselgruppen ist noch die durch den echten Zimmt, sowie durch die schönsten Edelsteine und Perlen ausgezeichnete britische Insel Ceylon oder Selan vor der Südspitze Vorderindiens, mit den Hafenplätzen Colombo an der West- und Trinconomale an der Ostküste zu nennen. — Von geringer Bedeutung sind die Lakediven und Malediven ebendaselbst, sowie die Nicobaren- und Andaman-Inseln zwischen Vorder- und Hinterindien.

In Ost- (oder Hinter-) Asien:

China oder **Schina** (etwa 250,000 □M. und vielleicht an 300 Mill. Einw.) mit der Hauptstadt Peking (2 Mill. Einw.); an der Südküste der große, aber auch nur einzige dem europäischen und nordamerikanischen Handel offen stehende Seehandelsplatz Canton am gleichnamigen Busen, Macao, portugiesische Niederlassung und Hafen an demselben Busen, Ningpo, Stapelplatz des Handels mit Japan, an der Ostküste und Nanking, Hantscheu, Sunkiang und Kingtesching, Fabrikplätze im Innern.

Die fünf freien Handelshäfen sind: 1) Canton, 2) Emoi oder Amoy; 3) Futscheufu, die Hauptstadt Fokiens und

Stapelplatz des Thees mit 400,000 Einw.; 4) Ningpo mit 2—300,000 Einw.; 5) Schanghai oder Tochinghai, letzterer an der Ostküste. Außerdem erhielt England noch die Inseln Hongkong am Meerbusen von Canton, Tschusan und Kulongfou.

Zu diesem Reiche gehören an und vor der Ostküste Asiens noch folgende Länder und Inseln:

1. Tungusien oder die Mandschurei, auch Amurland genannt, nördlich vom eigentlichen China, mit der Hauptstadt Tsitsikar;
2. Korea oder Kaoli, Halbinsel nordöstlich von China, mit der Hauptstadt Kingkitao;
3. der Lieukieu- oder Likejo-Archipel vor der Ostküste, mit der Hauptstadt und Hafen Napakiang auf der Halbinsel Likejo oder Lutschu, sowie die Insel Formosa oder Taiwan vor der Südostküste, mit dem Hauptort und Hafen Taiwan, und die Insel Hainan am Busen von Tonkin vor der Südküste, mit dem Hauptort und Handelshafen Huihan.

In Mittelasien besitzt China ferner:

4. die Mongolei nördlich von China, mit der Hauptstadt Urga oder Kuren und dem wichtigen Handelsplatz Maimatschin dicht an der sibirischen Grenze und am Bache Kjächta, von welchem Orte aus über die russische Stadt Kjächta am jenseitigen Ufer aller Handel China's mit Rußland betrieben wird (s. S. 55);
5. Turfan oder die kleine Bucharei, auch Ost-Dschagatai genannt, nordwestlich von China, mit der Hauptstadt Jerken oder Jarkiang und dem Handelsplatz Kaschgar im westlichen Theile des Landes;
6. Tibet mit Butan und Ladak (die asiatische Schweiz), östlich von China, im Himalayagebirge, mit den Hauptstädten und Handelsplätzen Lassa oder Barantola im Innern, Tassisudon im Süden und Leh oder Ladak im Westen.

In Mittel- (oder Hoch-) Asien:

Turkestan (Turan) oder die **freie Tartarei,** auch große Bucharei und West-Dschagatai genannt, zwischen Turfan, Persien und Sibirien, mit der Haupt- und wichtigsten Handelsstadt Mittelasiens, Buchara (wohl an 100,000 Einw.), und den Fabrik- und Handelsplätzen Taschkend, Balk (im alten Baktrien), Samarkand, Turkestan, Khokand und Khiwa.

Turfan, Tibet und die **Mongolei** sehe man vorher unter China, zu welchem Reiche diese mittelasiatischen Länder gehören.

Hauptgebirge Asiens:

der Ural, Grenzgebirg gegen Europa, im nordwestlichen Asien oder Sibirien; reich an Gold, Platina, Kupfer und Eisen im mittlern oder Katharinenburger Theile;

der Kaukasus zwischen dem schwarzen und caspischen Meer im südlichsten Rußland, ebenfalls Grenzgebirg gegen Europa;

der Taurus mit dem Antitaurus im südöstlichen Natolien;

der Libanon mit dem Antilibanon in Syrien;

die Ghats längs der West- und Ostküste (westliche und östliche Ghats) in Vorderindien;

der Himalaya oder das Himalehgebirg mit dem Hindukusch im nördlichen Ostindien und südlichen Tibet und dem 27,000 Fuß hohen Dawalagiri, dem bis jetzt bekannten höchsten Berge der Erde;

der Mustagh oder das Himmelsgebirg (chinesisch: Thian-Schan) zwischen Turkestan, Turfan und der Mongolei;

der Altai mit seinen Zweigen, den silberreichen sajanischen, daurischen und nertschinskischen Erzgebirg, zwischen Sibirien und der Mongolei.

Vulkane. Die meisten finden sich auf den Inseln, hauptsächlich im indischen Archipel, wo Java, Sumatra und die Philippinen mehr als 30 noch thätige und eben so viel erloschene Vulkane haben. Nächstdem sind die meisten auf den japanischen, kurilischen, Aleuten und Fuchsinseln. Auf dem Festlande hat die Halbinsel Kamtschatka die bedeutendsten.

Caps oder Vorgebirge. Die bekanntesten sind: im Norden das C. Taimura oder Eiscap, die nördlichste Spitze Sibiriens; im Osten das Tschuktschische oder Ostcap, die östlichste Spitze Sibiriens und überhaupt Asiens, an der Behringsstraße; im Süden das C. Cambodscha und C. Romania in Hinterindien und das C. Comorin und C. Diu in Vorderindien.

Hauptflüsse Asiens.

Ins nördliche Eismeer ergießen sich:

der Ob oder Oby — mit seinem Hauptnebenfluß, dem Irtisch, an welchem die Stadt Tobolsk liegt — unterhalb Beresow in Westsibirien,

der Jenisei unterhalb Jeniseisk ebendaselbst,

die Lena unterhalb Jakutsk in Ostsibirien;

in den stillen Ocean:

der Amur oder Sakhalin unterhalb Sakhalin in der Mandschurei, in das ochotskische Meer,

der Hoangho oder gelbe Fluß unterhalb Khaifung, nördlich von Nanking in China, in das gelbe Meer,

der Jangtsekiang oder blaue Fluß unterhalb Nanking ebendaselbst und ebendahin, Tschinkiangfu am Südufer;

in den indischen Ocean:

der Pekiang oder Cantonfluß bei der Hafenstadt Canton in China, in das chinesische Meer,

der Cambodscha oder Maykaung unterhalb Cambodscha in Anam, ebendahin,

der Menam unterhalb Schudia oder Siam bei der Hafenstadt Bankok in Siam, in das hinterindische Meer,

der Irawaddy unterhalb Ummerapura und Ava bei der Hafenstadt Rangun in Birma, in den Busen von Bengalen,

der Bramaputra oder Burremputer unweit Dacca im britischen Bengalen, ebendahin, unterhalb Schirpur und Jasipur,

der Ganges unterhalb Patna und der Hafenstadt Calcutta (letztere Stadt eigentlich am Hugli, einem westlichen Seitenarme dieses Flusses) ebendaselbst und ebendahin, wo an der Mündung Ganges und Bramaputra sich vereinigen,

die Nerbudda bei der Hafenstadt Cambai in der britischen Präsidentschaft Bombai in Vorderindien, ins persische Meer,

der Indus oder Sind unterhalb Heidrabad bei Tattah im Staate Sind, ebendahin, bei Kurabschi, Hafen von Tattah,

der Tigris mit dem Eufrat oder Frat, über Diarbekir, Mossul und Bagdad, unterhalb der Hafenstadt Basra oder Bassora in Babylonien, wo beide Flüsse vereint (Pasitigris) unter dem Namen Schat-el-Arab in den persischen Meerbusen münden;

in das mittelländische Meer:

der Orontes oder Aasi unterhalb Hamah bei der Hafenstadt Antakia (sonst Antiochia) in Syrien;

in den Aralsee im Innern:

der Amu-Darja (Deria) oder Oxus unterhalb Khiwa in Turkestan,

der Derja-Sir oder Sihun unterhalb Khokand und Taschkend ebd.

Hauptseen Asiens:

der Caspische See, der größte auf der Erde (7000 □M.), daher wohl auch caspisches Meer genannt, zwischen Turkestan, Persien und Rußland, lebhafter Schifffahrtsverkehr auf demselben zwischen Rußland und Persien,

der Aralsee oder das blaue Meer, östlich von jenem, zwischen Rußland und Turkestan,

der Balkaschsee noch weiter östlich, im westlichsten Theile der Mongolei und an der Südwestgrenze Sibiriens,

der Baikalsee oder das heilige Meer im südlichen Sibirien, unweit Irkutsk, der Hauptstadt Ostsibiriens,

der Asphaltsee oder das todte Meer unweit Jerusalem in der syrischen Landschaft Palästina.

Seehandelshäfen Asiens.

Im asiatischen Rußland.

Am Meer von Kamtschatka:

Peter-Paulshafen oder Petropawlowsk an der Awatschabai auf der Südostküste der ostsibirischen Halbinsel Kamtschatka; Ueberfahrt von hier nach der russischen Nordwestküste Amerika's;

am ochotskischen Meer:

Ochotsk in der ostsibirischen Seeprovinz gl. N.; gewöhnliche Ueberfahrt von hier nach Kamtschatka und Mittelpunkt des Handels zwischen Sibirien und dem russischen Amerika, welchen die russisch-amerikanische Handelsgesellschaft treibt;

am caspischen Meer:

Baku und Derbend in den ostkaukasischen Provinzen Schirwan und Daghestan, hier auch der Hafen Lenkeran;

am schwarzen Meer:

Redut-Kale und Anapa in den westkaukasischen Provinzen Mingrelien und Tscherkessien; Anaklia und Kopy.

In Japan.

Am stillen Ocean:

Matsmai, Hauptstadt der Insel Jesso, der Nordspitze Nipons gegenüber und an dem Strome gl. N.,

Osacca an der Südküste der Insel Nipon, der Hafen für den Handelsplatz Kio oder Miako im Innern,

Simonosaki a. d. Südwestküste derselben Insel;

am gelben Meer:

Nangasaki a. d. Westküste der Insel Kiusiu oder Schimo, der einzige japanische Hafen, den, unter großen Beschränkungen, außer den Chinesen nur die Holländer besuchen dürfen.

In China.

Am ostchinesischen Meer:

Nanking (Flußhafen) und Schanghai in der Provinz Nyanhai, wenige Meilen südlich von Nanking,

Ningpo in der Provinz Tschekiang a. d. Ostküste, Stapelplatz des Handels mit Japan (Nangasaki),

Tschapu, Seefestung, soll der Handelsplatz mit Japan seyn in der Provinz Tschekiang und wird besonders von japanischen Schiffen besucht,

Futscheufu, Hauptstadt der Provinz Fokien, der Insel Formosa gegenüber,

Hiamen oder Amoy in der Provinz Fokien ebd. mit 300,000 Einw., wird von den reichsten chinesischen Handelsleuten besucht;

am südchinesischen Meer:

Canton oder Kuangtschufu am Busen gl. N. in der Provinz Kuangtung, der einzige chinesische Hafen, welcher dem europäischen und nordamerikanischen Handel offen steht,

Viktoriatown auf Hongkong, neugegründeter Ort seit dem englisch-chinesischen Krieg.

Macao (makkau), Niederlassung der Portugiesen an demselben Busen und in der Nähe von Canton, zu welchem Haupthafen dieser Platz als Vorhafen zu rechnen ist.

In Hinterindien.

Am südchinesischen Meer:

Faifo oder Turon a. d. Turonbai in der Provinz Cochinchina des Reiches Anam, a. d. Ostküste,

Saigong in der Provinz Cambodscha ebd., a. d. Südküste,

Bankok oder Bankasai a. d. Mdg. des Menam in den Busen von Siam, im Reiche Siam,

Sincapore auf der Insel gl. N. an der Südspitze der Halbinsel Malacca (englisch);

an der Straße von Malacca:

Malacca auf der Westküste der Halbinsel gl. N. (englisch),

Georgetown auf der Insel Pulo Pinang vor dieser Küste,

Rangun a. d. Mdg. des Irawaddy in die Bai von Martaban, im Reiche Birma,

Arrakan an der Westküste des bengalischen Meerbusens (englisch).

In Vorderindien.

Am Busen von Bengalen:

Calcutta an der Mdg. des Ganges (Hugli) in Bengalen, Hauptsitz des Handels der britisch-ostindischen Compagnie,

Masulipatam und Madras a. d. Ost- oder Coromandelküste (englisch),

Pondichery ebd., Hauptsitz des ostindischen Handels der Franzosen, auch noch an derselben Küste der kleine Hafenplatz Carical südlich von Pondichery,

Trankebar ebd., Hauptsitz des Handels der dänisch-ostindischen Compagnie,

Colombo und Trinconomale westlich und östlich auf der englischen Insel Ceylon vor der Südspitze Vorderindiens,

Point de Galle oder Punta de Gale, südlich von Colombo;

am persischen Meer:

Cochin (Cotschin), Mangalore, Bombai und Surate a. d. West- oder malabarischen Küste (englisch),

Goa und Diu ebd., Handelshäfen der Portugiesen,

Tattah mit dem Vorhafen Kurabschi a. d. Mdg. des Indus im Staate Sind.

Auf den Inseln.

Im ostindischen Archipel:

Batavia auf der Nordküste der Insel Java, Hauptsitz des Handels der holländisch-ostindischen Compagnie,

Cheribon und Samarang östlich von Batavia an der Nordküste,

Surabaya ebd., a. d. Nordostküste,

Benkulen und Tapanuli an der Westküste auf der Insel Sumatra (holländisch),

Padang, Hauptstadt und Freihafen an der Westküste und Palembang an der Ostküste,

Bendjarmassin auf der Insel Borneo (holländisch),

Pontiana, holländisches Fort auf der Westküste von Borneo,

Vlaardingen, sonst Macassar, auf der Insel Celebes (holländisch), an der Südwest- und Monado an der Nordküste,

Gilolo, Ternate, Amboina und Banda auf den gleichnamigen Molukken oder Gewürzinseln (holländisch),

Manilla auf der Philippineninsel Luzon oder Manilla, Hauptsitz des ostindischen Handels der Spanier; der Hafen für große Fahrzeuge ist 3 Meilen südlich von Manilla bei der Stadt Cavite an der Bai von Manilla.

In Persien oder Iran.

Am persischen Meerbusen:

Bender-Abassi oder Gamron a. d. Straße Ormus, in der Provinz Laristan,

Abuschehr oder Buschir weiter nördlich, in der Provinz Farsistan, Haupthandelsplatz des Landes, und Hafen für Schiras;

am caspischen Meer:

Rescht mit dem Hafen Enseli oder Sinseli in der Provinz Gilan, Verkehr mit Rußland über Astrachan, die wichtigste Seidemanufaktur des Landes,

Ladjan oder Labajan mit dem Hafen Lankerud östlich von Rescht, ebd., Seidenhandel,

Balfrüsch und Asterabad an der Nordküste, beide in der Provinz Masenderan, in ersterer Stadt bedeutende Fabriken und Handel.

In Arabien.

Am persischen Meerbusen:

Katif a. d. Ostküste (Perlenhandel durch die nahen Bahreininseln);

am persischen Meer:

Maskat a. d. Südostküste;

am arabischen Meer:

Aden (seit 1838 im Besitz der Briten) am gleichn. Busen und am Eingang ins rothe Meer, in der an Kaffee reichen Landschaft Jemen,

Musa und Hodeida nördlich von Mekka;

am rothen Meer:

Mokka a. d. Südostküste in derselben Landschaft,

Loheia, der Hafen für den Kaffeemarkt Beit-el-Fakih ebendaselbst,

Dschidda, der Hafen für Mekka in der Landschaft Hedschas,

Jembo, der Hafen für Medina ebd.

In der asiatischen Türkei.

Am persischen Meerbusen:

Basra oder Bassora a. d. Mündung des Tigris in Babylonien;

am syrischen Meer:

Gaza oder Razze, Jaffa (sonst Joppe), Acre oder Akra, Sur (das alte Tyrus), Said (das alte Sidon), Beirut oder Berytus, Tarablus (sonst Tripolis), Latakia (sonst Laodicea), Antakia (sonst Antiochia) a. d. Mdg. des Orontes, Alexandrette oder Skanderum, der Hafen für Aleppo oder Haleb, sämmtlich levantische Häfen an der syrischen Küste,

Larnaka auf der Insel Cypern (Kibris),

Caiffa ist der Stapelplatz für Jerusalem, Nazareth und Naplusa;

im griechischen Archipel:

Rhodus, Sime, Patmos, Samos oder Palmosa, Chios oder Skio, Ipsara oder Psara, Mitylene (Metelino) oder Lesbos, levantische Häfen auf den gleichnamigen Inseln vor der Küste Natoliens oder Kleinasiens, Tenedos,

Tschesme (Cisme) auf der Westküste Natoliens (Rosinenplatz),

Smyrna oder Ismir, uralter Hauptplatz des Levantehandels am gleichn. Busen ebd.;

am Marmorameer:

Mundania, der Hafen für den Seidenplatz Brussa an der Nordwestküste Natoliens;

am schwarzen Meer:

Sinope a. d. Nordküste Natoliens,
Trebisonde oder Tarabosan (das alte Trapezunt auch Trabesun) ebd.

Afrika.

(500,000 □M. und vielleicht über 100 Mill. Einw.)

Diese große Halbinsel, welche nur durch die schmale Landenge von Suez im Nordosten mit Asien zusammenhängt, wird übrigens von diesem Erdtheil durch das rothe Meer und die schmale Straße Bab-el-Mandeb, von Europa aber durch das Mittelmeer, und zwar im Nordwesten durch die nur 3 Meilen breite Straße von Gibraltar von diesem Erdtheil getrennt. Außerdem wird Afrika im Osten vom indischen, im Westen vom atlantischen Ocean bespült. Der ganze Continent liegt ziemlich getheilt auf der nördlichen und südlichen Halbkugel der Erde, und ist, bei seinen ausgedehnten Sandwüsten und wenigen Flüssen und Landseen, der heißeste von allen Erdtheilen. Bekannt sind meist nur die Küsten, doch hat die Kunde Afrika's besonders in diesem Jahrhunderte große Fortschritte gemacht, indem viele kühne Reisende, von Mungo Park bis auf Lander, Smith und Alexander ihr Leben dran setzten, das noch größtentheils unbekannte Innere dieses Erdtheils zu erforschen und aufzuhellen. — Die größte Ausdehnung des Festlandes von Nord nach Süd mag gegen 1000 Meilen betragen.

Länder und Staaten Afrika's.

In Nordafrika:

Die **Berberei** oder die ehemaligen, von unumschränkten Deis oder Beis beherrschten Länder oder sogenannten Raubstaaten am mittelländischen Meer:

1. Marokko oder die Reiche Fez und Marokko (das alte Mauritanien, 10 Mill. Einw.), mit den Hptst. Marokko (50,000 Einw.) und Fez (gegen 100,000 Einw.) im

[1] Man sehe die Anmerkung zum Nigerstrom S. 73.

Innern und den Seehandelsplätzen Mogador am atlantischen Ocean in Marokko und Tanger an demselben Ocean, sowie Tetuan oder Tetovan am Mittelmeer in Fez;

2. Algier (ein Theil des alten Mauritaniens), welches Land im Jahre 1830 von den Franzosen in Besitz genommen und Algerien genannt wurde, mit der Haupt- und Hafenstadt Algier (30,000 Einw.), und den Handelshäfen Oran, Bona und Bugia am Mittelmeer;

3. Tunis (das alte Carthago und Numidien) mit der Landschaft Biledulgerid und der Haupt- und Hafenstadt Tunis (150,000 Einw.), nebst den Handelsplätzen Monastir (Rhede, 15,000 Einw.), an der Küste und Kairwan im Innern (60,000 Einw.);

4. Tripoli (das alte Libyen) mit den Landschaften Barca und Fezzan und der Haupt- und Hafenstadt Tripoli (25,000 Einw.) nebst dem Handelsplatz Mesurata, von welchem aus Karawenhandel nach den Städten am Niger (Timbuktu 2c.) im Innern Afrika's getrieben wird;

5. Bengasi, Stadt im afrikanischen Staate Tripoli, mit 2000 Einw. und einem Hafen.

Aegypten am mittelländischen und rothen Meer, sowie vom Nil durchströmt, mit der Hptst. Kairo oder Kahira am Nil im Innern (300,000 Einw.) und den Seehandelsplätzen am Mittelmeer: Alexandrien an der Nordwestküste, Raschid oder Rosette und Damiat oder Damiette an den Nilmündungen und Suez am arabischen Meerbusen oder rothen Meer.

In Ostafrika:

Nubien, ebenfalls am rothen Meer und zum Theil Aegypten unterworfen, mit den durch Karawanenhandel blühenden Landschaften Kordofan und Darfur im Westen und der Hptst. Sennaar und dem Karawanenplatz Shendi am Nil, nebst dem Seehafen Suakim am rothen Meer.

Habessinien (Abyssinien) oder **Habesch,** ebenfalls am rothen Meer, mit der Hptst. Gondar und dem durch Seehandel (selbst nach Indien) ausgezeichneten Hafen Massuah oder Massowa auf einer Insel vor der Küste im rothen Meer.

Küste Adel oder **Zeila** (Land der Somaulis) am Busen von Aden, mit den Hafenplätzen Zeila und Berbera.

Küste Ajan und **Zanguebar** am indischen Ocean, mit den Hafenplätzen Magadoxo, Melinde, Mombaza und Quiloa.

Küste Mozambik und **Sofala** ebd., mit den Ansiedelungen der Portugiesen in den Hafenplätzen gl. N.

Kaffern- oder **Natalküste** ebd., mit der britischen Niederlassung Port Natal, jetzt eine besondere Colonie Englands.

Capland am Südende des Erdtheils, mit dem Vorgebirg der guten Hoffnung[1] (britische Colonie) und der Capstadt ohne Namen a. d. Tafelbai (25—30,000 Einw.), Seehafen und Erfrischungsplatz für die Ostindienfahrer, nebst dem durch die Güte seiner Weine berühmten Dorfe Constantia.

Nördlich vom Capland sind die noch wenig bekannten Länder der nomadischen Hottentotten und Buschmänner.

In Westafrika:

Cimbebasien oder die wüste Küste der Cimbebas.

Nieder-Guinea oder die Küste Congo mit den von den Portugiesen, die hier mehrere Niederlassungen haben, abhängigen Negerreichen Benguela, Angola, Loango und Congo und den Seestädten Benguela, Loanda und Loango oder Buali am Ocean, und der Stadt San Salvador im Innern.

Ober-Guinea, ebenfalls mit mehreren Negerstaaten, von welchen der der Aschantis an der Goldküste der reichste und mächtigste zu seyn scheint, und mit der Biafara-, Benin-, Sklaven-, Gold-, Zahn- oder Elfenbein-, Körner- oder Pfeffer- (Malaguetta-), Liberia- und Sierra-Leona-Küste.[2]

Senegambien, das Küstenland zwischen den Flüssen Senegal und Gambia, mit mehreren Negerstaaten und englischen, französischen und portugiesischen Niederlassungen.

Die **Gummiküste** vor der Wüste Sahara, mit den großen Gummiwäldern (Senegal-Gummi) und den britischen, französischen und portugiesischen Niederlassungen zu Portendik.

In Mittelafrika:

Wüste Sahara, deren nordöstlicher Theil die libysche Wüste heißt, ein weites sandiges Tiefland, halb so groß als Europa oder von nahe an 100,000 □M., mit zum Theil wichtigen fruchtbaren Oasen.

Sudan oder **Nigritien,** auch Aethiopien genannt, vom Niger durchströmt, mit den Negerreichen: Bambarra, Timbuktu, Fellata, Borgu, Burnu, Bussa ꝛc. und den Haupt- und Handelsstätten am Niger: Sego, Silla, Timbuktu, Sakkatu und Bussa, nebst Birni nahe am Tsadsee.

[1] Es wurde 1498 von dem Portugiesen Vasco de Gama zuerst umfahren und dadurch das große Ereigniß der Entdeckung des Seewegs nach Ostindien herbeigeführt.

[2] Die beiden letzten, den Vereinigten Staaten von Nordamerika und England gehörenden Küsten, mit den Städten Monrovia und Freetown, sind Niederlassungen, die man für die in Amerika freigegebenen und hierher gebrachten Neger angekauft und eingerichtet hat.

Alle übrigen Länder im Innern bis zum Hottentottenland im Süden sind noch unbekannt.

Inseln im Osten:

Socotora am Meerbusen von Aden und vor dem Cap Gardafui; sie liefert die meiste und beste Aloe (socotrinische) auf der Erde;

die **Seychellen-** oder **Mahé-Inseln** (englisch) und

die **Amiranten** (ursprünglich portugiesisch, werden aber jetzt zu den Besitzungen der Engländer gerechnet, die sie der vielen Schildkröten wegen besuchen);

beide Inselgruppen werden auch der äthiopische Archipel genannt;

die **Comoro-Inseln** nördlich im Canal von Mozambik;

Madagascar mit einer französischen Niederlassung a. d. Ostküste, der Hauptst. Tamanarivo im Innern, dem Hafen Tamatave an der Ostküste, am südlichen Theile der Ostküste das Fort Dauphin auf der Insel St. Marie, den Hafen Lukes an der Ostküste besaßen die Engländer bis zum Jahr 1830;

die **Mascarenen:** Bourbon (französisch) mit der Hptst. St. Denis, Mauritius oder Moritzinsel, sonst Isle de France genannt (englisch), und die ebenfalls englische Insel Rodriguez, weiter östlich gelegen.

Inseln im Westen:

die **Tristan da Cunha-** oder **Erfrischungs-Inseln** mit Port Reception (englisch);

St. Helena (englisch), mit Jamestown, Erfrischungsplatz für die Ostindienfahrer, und Longwood, wo Napoleon am 5. Mai 1821 als Staatsgefangener gestorben;

Ascension oder Himmelfahrts-Insel (englisch), Georgetown, große Niederlassung;

die **Guinea-Inseln** im Meerbusen von Guinea: 1. Annobon, 2. Prinzeninsel (beide spanisch), 3. St. Thomas (portugiesisch), 4. Fernando Po (englisch), Fort Clarence;

die **capverdischen Inseln** oder Inseln des grünen Vorgebirgs (portugiesisch), San Jago, Hauptinsel mit dem Hafenorte Porto Praya;

die **canarischen Inseln** (spanisch), wichtig wegen gutem Wein und Zucker;

die **Madeira-Inseln** (portugiesisch), nämlich Madeira mit berühmtem Wein, Porto Santo und die meist unbewohnten Desertas und Salvages;

Azoren- oder **Habichts-Inseln,** 9 an der Zahl (portug.), liefern, außer herrlichem Wein, die besten Orangen und Limonen der Erde.

Hauptgebirge Afrika's.

Das Atlasgebirg in der südlichen Berberei, im Norden;

die Habessinischen Alpen mit den Quellen des Nil, im Osten;

das Lupatagebirg oder der Weltrücken, im Südosten (noch wenig bekannt);

das Schneegebirg des Caplands, ganz im Süden;

das Congogebirg in Senegambien und Guinea, mit den Quellen des Niger, im Westen;

das Mondgebirg (Gibbel Komri) im Innern (noch weniger bekannt).

Vulkane. Bekannt ist auf dem Festlande nur ein Vulkan in Niederguinea. Von den Inseln haben Bourbon und die capverdische Insel Fuego einen; bekannt ist der ausgebrannte Pik von Teneriffa, einer der canarischen Inseln.

Caps oder Vorgebirge. Die bekanntesten sind: im Norden C. Spartel a. d. Straße von Gibraltar in Marokko und C. Bona, die nördlichste Spitze von Afrika, in Tunis; im Osten C. Gardafui, die östlichste Spitze Afrika's, an der Küste Adel; im Süden Cap der guten Hoffnung in dem nach ihm benannten englischen Capland; im Westen C. Sierra Leona in Oberguinea und C. Verde oder das grüne Vorgebirg in Senegambien.

Hauptflüsse Afrika's.

In das Mittelmeer ergießt sich:

der Nil unterhalb Kairo (hier Verbindung durch den Canal Mahmudieh mit dem großen Seehandelsplatz Alexandrien am Mittelmeer) in zwei Hauptarmen, welche das fruchtbare Delta bilden, bei den Hafenstädten Rosette und Damiette in Aegypten;

in den indischen Ocean:

der Zambese, durch seine Mündungsarme Cuama und Quilimance, unterhalb Sena a. d. Küste gl. N. in den Canal von Mozambik;

in den atlantischen Ocean:

der Oranjefluß unterhalb Pella, nördlich vom Capland, im Hottentottenland;

der Coanza unterhalb des portugiesischen Forts Massangano unweit Loanda in Niederguinea;

der Zaire oder Congo unterhalb Masenda ebd.; Verbindung durch den Fluß Lelunda mit San Salvador, der Hptst. des Reiches Congo;

der Niger, auch Quorra und Joliba genannt; er kommt über die Städte Sego, Silla, Timbuktu, Sakkatu und Bussa in Sudan und mündet (unter dem Namen Nun), in mehr als 20 Armen, unterhalb Funda beim Cap Formosa a. d. Beninküste in Oberguinea in den Meerbusen von Guinea;[1]

der Mesurado bei Monrovia in der nordamerikanischen Colonie Liberia in Oberguinea;

der Rio grande, der Gambia und der Senegal zwischen den portugiesischen, englischen und französischen Niederlassungen an der Küste von Senegambien.

Hauptseen Afrika's.

Der Marawi oder Zambre im Südosten, hinter der Küste Mozambik;

der Tsad- oder Tschadsee in Sudan im Innern;

der See Möris südwestlich von Kairo in Aegypten (vor Alters durch Menschenhände gegraben).

[1] Dem Engländer Richard Lander erst gelang es im Jahre 1830 die schwierige Aufgabe zu lösen, den Lauf des schon von Mungo Park im Jahre 1805 bis Timbuktu (wo derselbe seinen Tod fand) und 1827 von dem eben so unglücklichen Clapperton befahrenen räthselhaften Nigerstroms bis zu seiner Mündung in Oberguinea zu entdecken. Es traf ihn jedoch ein gleiches Schicksal wie mehrere seiner Vorgänger; denn als er, in Begleitung seines Bruders, John Lander und vieler andern zu dieser Expedition nöthigen Personen, bei seiner zweiten Expedition dahin im Jahre 1834 diese gegen 400 Meilen lange, durch fruchtbare und reiche Gegenden des innern Afrika's über große und blühende Städte führende und daher für den Handel gewiß sehr wichtige Wasserstraße des Niger auf seinem eisernen Dampfschiffe von der Mündung aufwärts näher untersuchen und Handelsverbindungen mit den Negerfürsten dieses Landes anknüpfen wollte, wurde er von einem der Wilden durch einen Schuß tödtlich verwundet, und starb bald darauf (den 6. Febr. 1834) auf der englischen Insel Fernando Podim noch nicht vollendeten 30. Jahre seines thätigen Lebens.

Eine neue Nigerexpedition wurde im Jahre 1841 von der englischen Regierung sehr großartig mit drei Dampfschiffen ausgerüstet, welche den Zweck hatte, britische Faktoreien im innern Afrika zu gründen, feste Position daselbst zu nehmen, den Anbau des Landes und Unterricht zu verbreiten und durch alles dieses den Sklavenhandel mit Macht in seiner Quelle zu unterdrücken; — doch lief dieselbe abermals sehr unglücklich ab, indem, wie 1834 unter Lander, ein großer Theil der Schiffsmannschaft auf diesem Flusse erkrankte und starb, in Folge dessen die Expedition aufgegeben werden mußte.

Seehandelshäfen Afrika's.

Am Mittelmeer:

Ceuta (span.) und Tetuan in Marokko;

Oran, Mostaganem, Scherschel (erst 1841 eröffnet), Algier, Bugia, Philippeville (neue Stadt in der Provinz Constantine), Bona und La Calle in franz. Algerien. Im Innern Constantine (1837), Belida in der fruchtbaren und von den meisten Colonisten bewohnten Ebene Meditscha, und Mascara, die ehemalige Residenz Abd-el-Kaders im Westen von Algier.

Biserta, Tunis, Susa, Monastir (Rhede), Tripoli, in den Staaten gl. N.; Bengasi, ebd., am Meerbusen von Sydra, auf den Trümmern von Berenice; im Innern Mursuk, südlich von Tripoli, in der Landschaft Fezzan, wo mehrere Karawanenstraßen sich kreuzen. In der östlichen Provinz des Landes, dem heutigen Barka, lag einst die berühmte griechische Colonie Cyrene. Gadames an der Grenze der Wüste Sahara in Biledulgerid.

Alexandrien, Dorf Abukir mit Rhede, Rosette und Damiette in Aegypten.

Am rothen Meer:

Suez und Kosseir, wo die aus dem Innern von Afrika kommenden Mekkapilger nach der gegenüber liegenden arabischen Küste sich einzuschiffen pflegen. Verkehr mit Arabien.

Suakim, ganz im Süden der Landschaft Nubien. Im Innern: Sennar und Schendi am Nil, und Kordofan und Darfur;

Massuah im Norden der Landschaft Abyssinien. Im Innern: Gondar und Axum.

Am indischen Ocean:

Zeita und Berbera an der Küste Adel und am Busen Aden, Magadoxo, Brava und Melinde an der Küste Ajan, Mombaza und Quiloa an der Küste Zanguebar, Mozambik, Sofala (die beiden letztern mit port. Niederlassungen) und Port Natal (engl.) an der Ostküste; Mahe auf Mahe, Port Louis auf der Insel Mauritius (engl.), St. Denis auf der Insel Bourbon (franz.) und Tamatave auf der Ostküste von Madagascar, 1839 von den Franzosen zerstört.

Am atlantischen Ocean:

Port Elisabeth an der Algrabai, Freihafen, seit 1820 im Aufblühen, und Simonsstadt an der Simons- oder falschen Bai; die Capstadt an der Tafelbai am Capland (engl.); Benguela und Loanda (mit port. Niederlassungen) in Niederguinea; Christiansborg (dän.), Cap-Coast-Castle (engl.) und El Mina (holl.) an der Goldküste, Monrovia an der Liberiaküste (nordamer.) und Freetown an der Sierra-Leonaküste (engl.) in Oberguinea; Bissao vor der Mündung des Rio grande (port.), Jillifrey an der Mündung des Gambia (engl.) und St. Louis an der Mündung des Senegal (franz.) in Senegambien; Portendik auf der Gummiküste, nördlich vom Senegal (engl.), Mogador (Hafen für Marokko), Saffi oder Asaff und Tanger in Marokko; Porto Praya und Ribeira grande auf der capverdischen Insel St. Jago (port.); Santa Cruz auf Teneriffa; Palmas auf der Insel Canaria (span.); Funchal auf der Insel Madeira (port.)

Amerika.

(gegen 700,000 □M. und etwa 50 Mill. Einw.)

Dieser ausgedehnte Erdtheil zwischen dem Osten und Westen der alten Welt erstreckt sich von Pol zu Pol über beide Halbkugeln der Erde, reicht mit seiner Südspitze in den südlichen kalten Himmelsstrich, während ein großer Theil seiner nördlichen Hälfte in noch unerforschte Schnee- und Eisfelder des Nordens sich verliert, und bietet sonach alle Klimate in ihren Abstufungen, von der drückenden Hitze unter der Linie bis zum erstarrenden Frost in beiden Polarzonen.[1] Uebrigens ist Amerika seiner ganzen Länge nach in Ost und West durch zwei breite Oceane, deren östlicher mehrere große Vertiefungen oder Busen in seine Ostküsten gebildet, von den übrigen Erdtheilen getrennt, und steht nur mit seiner Nordwestküste dem nordöstlichen Asien oder Ostsibirien, zwischen welchem und Amerika die Behringsstraße ins nördliche Eismeer führt, ziemlich nahe. Das innere Amerika zeichnet sich sowohl durch die längsten und (mit alleiniger Ausnahme des Himalayagebirges in Asien) höchsten Bergrücken der

[1] Zu bemerken ist jedoch hierbei, daß die Hitze in der heißen Zone viel erträglicher als in der von Afrika ist, was seinen Grund darin haben mag, daß hier theils die Seeluft näher weht, theils aber auch die tiefer als anderwärts treibenden Eisberge der kalten Zonen und die Schneegebirge im Innern, sowie ungeheure Waldungen und die größten Ströme der Erde die Luft abkühlen; daher denn auch die gemäßigten Zonen hier ungewöhnlich kälter und die Winter weit anhaltender und strenger als in Europa sind, so daß der Anbau unserer Getreidearten, der in Europa über den 60° N. Br. hinausgeht, hier nicht über den 50°, in Südamerika vielleicht nicht viel über den 40° hinausreicht.

Erde, als auch durch die meisten Binnen- oder Landseen und die größten Ströme, sowie durch einen überaus fruchtbaren Boden vor den übrigen Erdtheilen aus. — Die Natur hat Amerika in zwei, durch den Isthmus oder die Landenge von Panama oder Darien zusammengekettete Haupttheile oder Continente, in Nord- und Südamerika geschieden, deren schmales Zwischen- oder Verbindungsland sehr natürlich mit dem Namen Mittel- oder Centroamerika bezeichnet wird. Die vor demselben zwischen den beiden Continenten liegenden und von Europa her westlich zuerst aufgefundenen Inseln, die man damals für das von Columbus wirklich gesuchte Ende Ostindiens hielt, wird, zum Unterschied von Ostindien, noch heute Westindien oder der westindische Archipel genannt.

Länder und Staaten Amerika's.

In Nordamerika:

Britisches Nordamerika. Die ganze nördliche Hälfte Nordamerika's, vom höchsten Norden bis an die Grenze der Vereinigten Staaten von Nordamerika — mit Ausnahme des nordöstlichsten Theiles oder Grönlands, wo schon seit längerer Zeit die Dänen feste Niederlassungen gegründet, und des nordwestlichsten Theiles oder der russischen Nordwestküste, die durch Vertrag von 1825 Rußland zuerkannt wurde — betrachtet England, und wohl mit Recht, da es seit einer langen Reihe von Jahren allein durch Entdeckungsreisen diese unbekannten Länder aufgehellt und in den bessern Theilen dieser rauhen Gegenden bleibende Niederlassungen gegründet, als sein Besitzthum, so daß also der Name „Britisches Nordamerika" jetzt eine weit ausgedehntere Bedeutung als früher hat.

Als Theile desselben unterscheidet man:

1. Nordpolarländer oder das Arktische Hochland, begreifend die Küstenstriche und Inseln innerhalb des Polarkreises, an der Baffinsbai, welche eisbedeckte Länder durch die neuesten Nordpol-Expeditionen (s. S. 2 die Anm.) etwas bekannter geworden sind, als:

a. Nordgeorgien, die nördlichste Inselgruppe, mit der Insel Melville und dem Winterhafen an der Südostküste derselben, in welchem Parry bei seiner zweiten Polarreise von 1819 zu 1820 überwintern mußte; östlich davon, an der Barrowstraße, die Landstreifen Norddevon, die Nordwestküste der Baffinsbai bildend, südwestlich Victoria- und Banksland und südöstlich Nordsomerset und Boothia Felix an der Prinzregent-Einfahrt;

b. Prinz-Williams- oder Baffinsland, oder die mit Grönland parallel laufende Westküste der Baffinsbai;

2. Westcaledonien oder die englische Nordwestküste, zwischen der russischen Nordwestküste und dem Gebiet der Vereinigten Staaten (oder südlich bis 49° N. Br.), mit Neunorfolk, Neucornwall, Neuhannover und Neugeorgien, nebst der K. Charlotten- und Quadra-Vancouvers-Insel;

3. Westliches Binnenland oder das bisherige Land der freien Indianer, zwischen der englischen und russischen Nordwestküste, den Hudsonsbailändern und bis zum nördlichen Eismeer, mit dem Mackenziegebiet;

4. Hudsonia oder die Hudsonsbailänder um die Hudsonsbai, mit Neuwales oder Westmaine westlich und südwestlich und Cabotia südöstlich an der Hudsonsbai;

5. Labrador oder Neubritannien mit Ostmaine, die große Halbinsel im Osten der Hudsonsbai, mit Stationen für die große Fischerei, hauptsächlich aber für den Pelzhandel der englischen Hudsonsbaigesellschaft, welche hier, wie in den Hudsonsbailändern und durch das ganze Land der freien Indianer bis zur Nordwestküste am stillen Ocean, Jägerposten für denselben unterhält;

6. Britisch-Nordamerikanische Colonien an der Ostküste zwischen Labrador und den Vereinigten Staaten und vor dem Lorenzbusen, bestehend aus folgenden sechs Gouvernements:

a. Neufundland (Terreneuve) mit der Hauptstadt und dem Seehafen St. Johns an der Ost- und den französischen Fischerinseln St. Pierre und Miquelon an der Südküste (Stockfischfang);

b. St. John oder Prinz Eduard, Insel mit der Hauptstadt Charlottetown;

c. Neuschottland (Acadia) mit der Insel Cap Breton (früher Isle Royale mit der Hauptstadt und Freihafen Sidney im Nordosten der Insel) und der Hauptstadt und dem Seehafen Halifax;

d. Neubraunschweig mit der Hauptstadt Frederiktown und dem Hafenplatz St. John am Flusse gl. N.;

e. Obercanada im Norden der fünf großen canadischen Seen, mit der Hauptstadt Toronto, Hafen am Ontariosee;

f. Untercanada mit der Hauptstadt Quebeck, wichtiger Hafenplatz am St. Lorenzstrom, und der Handelsstadt Montreal auf einer Insel dieses Stromes, mit sehr wichtigem Pelzhandel.

Zu diesem Gouvernement gehören auch die südlich im Ocean liegenden kleinen Bermudes-, Sommers- oder Teufels-Inseln.

Russische Nordwestküste, von der Behringsstraße bis zur Südspitze der Prinz-Walesinsel (oder südlich bis 54° N. Br.), mit der Niederlassung der russisch-amerikanischen Pelzhandelsgesellschaft zu Neuarchangel auf der Insel Sitka. S. Colonien.

Grönland, der nordöstlichste Theil Amerika's, eine große Insel oder Halbinsel (?), die Ostküste der Baffinsbai bildend, mit dem Cap Farewell oder Staatenhoek an der Südspitze und den dänischen Handels- und Missionsniederlassungen Godhaab oder gute Hoffnung, Julianenhaab, Fiskernäs (Fischervorgebirg), Christianshaab 2c., mit Häfen und Herrnhuter-Colonien an der Westküste, wo noch immer starker Wallfischfang getrieben wird.

Spitzbergen, eine Inselgruppe nordöstlich von Grönland und das bis jetzt bekannte nördlichste Land der Erde, wo neben Norwegern hauptsächlich Engländer und Russen Jagd auf Wallfische und Pelzthiere treiben, und das daher beide Nationen, jedoch ohne sich zu stören, zu ihren Besitzungen rechnen. — Seit einigen Jahren soll ein britischer Kaufmann zu Hammerfest im nördlichsten Norwegen eine aus Normännern und Lappen bestehende Jagdcolonie auf Spitzbergen angelegt haben, die ein Fahrzeug von Hammerfest jährlich mit Lebensmitteln versorgt und das Pelzwerk abholt.

Wie Island, ebenso könnte wohl auch Spitzbergen füglicher zu Europa als zu Amerika gerechnet werden.

Vereinigte Staaten oder **Union der nordamerikanischen Freistaaten**, die bekannte anglo-amerikanische Föderativrepublik zwischen dem britischen Nordamerika und den canadischen Seen im Norden und dem mexicanischen Meerbusen und der Republik Mexico im Süden, sowie vom atlantischen Ocean im Osten bis zum stillen Ocean im Westen sich erstreckend. Sie waren ehemals Colonien Englands, rissen sich aber 1775 vom Mutterlande los und erkämpften, unter Washington und Franklin, bis 1783 ihre Unabhängigkeit. Diese Union, bestehend damals aus 13 Freistaaten mit kaum 2½ Mill. Einw., zählt gegenwärtig deren 27 nebst 1 Staatsgebiet oder Territorium[1] und 5 Districten, und nahe an 18 Mill. Einw. auf etwa 110,000 □M. Die Haupt- und Bundesstadt der ganzen Union und der Sitz des Präsidenten

[1] Unter Staatsgebiet (Territory) versteht man eine Provinz oder einen Distrikt, welcher noch nicht, wie die Staaten, das Recht hat, Abgeordnete in den Congreß zu wählen und zu senden, oder die noch nicht wenigstens 60,000 mündige Einwohner zählt, welche Bevölkerung erforderlich ist, um in die Rechte eines Freistaates eintreten zu können. Ein solches Gebiet hat eine nur provisorische Verfassung und steht unter einem vom Congreß gewählten Gouverneur. Die meist noch uncultivirten und bis jetzt fast nur von Indianerstämmen schwach bevölkerten Distrikte sind noch ganz ohne Verfassung und bloß nominelle Gebietstheile des Staatskörpers.

und des Generalcongresses ist das zu Ehren ihres Befreiers im Jahre 1792 gegründete Washington am Potowmak im Bundesbezirk Columbia.

Diese Staaten nebst Gebiet und Districten sind folgende:

Staaten an der Ostküste:

1. Maine mit der Hauptstadt Augusta im Innern und dem weit wichtigern Handelshafen Portland am Meere;

2. Neuhampshire mit der Hauptstadt Concord und dem Handelshafen Portsmouth, Arsenal der Union;

3. Vermont (der einzige unter den östlichen Staaten, der nicht das Meer berührt) mit der Hauptstadt Montpellier und dem Handelshafen Burlington am Champlainsee;

4. Massachusetts mit der Haupt- und wichtigen Handelsstadt Boston (100,000 Einw.) und dem Fabrikplatz Lowel;

5. Rhode Island mit den Handelshäfen Newport (Hauptstadt) und Providence;

6. Connecticut mit der Hauptstadt Hartford am Connecticut und dem Handelshafen Newhaven, nebst dem Fabrikplatz Norwich;

7. New-York, der reichste und bevölkertste Freistaat der Union, mit der nominellen Hauptstadt Albany am Hudson und dem Hafen New-York (350,000 Einw.), dem ersten Handelsplatze von ganz Amerika, an der Mündung desselben Flusses; hier auch die Häfen Buffalo am Erie- und Oswego am Ontariosee, welche Seen durch den großen Canal mit dem Hudsonfluß in Verbindung stehen;

8. Neujersey mit der Hauptstadt Trenton am Delaware und der Handelsstadt Newark am Meere, nebst dem Fabrikplatz Patterson im Innern;

9. Pennsylvanien (von William Penn, dem Quäker, 1682 gegründet) mit der Hauptstadt Harrisburg am Susquehanna und dem berühmten Handels- und Fabrikplatz Philadelphia (270,000 Einw.) am Delaware, nach New-York die größte und sonst die Hauptstadt der Vereinigten Staaten und Sitz des Congresses; hier auch die blühende Fabrikstadt Pittsburg am Ohio, das Birmingham Amerika's;

10. Delaware mit der Hauptstadt Dover und dem Handelshafen Wilmington am Delaware;

11. Maryland mit der Haupt- und Hafenstadt Annapolis und dem wichtigen Seehandelsplatz Baltimore (gegen 110,000 Einw.) an der Chesapeakbai (starker Handel mit Tabak und Mehl);

Zwischen diesem und dem folgenden Freistaat, Virginien, liegt der Bundesbezirk Columbia mit der Hauptstadt der Union, Washington (25,000 Einw.), Handelshafen am Potowmak.

12. Virginien mit der Hauptstadt Richmond am James und dem Handelshafen Norfolk am Meere (starker Handel mit Tabak);

13. Nord-Carolina mit der Hauptstadt Raleigh und dem Handelshafen Wilmington;

14. Süd-Carolina mit der Hauptstadt Columbia und dem wichtigen Handelshafen Charleston (Hauptstapelplatz für Baumwolle und Reis); im Innern wichtig für Baumwolle; Hamburg an der Savannah;

15. Georgien mit der Hauptstadt Milledgeville im Innern und dem Handelshafen Savannah an der Mündung des gleichnamigen Flusses (starke Ausfuhr von Georgia-Baumwolle);

16. Florida, zerfallend in Ost-, Mittel- und Westflorida, mit den Hauptstädten St. Augustin, Seehafen am Ocean, Talahassee im Innern und Pensacola, Kriegshafen und Seearsenal der Union, an der gleichnamigen Bai des mexicanischen Meerbusens;

Staaten an der Südküste oder am mexicanischen Meerbusen:

17. Alabama mit der Hauptstadt Tuscaloosa im Innern und dem Handelshafen Mobile an der gleichnamigen Bai des mexicanischen Meerbusens;

18. Missisippi mit der Hauptstadt Jackson am Pearlfluß und der Handelsstadt Natchez am Missisippi;

19. Louisiana mit der Haupt- und großen Seehandelsstadt Neuorleans (110,000 Einw.) an der Mündung des Missisippi, auf welchem ein regelmäßiger Handelsverkehr zwischen hier und den Binnenstaaten mit nicht weniger als 130 Missisippi-Dampfschiffen unterhalten wird;

20. Texas mit Austin und Galveston, seit 1845.

Staaten im Innern, im Osten des Missisippi:

21. Michigan mit der Hauptstadt Detroit an der gleichnamigen Straße zwischen dem Huron- und Eriesee und dem Handelshafen Neuburyport am Michigansee;

22. Ohio mit der Hauptstadt Columbus am Scioto und dem wichtigen Handels- und Fabrikplatz Cincinnati (50,000 Einw.) am Ohio (starker Dampfschiff- und Dampfmühlenbau);

23. Indiana mit der Hauptstadt Indianopolis, wichtiger aber die Fabrik- und Handelsplätze am Ohio Neu-Albany und Corydon;

24. Illinois mit der Hauptstadt Vandalia am Kaskaskia und Galena am Missisippi, im großen Bleigruben-Distrikt;

25. Kentucky mit den Fabrik- und Handelsplätzen Frankfort am Kentucky (Hauptstadt), Lexington in dessen Nähe und dem blühenden Louisville am Ohio;

26. Tennessee mit der Haupt- und Handelsstadt Nashville am Cumberland und Knoxville am Holston;

27. Jowa, Territ., mit der Hauptstadt Jowa, hier auch ein Burlington seit 1846.

Staaten im Westen des Missisippi:

28. Arkansas mit der Hauptstadt Arkopolis oder Little Rock am Arkansas und Lewisburg ebd.;

29. Missuri mit der Hauptstadt Jefferson am Missuri und dem schnell aufblühenden Handels- und Schifffahrtsplatz St. Louis (1820: 4000, 1841: 26,000 Einw.) am Missisippi, unterhalb der Einmündung des Missuri in denselben.

Staatsgebiet oder Territorium:

1. Wisconsin (der bisherige Hurondistrikt), im Norden zwischen dem Ober- und Michigansee, genannt nach seinem Hauptfluß, dem Wisconsin, der sich hier in den Missisippi ergießt, mit der erst vor Kurzem angelegten Stadt Madison, Sitz des Gouverneurs. — Die hier entdeckten reichen Blei- und Kupfergruben zu Mineral-Point beschäftigen jetzt Tausende von Arbeitern.

Die Namen der von hier westlich bis zum stillen Ocean sich erstreckenden und meist von Indianerstämmen bewohnten fünf Distrikte sind folgende: 1) der Sioux-Distrikt, westlich von Wisconsin, mit Snelling oder Fort Anthony am Missisippi und Fort Pemplina an der äußersten Nordgrenze; 2) der Ozark-Distrikt, westlich von Arkansas, bis jetzt noch ohne europäische Niederlassungen; 3) der Osagen-Distrikt, nördlich von jenem, mit Fort Kanzas am gleichnamigen Flusse; 4) der Mandan-Distrikt, nördlich von jenem, mit Fort Mandan am Missuri; 5) der Oregon-Distrikt (früher Neu-Albion genannt), der westlichste, am stillen Ocean zwischen der britischen Nordwestküste und Mexico gelegen, mit der Hafenstadt Astoria an der Mündung des Oregon oder Columbiaflusses.

Die nun folgenden 15 Freistaaten in Nord-, Mittel- und Südamerika begreifen das früher von Spanien besessene, von 1810 bis 1822 aber von ihm abgefallene und zum Theil nach dem Muster der eben genannten Vereinigten Staaten Nordamerika's umgestaltete und von Spanien (1837) anerkannte Festland Amerika's. Es sind folgende:

Freistaat Mexico (Mechikko) oder das ehemalige Vicekönigreich Neuspanien, mit den Städten Mexico (Hauptstadt mit 170,000 Einw.) und Puebla de los Angelos im Innern, und den Hafenplätzen Veracruz mit dem berühmten Fort San Juan de Ulloa an der Ost- und Acapulco an der Westküste.

Freistaat Yukatan, seit 1846 von Mexico losgerissen, weil dieses dem mit Yukatan abgeschlossenen Vertrag (1842) zuwider die Erzeugnisse Yukatans nicht zollfrei zu seinen Häfen zulassen will.

In Mittelamerika:

Freistaat Guatimala oder Centralamerika, mit der Haupt- und Hafenstadt Neu-Guatimala (50,000 Einw.) am stillen, und den Häfen Omoa, Truxillo und San Juan[1] am atlantischen Ocean.

Freistaat Costa Ricca, seit 1842, aber bei der gänzlich politischen Bedeutungslosigkeit ein unerheblicher Umstand für die Geographie.

Freistaat Istmo seit etwa 1842, soll sich wieder mit Neugranada vereinigt haben.

In Südamerika:

Freistaat Neugranada mit der Hauptstadt Santa Fé de Bogota (40,000 Einw.) im Innern (reich an Gold und Platina, welches letztere edle Metall vor hundert Jahren hier zuerst gefunden wurde), und den Seeplätzen Chagres, Portobello oder Porto Belo und Cartagena am atlantischen und Panama am stillen Ocean.

Freistaat Venezuela oder **Caracas** mit der Haupt- und Seehandelsstadt Caraccas (Vorhafen: La Guayra), den Hafenplätzen Maracaibo, Porto Cabello und Cumana, und den durch ihren Tabak (Canaster) berühmten Städten Barinas und Thomas d'Angostura im Orinokogebiet.

Zu diesem Staate gehört auch die ehemals durch ihre Perlen berühmte westindische Insel Margarita vor der Nordküste.

Freistaat Ecuador oder **Quito** mit der auf einer Hochebene, 9000 Fuß über dem Meere liegenden Hauptstadt Quito (70,000 Einw.) unweit des Chimborasso, den Hafenplätzen Guayaquil und Esmeraldas (hier Smaragdgruben) am stillen Ocean, der Fabrikstadt Cuença im Innern und der Stadt Loxa, deren Umgegend eine vorzüglich geschätzte Sorte China- oder Fieberrinde liefert, an der Grenze von Peru.

Zu diesem Staate gehören auch die über 100 Meilen vor der Küste liegenden Gallopagos- oder Schildkröten-Inseln.

Die eben genannten drei südamerikanischen Freistaaten:

[1] Wiederholt wurde schon das Project gemacht, aber leider noch immer nicht verwirklicht, von San Juan aus mittelst des Flusses gl. N., sowie des Nicaraguasees, dessen Abfluß derselbe ist, und eines durch den noch übrigen schmalen Landstreifen an der Westküste gezogenen Canals die endliche Verbindung des atlantischen mit dem stillen Ocean zu bewerkstelligen, was allerdings die Fahrt nach China, Ostindien und Australien bedeutend abkürzen würde.

Neugranada, Venezuela und Ecuador bildeten bis 1831, wo sie sich getrennt, einen einzigen Freistaat unter dem Namen **Columbien,** wie sie vereint auch jetzt noch und namentlich die Waaren von daher im Handel columbische genannt werden.

Freistaat Peru, das Vaterland der China=, Fieber= oder peruvianischen Rinde, deren beste Sorte Huanuco liefert, und reich an Gold und Platina, mit der Haupt= und Seehandelsstadt Lima (70,000 Einw.) und deren Vorhafen Callao; nördlich und südlich von diesem die Häfen Trurillo und Arica und im innern Südperu der Fabrikplatz Arequipa.

Freistaat Bolivia oder das ehemalige spanische Ober=Peru, mit der Hauptstadt Chuquisaca oder Charcas, auch La Plata genannt (30,000 Einw.), der Fabrikstadt Oropesa und der durch ihre einst so reichen Silberminen berühmten Bergstadt Potosi im Innern, sowie mit dem 1829 eröffneten neuen und einzigen Hafen Cobija oder Puerto de la Mar oder Porto Lamar am Ocean.

Freistaat Chili mit der Hauptstadt St. Jago (60,000 Einw.) und den Seehäfen Copiapo, Coquimbo oder La Serena (in der Umgegend beider Städte reiche Silber= und Kupferminen), Valparaiso und, im Gebiet der freien Araukanen, Valdivia.

Zu diesem Staate gehören auch die vor der Küste im Ocean liegenden Juan Fernandez=Inseln, einst Robinsons Aufenthalt.

Freistaat La Plata oder **Argentina** (Silberstromland) mit der Hauptstadt und Seehafen Buenos Ayres (80,000 Einw.) an der Mündung des Rio de la Plata oder Silberstroms (wichtig durch die starke Ausfuhr von Ochsenhäuten ɾc.), dem Handelsplatz Mendoza (20,000 Einw.) südlich und der Fabrikstadt Cordova nordwestlich von Buenos Ayres.

Freistaat Paraguay, ehemals ein Theil des spanischen Vicekönigreichs Rio de la Plata, mit der Hauptstadt Assumption oder Asuncion am Paraguay und der Stadt Villaricca im Innern, in deren Umgegend der meiste Paraguaythee gewonnen wird.

Freistaat Uruguay, ebenfalls ein Theil des ehemaligen spanischen Vicekönigreichs Rio de la Plata und als solcher Banda Oriental und später, im Besitz Brasiliens, Cisplatina genannt (erst 1829 gegründet), mit der Haupt= und Seehandelsstadt Montevideo (20,000 Einw.), Buenos Ayres schräg gegenüber, ebenfalls an der Mündung des Rio de la Plata, und dem Hafen Maldonado ebendaselbst (beide Plätze dasselbe Geschäft wie Buenos Ayres, Ausfuhr von Ochsenhäuten und Hörnern).

Außer diesen Freistaaten enthält Südamerika noch folgende Länder: das

Kaiserthum Brasilien, bis 1822 portugiesisches Amerika, seitdem unabhängiges Kaiserthum unter portugiesischer Dynastie (Haus Braganza), und 1825 von Portugal als solches anerkannt; Hauptstadt hier der große Seehafen Rio Janeiro (160,000 Einw.) an der gleichnamigen Bai; andere wichtige Seehandelsplätze: Bahia oder San Salvador an der Allerheiligenbai (früher Hauptstadt des Landes, mit 180 bis 200,000 Einw.), Pernambuco oder Fernambuco (70,000 Einw.), Olinda und San Louis mit dem Beinamen de Maranhao am Ocean und Para oder Belem an der Mündung des Gran-Para und Amazonenstroms.

Guiana oder die drei blühenden europäischen Colonien an der Nordostküste von Südamerika, zwischen Brasilien und dem Freistaate Venezuela, mit einigen Maron-Neger-Republiken am Maronyfluß im Innern.

Diese an Colonialwaaren so reichen europäischen Niederlassungen sind:

1. Cayenne oder das französische Guiana, mit der Hafenstadt Cayenne auf der gleichnamigen Insel an der Mündung des Flusses Cayenne, und Sinnamary im Innern;

2. Surinam oder das holländische Guiana, mit der wichtigen Hafenstadt Paramaribo am Flusse Surinam und dem ausschließlich von Juden angelegten und bewohnten, durch Landbau und Handel blühenden Dorfe Savanna an demselben Flusse;

3. Demerara oder das englische Guiana (bis 1815 ebenfalls holländisch), zerfallend in die drei nach den hier mündenden Flüssen benannten Gouvernements: Demerara, Essequibo und Berbice, mit den berühmten Hafenstädten Stabroek, jetzt Georgetown genannt, an der Mündung des Demerara und Neu-Amsterdam an der Mündung des Berbice.

Zwischen Nord- und Südamerika:

Westindien oder die Inselgruppen vor dem mexicanischen Meerbusen im Antillen- oder caraibischen Meer, nämlich die großen und kleinen Antillen nebst den virginischen oder Jungfern- und Bahama- oder lucayischen Inseln, bei welchen letztern Columbus im Jahr 142 zuerst ankam und auf Guanahany (San Salvador) landete.

Diese Inseln des westindischen Archipels, welche seit 200 Jahren Colonialwaaren in größter Menge liefern, sind, mit Ausnahme von Haiti und Margarita, sämmtlich als Colonien im Besitz der Europäer.

Die vier großen Antillen sind:

Cuba (spanisch) mit den wichtigen Seehandelsplätzen Havana (la Havana, die größte Stadt Westindiens, gegen

150,000 Einw.), Matanzas an der Nordküste (20,000 Einw.), Guines (seit 1838 mit der Havana durch eine zehn Meilen lange Eisenbahn verbunden), San Jago an der Südküste; Puerto del Principe, zweite Hauptstadt der Insel mit 60,000 Einw.;

Portoricco (ebenfalls spanisch) mit den Seehäfen San Juan und Aguadilla an der Nord- und San German an der Südküste;

Jamaica (englisch) mit den wichtigen Seehandelsplätzen Kingston und Port Royal an der Süd- und Montego an der Nordküste;

Haiti oder St. Domingo (unabhängige Negerrepublik) mit den Handelshäfen Port-au-Prince an der West-, Cap Haitien jetzt Port Republicain an der Nord- und St. Domingo an der Südküste.

Unter den kleinen Antillen sind die wichtigsten die französischen Inseln Martinique mit St. Pierre und Guadeloupe mit Point-a-Pitre, Dominica (englisch).

Die übrigen westindischen Inseln sehe man unten bei den Colonien.

Uncultivirte Länder und Inseln im südlichsten Amerika:

Patagonien oder Magellanien, der südlichste Theil des amerikanischen Festlandes, mit folgenden Inselgruppen an den Küsten und im Südpolarmeer:

Feuerland, große, durch die Magelhaensstraße von Patagonien getrennte Insel; dabei vor der Ostküste die Insel Staatenland mit der englischen Niederlassung für Wallfischfang, Hopparos genannt; vor der Südküste die Hermiten-Inseln mit dem Cap Hoorn, und nicht weit von diesem die Orlow-Inseln;

die Falklands-Inseln oder Malouinen im Osten, (Hauptstadt Port William), seit 1833 von den Engländern in Besitz genommen und besonders wichtig für den Wallfisch- und Robbenfang;

Neu- oder Südgeorgien, Sandwichsland, die südlichen Orkaden oder Süd-Orkneys, Neu- oder Südshetland, Dreieinigkeitsland, Palmersland und das südlichste bisher bekannte, von dem russischen Capitän Bellinghausen 1821 aufgefundene Land: Peters I. und Alexanders I. Insel.[1]

[1] Obschon nach mehreren bis auf die neueste Zeit in dieses Eismeer angestellten Entdeckungsreisen, namentlich von Cook, Krusenstern, v. Kotzebue, Smith, Bellinghausen, Palmer, Powel, Weddel rc. sich ergeben, daß dasselbe außer den genannten Inseln kein Land weiter umschließe, so soll doch im Jahre 1832 der englische Capitän Biscoe, Befehlshaber

Mag auch der natürliche Zustand dieser südlichsten kalten Länder bleibende Wohnungen aufzuschlagen nicht gestatten, so haben dieselben doch in der neuesten Zeit dadurch Wichtigkeit erlangt, daß eine ungeheure Menge von Thieren aus dem Robbengeschlecht, sowie Wallfische, die Küsten dieser Eisländer bevölkern, auf deren Fang von England, Holland, Frankreich ꝛc., sowie hauptsächlich auch von den Vereinigten Staaten von Nordamerika jährlich viele Fahrzeuge auslaufen.

Hauptgebirge Amerika's:

die Cordilleras de los Andes, das an 2000 Meilen lange Hochgebirge, das längs der Westküste ganz Amerika von Patagonien, wo es im Cap-Forward ausläuft, bis zum nördlichen Eismeer durchzieht, in Südamerika in den Freistaaten Bolivia und Ecuador seine größte Höhe erreicht (hier die Riesengipfel der neuen Welt, der Sorata und Illimani [von 23 und 22,000 Fuß] in Bolivia und der Chimborasso und Cotopaxi [von 20 und 18,000 Fuß] bei Quito in Ecuador), auf der Landenge von Panama am niedrigsten ist (3—800 Fuß), von Mexico aus unter dem Namen Felsengebirg (Rocky Mountains) immer in nördlicher Richtung sich über die westlichen Gebiete der Vereinigten Staaten, sowie über das Binnenland des britischen Nordamerika's ausbreitet und endlich in der Nähe der Mündung des Mackenzieflusses ins nördliche Eismeer sich verflacht;

das Alleghany- oder Apalachengebirg im östlichen Nordamerika, wo es 300 Meilen lang von der Mündung des Lorenzo in südlicher Richtung das britische Canada und die Vereinigten Staaten bis zum mexicanischen Meerbusen durch-

eines zum Wallfischfange ausgesandten Schiffes, in südöstlicher Richtung, unter 67° 15′ S. Br. und 69° 29′ W. L. von Greenwich, ein Land mit schneebedeckten schwarzen Bergen, scheinbar von 60 bis 70 Meilen Ausdehnung, und in der Nähe desselben eine Insel mit mehreren Piks entdeckt, und ersteres nach dem Besitzer seines Schiffes Enderby's-Land, letztere Adelaiden-Insel genannt haben. Andere Schiffe des Engländers Enderby sollen 1839 unter 69° S. Br. noch andere Inseln mit hohen Bergen und thätigen Vulkanen gefunden und sie Balleny-Eilande genannt haben.

Noch viel weiter südlich, und zwar bis 78° 4′ S. Br., drangen im Jahre 1841 die von der englischen Regierung zur Erforschung des südlichen Magnetpols abgesandten Capitäne Roß und Crozier mit den Schiffen Erebus und Terror vor, nachdem sie schon unter 71° 56′ S. Br. und 171° 17′ O. L. von Greenwich Land mit rauchenden Vulkanen, das sich bis 79° südwärts ausdehnen soll, entdeckt und dasselbe im Namen der Königin von England in Besitz genommen.

zieht und in Virginien und Pennsylvanien die größte Breite und Höhe (6000 Fuß) erreicht.

Vulkane. Amerika hat nicht nur sehr viele, sondern auch die furchtbarsten und höchsten des Erdbodens, die meisten auf dem Andesgebirg in den Freistaaten Chile, Bolivia, Peru, Columbien und Mexico; auch einige in Westindien und die südlichsten der Erde auf Feuerland und Südshetland.

Caps oder Vorgebirge. Die bekanntesten sind: im Norden C. Franklin oder Eiscap an der russischen Nordwestküste und C. Farewell, die Südspitze Grönlands; im Osten C. Sable, die Südspitze von Florida, und C. Roxo, die Ostspitze von Brasilien; im Süden C. Hoorn, die Südspitze von Feuerland; im Westen C. Mendocino in Mexico und C. Prinz Wales an der Behringsstraße.

Hauptflüsse Amerika's.

In den atlantischen Ocean ergießen sich:

der Lorenzo, Abfluß aus den fünf canadischen Seen zwischen dem britischen Nordamerika und den Vereinigten Staaten, unterhalb Montreal und Quebeck im britischen Gouvernement Untercanada;

der Hudson unterhalb Albany bei Neuyork im Freistaat gl. N. der Vereinigten Staaten; — auf ihm ging zuerst Fultons Dampfboot im Jahr 1807;

der Delaware unterhalb Trenton im Freistaat Neujersey bei Philadelphia im Freistaat Pennsylvanien ebd.;

der Susquehannah unterhalb Baltimore bei Annapolis im Freistaat Maryland ebd. in die Chesapeakbai;

der Potowmak unterhalb Washington im Bundesbezirk Columbia zwischen den Freistaaten Maryland und Virginien ebd.;

der James unterhalb Richmond bei Norfolk im Freistaat Virginien ebd.;

der Savannah bei Savannah im Freistaat Georgien ebendaselbst;

in den mexicanischen Meerbusen:

der Alabama bei Mobile im Freistaat Alabama ebd.;

der Missisippi, über 600 Meilen lang, mit den wegen Dampfschifffahrt zu demselben wichtigen Nebenflüssen Illinois, Ohio, Kentucky, Cumberland und Tennessee links und dem über 500 Meilen langen Missuri und dem Arkansas rechts, über Jefferson und St. Louis im Freistaat Missuri, unterhalb Natchez im Freistaat Missisippi bei Neuorleans im Freistaat Louisiana ebd.;

der Sabine, Grenzfluß zwischen den Freistaaten Louisiana und Texas;

der Trinidad unterhalb San Teodoro bei dem Hafenplatz Galveston in dem neuen Freistaat Texas;

der Colorado ebd. unterhalb Houston oder Austin, der Hauptstadt des Freistaates Texas;

der Rio Bravo oder Rio del Norte unterhalb Laredo bei dem Hafen El Refugio im Freistaat Mexico;

in das Antillenmeer:

der San Juan, Abfluß des Nicaraguasees, bei San Juan im Freistaat Guatimala;

der Chagres bei Chagres (Hafen) im Freistaat Neugranada;

der Magdalenenstrom unterhalb Mompox bei dem Hafen Savanilla im Freistaat Neugranada;

in den Ocean:

der Orinoco unterhalb St. Thomas d'Angostura im Freistaat Venezuela;

der Maranhon oder Amazonenstrom, der größte Fluß der Erde, über 600 Meilen lang Peru und Brasilien durchfließend, bei Macapa in Brasilien;

der Tocantines oder Gran Para bei Para oder Belem ebd.;

der Panahyba bei St. Louis;

der Francisco bei Villanova im Diamantenland, nördlich von Bahia ebd.;

der Rio de la Plata mit den aus Brasilien kommenden Nebenflüssen Parana mit dem Paraguay und dem die Grenze zwischen den Freistaaten La Plata und Uruguay machenden Uruguay, bei den Seeplätzen Buenos Ayres und Montevideo in den Freistaaten La Plata und Uruguay;

der Salado ebd.;

der Rio Colorado im nördlichen Patagonien;

der Rio Negro ebd.;

in den stillen Ocean:

der Santiago unterhalb Santiago im Freistaat Mexico;

der Colorado, bei San Pedro und San Pablo ebd. in den Meerbusen von Californien;

der Columbia oder Oregon unterhalb dem engl. Fort Vancouver bei dem Hafen Astoria im westlichsten oder Oregondistrikt der Vereinigten Staaten von Nordamerika;

ins nördliche Eismeer:

der Mackenzie, Abfluß des Sklavensees, den er durchfließt, im (britischen) Lande der Hasen-Indianer.

Hauptseen Amerika's:

der Bären-, Sklaven- und Winnipegsee im Binnenland des britischen Nordamerika;

der Obere-, Michigan-, Huron-, Erie- und Ontario- oder die fünf großen canadischen Seen zwischen den britisch-nordamerikanischen Colonien und den Vereinigten Staaten;[1]

der Nicaraguasee auf der Landenge von Mittelamerika im Freistaat Guatimala, mit Abfluß (San Juan) zum Antillenmeer;[2]

der Maracaibosee, eigentlich kein Binnensee, sondern ein tiefer Meerbusen an der Nordküste von Südamerika im Freistaat Venezuela;

der Titicacasee auf dem Andesgebirg zwischen den Freistaaten Peru und Bolivia.

Seehandelshäfen Amerika's.

In Nordamerika.

Am atlantischen Ocean:

Port William am Obersee, Toronto am Ontariosee, Kingston am Ausfluß des Lorenzstroms, Montreal, Charlottetown, Flußhafen am Hillborough, Quebeck, Halifax und St. Johns an der Mündung des Flusses gl. N. in den britisch-nordamerikanischen Colonien;

Portland, Portsmouth, Neuhampshire, Burlington am Champlainsee im Staate Vermont, Boston, Providence, Rhode Island und Neuport, Neuhaven, Neuyork,

[1] Der Abfluß von Wasser aus diesen unter sich zusammenhängenden Seen bildet bei seinem Ausflusse aus dem letzten oder Ontariosee den Lorenzstrom, und der einige Meilen lange Verbindungsfluß zwischen dem Erie- und Ontariosee, welcher Niagara heißt, den 2000 Fuß breiten und fast 200 Fuß hohen Niagarafall, dessen Getöse man mehrere Meilen weit im Umkreise hört. Diese Seen stehen jetzt durch Kanäle und Eisenbahnen mit mehreren Flüssen der Vereinigten Staaten in Verbindung, was den Verkehr zwischen diesen Staaten und Ober- und Unter-Canada, hauptsächlich den Pelzhandel von Montreal, Quebeck und Neuyork sehr belebt.

[2] S. d. Anm. S. 82.

Neuark in Neujersey, Buffalo am Erie- und Ontariosee, Philadelphia, Wilmington am Delaware, Baltimore, Washington, Norfolk, Charleston, Savannah, St. Augustin an der Ostküste von Florida, Pensacola (Kriegshafen), Mobile, Neuorleans, Natchez und Galveston an der Südküste der Vereinigten Staaten;

Tampico oder Santana, Veracruz, Alvarado, Campeche, Sisal und Balize (englisch) in Mexico; Santo Thomas an der Hondurasbai ganz nördlich, Omoa, Trurillo und San Juan in Guatimala;

am stillen Ocean:

Nicaragua, Realejo, Neu-Guatimala mit Puerto Libertad und Istapa oder Independencia in Guatimala; Acapulco, San Blas und Nicoya in Mexico; Roß, russische Niederlassung mit Fort; Astoria in den Vereinigten Staaten; Neu-Archangel auf der Insel Sitka an der russischen Nordwestküste.

In Südamerika.

Am atlantischen Ocean:

Chagres, Portobello, Cartagena, Savanilla, Santa Marta und Rio Hacha in Neugranada; Maracaibo, Coro oder Venezuela, Porto Cabello, Caraccas (La Guayra), Cumana und Barcelona in Venezuela; Georgetown (sonst Stabroek) und Neu-Amsterdam in Demerara oder im britischen, Paramaribo in Surinam oder im holländischen und Cayenne im französischen Guiana; Para, San Louis de Maranhao, Parnahiba und Parahiba, Olinda, San Louis de Parnahiba, Ciara und Aracaty, Pernambuco, Alagoas oder Maceyo, San Salvador oder Bahia, Porto Segura und südlich von diesem die deutsche Colonie Leopoldina (seit 1832), Rio Janeiro, Santos (der Hafen für San Paulo) in Brasilien; Maldonado und Montevideo in Uruguay; Buenos Ayres in La Plata, Port William und Hopparos (englisch) auf der Insel Staatenland;

Oira Preto oder Villaricca und Villa Diamantina oder Tejuco, nördlich von Rio Janeiro in Minas Geraes, Mato Grosso oder Villa Bella, und Goyaz oder Villa Boa in den Provinzen gleichen Namens, nordwestlich von Minas Geraes, im Innern Brasiliens.

am stillen Ocean:

Valdivia, Concepcion (mit dem Hafen Talcahuano), Valparaiso, Coquimbo oder La Serena und Copiapo in Chili; Cobija oder Puerto de la Mar in Bolivia; Iquique Arica (Hafen von Tacna, 14 Meilen im Lande, wo die Chefs aller fremden Handelshäuser residiren); Islay (Hafen für Arequipa und Cusco, mit starker Gold- und Silberausfuhr), Lima mit Callao und Truxillo, Pacasmayo und Payta (Hafen für Piura) in Peru; Guayaquil in Ecuador; Panama und Esmeraldas in Neugranada.

In Westindien.

Am Antillen-Meer:

Havana, Matanzas, Remedios an der Nordküste und San Jago, Trinidad, Manzanillo und Guines auf der Südküste der spanischen Insel Cuba;

Puerto del Principe auf Cuba an der Nordküste, zweite Hauptstadt der Insel, mit 60,000 Einw. mit dem Hafen Nuevitas;

San Juan, Aguadilla an der Nordküste und San German an der Südküste auf der spanischen Insel Portoricco;

Moyaguez, kleiner Handelsplatz zwischen Aguadilla und San German;

Kingston, Port Royal an der Ostküste und Montego an der Nordküste auf der englischen Insel Jamaica;

Port-au-Prince, Cap Haitien (jetzt Port Republicain) und St. Domingo auf der freien Negerinsel Haiti oder St. Domingo.

Die Hafenplätze der kleinen westindischen Inseln, wie Martinique, Guadeloupe, Trinidad, Tabago, Curaçao, Barbados, Dominica, St. Lucie, Antigua, St. Vincent, Grenada, St. Christoph, St. Barthelemy u. a. (s. Colonien) sind weniger gekannt, und werden im Handel meist nur die Namen dieser Inseln selbst genannt.

Australien,

auch Neuholland, Polynesien, Südindien, Australasia, Oceania und die Südsee-Inseln genannt.

(Vielleicht 200,000 □M. und etwa 3 Mill. Einw.)

Dieser fünfte Erdtheil, größtentheils auf der südlichen Halbkugel, südöstlich von Asien im großen oder stillen Ocean gelegen, und nur durch eine willkürliche und noch immer nicht fest bestimmte Grenzlinie von dem indischen Archipel (von den Molukken und Philippinen), dessen Fortsetzung er ist, geschieden, ist in seiner ganzen Ausdehnung erst seit etwa 60 Jahren bekannt geworden, und besteht aus unzähligen, theils in Gruppen vereinten, theils zerstreuten Inseln, deren größte, Neuholland, man als Festland oder Continent betrachtet, so daß man Australien am natürlichsten folgendermaßen eintheilt:

1. **Neuholland,** die größte Insel der Erde (150,000 □M.), zu Anfange des 17. Jahrhunderts von den Holländern entdeckt und von den Engländern, die in der neuesten Zeit diesen ganzen Continent sich zueigneten, vorzugsweise Australien genannt. Das Innere, das wegen großer Flächen von Sand- und Sumpfland unzugänglich seyn soll, ist noch fast unbekannt, und nur der größte Theil seiner Küsten wurde von holländischen, französischen und englischen Seefahrern gesehen und nach ihnen benannt. Wichtigkeit erlangten in der neuesten Zeit hier folgende, immer mehr sich entwickelnde und zum Theil schon blühende Ansiedelungen der Engländer, nämlich:

Colonie Neu-Südwales um die Port Jackson- und Botany-Bai [2] an der Ostküste des Continents, getheilt in

Die erste Nachricht von dieser Inselwelt im stillen Ocean kam durch die Begleiter des ersten Weltumseglers, des unglücklichen Portugiesen Ferdinand Magellan (richtiger Fernando de Magelhaens), der, bald am Ziel seiner gefahrvollen Reise, im Jahre 1521 auf einer der von ihm entdeckten und für Spanien in Besitz genommenen Philippinen oder manilischen Inseln, auf der kleinen Insel Matan, im Kampfe mit den Eingebornen seinen Tod fand, nach Europa. Die meiste Kunde aber von diesem ganzen fünften Erdtheil verdanken wir dem berühmten englischen Seefahrer und Weltumsegler des 18. Jahrhunderts, James Cook, der leider ebenfalls, bei seiner dritten Reise um die Welt im Jahre 1779, von den Bewohnern auf Owaihi, einer der von ihm entdeckten Sandwichsinseln, erschlagen wurde. In der neuesten Zeit bereicherten besonders Krusenstern, v. Kotzebue, Duperry, King, Dumont d'Urville u. A. die Kenntniß von Australien.

[2] Capitän Cook, welcher im Jahre 1770 diese ganze Ostküste unter dem Namen Neu-Südwales für England in Besitz nahm, gab dem Theile, wo er anlegte, wegen der großen Menge neuer Pflanzen, mit denen das Gestade bedeckt war, den Namen Botany-Bai, und er sowohl als sein

19 Grafschaften, mit der Hauptstadt Sidney (30,000 Einw.), vorzüglicher Hafen an der Port Jacksonbai in der Grafschaft Cumberland;

Diese älteste, im Jahre 1788 gegründete und anfangs ausschließlich zum Verbannungs- und Strafort für Verbrecher bestimmte Colonie erhielt in der neuesten Zeit durch freie Einwanderer eine große Ausdehnung nach Nord und Süd, so daß die Bevölkerung derselben, im Jahre 1788 nur aus den 1700 von England angekommenen Personen bestehend, gegenwärtig bereits auf 164,000 Seelen angewachsen seyn soll.

Die Städte, die seitdem neben Sidney sich erhoben, sind in derselben Grafschaft Cumberland: Paramatta (10,000 Einw.), $1\frac{1}{2}$ Stunden von Sidney gelegen und berühmt durch seine Tuchfabriken; Windsor (6000 Einw.) am Hawkesbury und Liverpool (5000 Einw.) am Georgsfluß, der sich in die Botanybai ergießt; ferner in der Grafschaft Northumberland: Newcastle an der Mündung des Hunterflusses, das sowohl wegen seiner günstigen Lage, als wegen der in der Nähe befindlichen Steinkohlengruben, die jetzt thätig bearbeitet werden (durch Verbrecher), täglich an Wichtigkeit zunimmt; endlich westlich von Sidney, jenseit der blauen Berge, über welche jetzt eine Kunststraße führt, Bathurst (4000 Einw.) am Macquarriefluß in der Grafschaft gleiches Namens.

Zu bemerken ist noch, daß seit 1839 die Transportation von Verbrechern nach Neu-Südwales aufgehört hat, und daß diese jetzt nur noch nach Vandiemensland und der Insel Norfolk geschickt werden, während bisher nur die in den Strafcolonien aufs Neue verurtheilten Sträflinge dorthin geschickt wurden. Als Ersatz für die als Arbeiter vermißten Sträflinge sind die durch die unentgeltliche Ueberfahrt veranlaßten starken Einwanderungen zu betrachten, die im Jahre 1841 bis auf 18,300 Personen sich erhoben.

Colonie Port Philipp oder Australia Felix an der Südostküste, der Insel Vandiemensland gegenüber und erst seit dem Jahre 1835 von wenigen Colonisten bewohnt, die von dieser Insel herüber kamen, mit der aufblühenden Haupt- und Hafenstadt Melbourne an der Mündung des Jarraflusses;

Colonie Südaustralien an der Südküste, mit der Hauptstadt Adelaide;

Colonie Westaustralien oder am Schwanenfluß, mit der Hauptstadt Perth am Schwanenfluß, an dessen Mündung Freemantle, die zweite Stadt der Colonie, südlich von dieser der Hafen Cockburnsund und an der Mündung des nahen Helenenflusses die kleine Stadt Guilford liegt;

Begleiter, Banks, veranlaßten die englische Regierung, an diesem unter so mildem und gesundem Himmelsstrich gelegenen Küstenland eine Colonie zu gründen.

Colonie Nordaustralien oder Victoria, früher Port Essington genannt, mit vortrefflichem natürlichen Hafen und wichtig wegen des Verkehrs mit den nahen Molukken und Sundainseln.

2. **Vandiemensland** oder **Tasmanien**,[1] die große an der Südküste Neuhollands liegende Insel und bisherige gleich Neu-Südwales blühende Verbrechercolonie, getheilt in zwei Grafschaften, mit 60,000 Einw. und der Hauptstadt und wichtigem Handelshafen Hobarttown (10,000 Einw.) an der Südostküste am Derwent und am Fuße des Tafelberges in der Grafschaft Buckingham, den Städten Launceston (Hauptstadt der Grafschaft Cornwall) und Georgetown (mit dem Hafen Port Dalrymple) am Tamarflusse an der Nordküste und den Ortschaften Perth, Elisabethtown, Campbelltown u. a. im Innern.

Hauptproduct der Insel ist, wie in Neu-Südwales, gute Wolle von mehr als 1 Mill. Schafen.

3. **Neu-Seeland** vor der Südostküste Neuhollands im Ocean, seit 1840 englische Colonie, für welche bereits im Jahre 1836 eine neuseeländische Compagnie in England sich gebildet und wohin bis 1842 gegen 10,000 Menschen eingewandert sind. Die einheimische Bevölkerung wird zu etwas mehr als 100,000 Seelen angegeben.

Neu-Seeland besteht aus drei Inseln, die man nach drei Provinzen Irlands, Ulster, Munster und Leinster benannt hat. Die britischen Niederlassungen hier sind: Port Nicholson, im Jahre 1842 bereits mit 4500 Einw., Port Nelson, Neu-Plymouth, Wellington und Auckland auf dem Isthmus an der Inselbai.

Wallfischfang und neuseeländischer Flachs hier wichtig.

4. **Insel Norfolk**, vor der Ostküste Neuhollands und etwas nördlich von Neuseeland. Sie wurde im Jahre 1825 aufs Neue von den Engländern in Besitz genommen und in eine Strafcolonie verwandelt, wohin bis 1840 nur solche Sträflinge kamen, die in Neu-Südwales neue Verbrechen begangen hatten und unverbesserlich schienen, die aber seit dieser Zeit alle Verbrecher aufnimmt (s. S. 93).

5. **Einzelne größere Inseln** im Norden: und zwar Neu-Caledonien, Neu-Guinea oder Papusien, Neu-Britannien und Neu-Irland, welche beide letztern mit mehrern kleinen Inseln, darunter Neu-Hannover und die Admiralitätsinseln, den Archipel von Neu-Britannien bilden.

[1] Der Commodor Abel Tasman, welcher im Jahre 1642 von dem Generalgouverneur der holländisch-ostindischen Compagnie in Batavia, Van Diemen, auf Entdeckungen ausgeschickt worden war, fand und untersuchte diese Insel zuerst.

6. **Archipele** oder **Inselgruppen**, zusammen Polynesien oder die Südseeinseln genannt, nämlich

nördlich vom Aequator:

der Pelew-, Marianen- oder Ladronen-, der Carolinen- oder Neu-Philippinen-, der Mulgraves und der Sandwichs-Archipel;

südlich vom Aequator:

die Louisiade, Salomons-, Santacruz-, Neu-Hebriden-, Freundschafts- oder Tonga-, der Fidschi-, Schiffer-, Gesellschafts- (mit Otaheiti), Cooks-, Marquesas- oder Mendana- u. m. a. Archipele und zerstreute Inseln im stillen Ocean.[1]

Hauptgebirge Australiens.

Man kennt bis jetzt auf dem Festlande Neu-Holland nur die längs der Ostküste sich ausdehnenden Blauen Berge (mit 6—7000 Fuß hohen Spitzen), über die man bereits Kunststraßen gelegt und auf deren westlichen Hochland man auch schon einige Städte, wie Bathurst, gegründet hat. — Mehrere Bergreihen ohne Namen, die sich im Tafelberg fast 4000 Fuß erheben, hat die Insel Vandiemensland. — Außerdem finden sich viel höhere Berge, worunter auch Vulkane, auf mehreren andern, besonders auf den Sandwichsinseln (bis zu 18,000 F.), sowie auf Neuseeland und Neuguinea.

Caps oder Vorgebirge. Die bekanntesten in Neuholland sind: im Norden C. Arnhem und C. York; im Osten C. Sandy und C. Howe; im Südosten C. Wilson; im Südwesten C. Leeuwin; im Westen C. Escarpee und Nordwestcap.

Hauptflüsse Australiens.

In den stillen Ocean ergießen sich:

der Brisbane a. d. Ostküste, nördlich von Sidney, Mdg. bei Moretonbai in die Moretonbai in der Colonie Neu-Südwales;

[1] Mehrere dieser Inseln sind in der neuesten Zeit durch europäische und nordamerikanische Missionäre für Christenthum und europäische Cultur gewonnen worden, womit zugleich der Handel nach dieser Inselwelt, namentlich nach den Neu-Hebriden-, Freundschafts-, Gesellschafts- und Sandwichs-Inseln, mit jedem Jahre zugenommen hat.

der Hastings ebd., Mdg. bei Port Macquarrie in die Moretonbai,

der Hunter ebd., Mdg. bei dem Hafen Newcastle und Maitland in die Brockenbai;

der Hawkesbury ebd., Mdg. bei Windsor und Richmond ebendahin;

der Georgsfluß ebd., Mdg. bei Liverpool in die Botanybai;

die Paramatta unterhalb Paramatta bei Sidney;

in die innern Seen:

der Darling mit dem Macquarrie, daran Bathurst der Hauptfluß, den die blauen Berge westwärts nach der Südküste (in die Gegend der Colonie Südaustralien) entsenden;

der Murray mit dem Murrumbidgee, etwas südlicher in der nämlichen Richtung;

in den indischen Ocean:

der Schwanenfluß (Swan-River) an der Südwestküste, Mündung nördlich von der Geographenbai unterhalb Perth bei dem Hafen Freemantle in der Colonie Westaustralien.

Seehandelshäfen Australiens.

Sidney,[1] Liverpool und Newcastle a. d. Ostküste oder in der Colonie Neu-Südwales;

Melbourne a. d. Südostküste oder in der Colonie Port Philipp oder Australia felix;

Adelaide am St. Vincentgolf in der Colonie Südaustralien;

[1] Bei der Annäherung von Sidney gewahrt man Landhäuser von sehr elegantem Aeußern, Gartenanlagen, Windmühlen, viele hohe Essen von Dampfmaschinen, eine Reihe dreistockiger, sehr massiver Waarenhäuser, den mit Schiffen fast angefüllten Hafen und bald die ganze Stadt, die wegen ihrer Lage an einer Anhöhe recht vortheilhaft in die Augen fällt. Ein Hotel, dessen Eleganz in der größten Hauptstadt Europa's nichts übertrifft — aber theurer als in London und Calcutta. — Wenn man auch vorbereitet ist auf den Anblick eines regen Lebens und der raschesten Entwicklung, so übertrifft die Wirklichkeit hier dennoch jede Erwartung. Wo vor 60 Jahren eine Wildniß war, in der der Eingeborne das Känguruh jagte, da breitet sich jetzt eine von mehr als 23,000 weißen Menschen bewohnte Stadt aus, da liegen Flotten von Kauffahrern vor Anker, die mit Indien und China, mit Südamerika und Europa den immer zunehmenden Verkehr unterhalten, da laufen täglich Dampfboote ein und aus, meistens der Colonie selbst gehörend, regelmäßige Reisen nach den jüngeren Niederlassungen an Neuhollands Südwest- und Nordküsten, nach Indien und den australischen Inseln machend.

Freemantle mit dem Hafen Cockburgsund in der Colonie Westaustralien oder am Schwanenfluß;

Perth an demselben Flusse;

Victoria mit dem Hafen Port Essington in der Colonie Nordaustralien;

Hobarttown südlich und Georgetown mit dem Hafen Port Dalrymple nördlich auf der Insel Vandiemensland;

Auckland [1] auf Neuseeland an der Inselbai ganz im Norden auf der nördlichen Insel;

Port Nicholson auf Neuseeland, mit der Stadt Wellington auf der Westküste der nördlichen Insel, 5500 Einw., in der Cooksstraße;

Neu-Plymouth an der Westseite der Cooksstraße, ebenfalls auf der nördlichen Insel, 1200 Einw.;

Nelson auf der mittlern Insel, Neu-Plymouth ziemlich gegenüber, an der Blinden- oder Tasmanbai.

[1] Residenz des Gouverneurs. Hier erscheint seit dem Mai 1842 eine Zeitung in der Sprache der Maoris; so nennen sich die Einheimischen.

Handelsgeographie von Europa.

Europa im Allgemeinen.

Europa's Cultur, Reichthum und Macht ist seit Jahrhunderten zum großen Theil in seinem Handel begründet; denn durch ihn wurden alle Kräfte angeregt, der Boden angebaut, seine innern Schätze ausgebeutet, die Industrie belebt und Kunst und Wissenschaft gefördert, so daß Europa groß neben den übrigen Erdtheilen dasteht und seit langer Zeit einen mächtigen Einfluß auf diese behauptet, indem es in den schönsten Gegenden derselben seine Herrschaft ausgebreitet hat.

Um diesen Erdtheil in Beziehung auf den Handel würdigen zu können, ist es vor allen Dingen nothwendig, den den Handelsverkehr bedingenden natürlichen Reichthum desselben, seine Produkte nach Vorkommen, Menge und Güte, sowie zugleich die Erzeugnisse, welche aus andern Erdtheilen eingeführt werden, nachzuweisen, und sodann die Länder und Punkte kennen zu lernen, wo diese verschiedenen Rohprodukte in größter Menge und am besten verarbeitet und theils zum innern, theils zum äußern Handel gebracht werden.

Boden und Produktion.

Europa hat nach seiner Lage in der nördlichen gemäßigten Zone nur zur Hälfte ein mildes Klima. Entbehrt aber auch sein zum Theil dürftiger Boden der üppigen Vegetation der Tropenländer und der Mannigfaltigkeit und Fülle der Produkte, so eignet sich doch der größte Theil desselben zu einem erfolgreichen Anbau und liefert die nöthigsten Produkte meist in großem Ueberflusse. Dabei hat die immer weiter fortgesetzte Urbarmachung und der fast allgemeine sorgfältige Anbau des Bodens das Klima Europa's milder gemacht, als unter gleicher Lage in Amerika und Asien, und die der Natur zu Hülfe gekommene Cultur und Kunst nach und nach eine große Menge Gewächse, deren eigentliches Vaterland eine wärmere Zone ist, hier einzuführen und einheimisch zu machen oder zu acclimatisiren vermocht.

In Hinsicht des Klimas kann man in Europa drei Landstriche unterscheiden; den warmen, wo Orangen u. a. edle Früchte im Freien gedeihen (bis 43° nördl. Br.); den gemäßigten (bis 65°), wo Getreide und Kartoffeln noch zur Reife kommen, auch die gewöhnlichen Hausthiere noch gedeihen, und den kalten, wo (über 70°) alle Cultur erstirbt und außer dem Rennthier kein Hausthier das rauhe Klima mehr erträgt.

Während also in den südlichsten Gegenden Europa's die Baumwolle und selbst das Zuckerrohr gedeiht, verkrüppeln zwerghaft im äußersten kalten Norden selbst die Nadelhölzer, und bedecken den Boden ganzer Bergstrecken endlich nur Rennthiermoos, Flechten und niedriges Gestripp.

Uebersicht der wichtigsten Produkte Europa's mit Angabe der Breitengrade, bis zu welchen sie fortkommen.

Thierreich:

Rennthier von 61° bis in die nördlichsten Gegenden.

Elenthier, Pferd, Rind, Schaf, Ziege	bis 65°
Hirsch und Reh	— 63°
Esel und Schwein	— 60°
Hase	— 55°
Kermesthierchen	— 50°
Seidenwurm	— 47°

Pflanzenreich:

Getreide und Kartoffeln	bis 65°
Flachs, Hanf, Tabak, Hopfen	— 62°
Rübsame, Hirse, gewöhnliches Obst	— 55°
Färberröthe oder Krapp, Waid, Wau	— 52°
Wein, Mais, Süßholz	— 50°
Saffran und Safflor	— 49°
Reis, Mandeln, Kastanien	— 47°
Oliven	— 46°
Edle Südfrüchte	— 43°
Baumwolle	— 42°
Zuckerrohr und Dattelpalme	— 38°

Doch machen Cultur, Lage und physische Beschaffenheit des Bodens mancher Gegenden, daß die Produkte zuweilen ihre natürliche Grenze überschreiten, und daß sie an andern Orten dieselbe nicht erreichen.

Mineralreich:

Das Vorkommen der Metalle scheint weniger vom Klima abzuhängen, da dieselben in gleicher Menge und von gleicher

Güte im Norden wie im Süden sich finden. Indessen scheinen doch im Allgemeinen die edlen Metalle, sowie die Edelsteine, von den Tropen gegen die Pole hin, und umgekehrt die unedlen Metalle, sowie die Steinkohlen, von den Polen gegen den Aequator abzunehmen.

Salz und Steinkohlen sind in Europa in großer Menge,

Eisen, Kupfer und Blei am allgemeinsten verbreitet,

Zinn, Zink und Galmeierz finden sich seltener,

Gold, Silber und Edelsteine weit weniger als in den andern Erdtheilen.

Handelsprodukte Europa's

mit Angabe der wichtigsten Produktionsgegenden.

Landwirthschaft sowohl als Bergbau, diese wichtigen Zweige der Nationalökonomie oder diejenigen Gewerbe, welche die Erzeugung von animalischen, vegetabilischen und mineralischen Stoffen zum Zweck haben, und als sichere Erwerbsquellen Hauptmittel sind, Wohlstand und das Nationalvermögen der Staaten zu vermehren, haben sich in der neuesten Zeit in Europa außerordentlich gehoben und werden vorzüglich in Deutschland und England mit vielem Fleiß betrieben.

Produkte aus dem Thierreich.

Die Viehzucht ist im Norden Europa's stärker und besser als im Süden. Sie liefert:

Pferde. Die schönsten im Norden hat England und Mecklenburg, weniger schön, aber viel, Dänemark (Holstein und Schleswig) und Hannover; Oldenburg 5—6000 Stück vorzügliche, meist starke Holsteiner Race; die meisten Polen, das südliche und südwestliche Rußland (die Ukraine) sowie Ungarn, Siebenbürgen, die Wallachei und Moldau; übrigens zieht man im Süden in der spanischen Provinz Andalusien und um Neapel schöne Pferde.

Die besten auf der Erde hat Arabien.

Die meisten Roßhaare liefert Rußland, Polen, Ungarn und Irland, viel aber auch Südamerika, namentlich Buenos Ayres und Brasilien in den Handel.

Hornvieh. Dieses ist allgemein verbreitet; doch liefert Irland, Holland, Dänemark (Holstein und Schleswig), Ostfriesland in Hannover, Oldenburg, die Schweiz, Ungarn, Siebenbürgen, die Moldau und Wallachei, endlich Rußland und Polen das meiste und beste.

Ochsenhäute (rohe) und Hörner kommen am stärksten aus den südamerikanischen Ländern La Plata (Buenos Ayres-Häute) und Brasilien; geschätzt ist auch das englische und ungarische Horn.

Talg kommt stark von Rußland, Ungarn und der Türkei in den Handel;

Pökelfleisch von Irland (Cork), Dänemark, Hamburg, Altona, Bremen und Emden;

Butter von Irland, Holland, Schweiz, Ostfriesland, Holstein und Mecklenburg;

Käse von England (Chester), Holland (Edamer), Belgien (Limburger), der Schweiz (Emmenthaler) und Oberitalien (Parmesankäse).

Rennthierhäute. Diese bringt Norwegen, Schweden und Rußland meist schon zubereitet in den Handel.

Nordamerika versendet außerdem viele.

Eselshäute. Die meisten und schönsten hat der Orient und das südliche Europa (Spanien, Portugal und Italien). Sie werden nicht nur zu Pergament benützt, sondern auch in der Türkei und in Rußland, sowie in Egypten und der Berberei aus denselben ein eigenthümliches festes und gekörntes Leder, das unter dem Namen Chagrin in den Handel kommt, bereitet.

Ziegenfelle. Sie liefert die Levante, das südliche Rußland, die Türkei, Griechenland, Italien, Spanien, Portugal, Marokko, die Schweiz und Tyrol, überhaupt die südlichen Gebirgs- oder Alpenländer, Jonische Inseln.

Gemsenleder. Dieses wird immer seltener, da die Zahl der Gemsen auf den hohen Alpen in der Schweiz, in Savoyen, Tyrol, Steiermark, Salzburg, und noch mehr in den Pyrenäen und Karpathen, wo von jeher nur wenige sich aufhielten, mit jedem Jahre mehr abnimmt. Im Haslithal im Schweizercanton Bern findet noch ein ziemlich lebhafter Verkehr darin statt.

Hasenfelle oder Hasenbälge. Diese kommen aus Deutschland (Sachsen, Böhmen, Mähren ꝛc.), Dänemark, Friesland, Polen, aus der Wallachei und Türkei, aus Griechenland und Sicilien, die besten und meisten aber aus Rußland (curländische, litthauische), in den Handel.

Außerhalb Europa versendet Kleinasien oder Natolien viel Hasenbälge.

Wolle. Von allen landwirthschaftlichen Erzeugnissen Europa's ist Schafwolle dasjenige, welches den stärksten Verkehr veranlaßt und Gegenstand des Welthandels geworden ist. Die meiste und beste Wolle hat Deutschland (jährlicher Ertrag gegen 600,000 Ctr.), namentlich Sachsen, Schlesien, Brandenburg, Böhmen, Mähren, Niederösterreich und Hannover, nächstdem Ungarn, Spanien, England und das Paduanische in Oberitalien. — Man schlägt die Zahl der in Europa vorhandenen Schafe auf 220 Mill. Stück an, wovon auf Rußland (60 Mill.), England (48 Mill.), Oesterreich (35 Mill.), Frankreich (35 M.), Preußen (15 Mill., Schlesien daran 3 Mill.), Sachsen (700,000) die meisten kommen.

Wollmärkte. Die meisten und wichtigsten Plätze für das Wollgeschäft finden sich in Deutschland mit Preußen, wo folgende Märkte Auszeichnung verdienen: Breslau (70,000 Centner), Berlin (ebensoviel), Stettin (20,000 Ctr.), Posen, Landsberg a. d. W., Bautzen (6000 Ctr.), Dessau (7000 Ctr.), Kirchheim u. T. (10,000 Ctr.), Augsburg, Magdeburg, Königsberg, Leipzig (8000 Ctr.), Dresden, Lübeck rc. Außerhalb Deutschland hat Pesth in Ungarn den stärksten Markt, indem die Wollzufuhren in den letzten Jahren hier bis zu 200,000 Ctr. stiegen.

Im Jahre 1840 sollen auf den Hauptmärkten Deutschlands allein 250,000 Ctr. Wolle umgesetzt worden seyn, wovon auf Breslau, Berlin und Stettin ziemlich die Hälfte kommt. — Die feinste Sorte Wolle kommt unter dem Namen Electoralwolle in den Handel.

Vigogne- oder Vicunnawolle, von besonderer Feinheit, kommt vom Vigogne- oder Vicunnathier, auch Schafkameel genannt, in dem Andesgebirg in Südamerika.

Biberhaar. Man kennt im Handel hauptsächlich russisches, das über Archangel, Petersburg, Riga, Danzig, Warschau, Krakau und Breslau zu uns kommt; außerdem englisches oder canadisches von dem britischen Nordamerika und Buenos Ayres.

Schweinsborsten. Rußland versendet jährlich zwischen 50 und 60,000 Pud, nächstdem Polen, Ungarn und die Türkei. Versendungsplätze: Petersburg, Archangel, Königsberg, Posen, Warschau, Krakau, Breslau und Wien. — Die geringern deutschen kommen aus Böhmen, Holstein, Pommern, Bayern und Westphalen, wo die Schweinezucht neben den erstgenannten Ländern am stärksten getrieben wird. Durch Handel mit Borsten, hauptsächlich aber durch Zurichtung der aus Rußland und Polen bezogenen, zeichnet sich im Innern Deutschlands Nürnberg aus.

Rauchwaaren oder Pelzwerk. Rußland und England haben darin das Hauptgeschäft nicht nur in Europa, sondern überhaupt in der Welt, und es bezieht ersteres Land das meiste feine Pelzwerk aus seinem asiatischen Reiche oder aus Sibirien, Kamtschatka, von den Aleuten-, Fuchs- und kurilischen Inseln, sowie hauptsächlich auch von seiner Nordwestküste Amerika's (Neu-Archangel auf der Insel Sitka), wie denn überhaupt das Pelzwerk der kalten Gegenden jedem andern vorgezogen wird.

England erhält seine vielen Rauchwaaren, die es uns zuführt, durch Pelzhandels-Compagnien aus seinen nordamerikanischen Besitzungen über Montreal und Quebeck in Canada. Indessen liefert auch Schweden, Norwegen, Polen und Ungarn manches gute Pelzwerk.

Die wichtigsten Pelzthiere sind: Zobel, Hermeline, See-, Sumpf-, Fluß- oder Fischottern, Füchse (schwarze und blaue die kostbarsten), Luchse, Marder, Wiesel (Nörzthiere), Iltisse, mehrere Arten Eichhörnchen (das sogenannte Grauwerk) u. a.

Lamm- oder Lämmerfelle liefert das südliche Rußland viel und am besten, dann auch Griechenland und Ungarn. Die schönen schwarzen aus der Krim werden im Handel Krimer, Baranken oder Merluschki, und die noch glänzendern aus der Gegend von Astrachan, sowie aus Persien und der Tartarei, Astrachan genannt.[1]

Außerdem kommen von Rußland, Norwegen und Schweden auch viel Bären- und Wolfsfelle in den Handel.

Auch die Vereinigten Staaten von Nordamerika (Neuyork, Philadelphia, Baltimore 2c.) bringen viel Pelzwerk in den Handel; das mittlere und südliche Amerika liefert die schönen Felle der Onza und des Jaguar, und von Afrika und Asien erhalten wir Panther-, Tiger-, Leoparden- und andere geschätzte Felle.

Von Vögeln kommen folgende Gegenstände in den Handel:

Bettfedern. Sie bilden in mehreren Ländern einen nicht unbedeutenden Handelsartikel; starke Ausfuhr hat besonders Irland, Rußland, Polen, Ost- und Westpreußen, Pommern, Mecklenburg, Holstein, Schleswig und Ostfriesland, auch Ungarn, Galizien, Böhmen, Nördlingen in Bayern, Eisleben und Naumburg in Thüringen. — Das Hauptgeschäft in diesem Artikel ist übrigens meist in den Händen jüdischer Kaufleute in Böhmen, welche in Polen, Litthauen, Preußen 2c. und fast ausschließlich auch in den österreichischen Staaten die rohen Federn aufkaufen und große Niederlagen in Königsberg, Elbing, Danzig, Lübeck, Bremen, Hamburg, Pesth, Prag, Leipzig, Frankfurt 2c. zur Weiterversendung nach England, Holland, Frankreich 2c. haben.

Schreibfedern, Federspulen, Federkiele, Federposen. Man nennt im Handel zwei Hauptsorten: 1) holländische, durchsichtig glasartig; 2) hamburger, milchweiß trübe. Die meisten Gänsekiele werden in großen Massen aus den eben genannten Ländern a. d. Ostsee bezogen, und ist Hamburg noch immer der vorzüglichste Appretur- und Versendungsort für dieselben. — Neben den hamburger und holländischen

[1] Die vorzüglichsten Lamm- oder Lämmerfelle sollen die lombardischen, römischen, ungarischen, griechischen und dänischen seyn. Sie werden auch zu Pergament verwendet. Im Handel geschieht der Verkauf dieser Felle gewöhnlich nach Buschen.

werden auch, besonders in England, die Rigaer Federspulen geschätzt. Auch Altona, Lübeck, Königsberg, Danzig, Berlin, Breslau, Wien, Nürnberg, Hannover, Düsseldorf, Dresden ꝛc. liefern viel.

Eiderdunen. Das Vaterland der Eidervögel, welche diese allgemein geschätzten und zartesten Flaumfedern zu Betten liefern, ist der höchste Norden Europa's, in der Nähe des Meeres, wo sie besonders an den Küsten Islands, der Färöer, Schottlands, Lapplands, auf Nowaja-Semlja und Spitzbergen, aber auch schon auf Inseln der Ostsee, namentlich auf der dänischen Insel Bornholm, ihre Nester bauen, die oft mit Lebensgefahr wiederholt im Jahre von den Bewohnern dieser Gegenden geplündert werden.

Außerhalb Europa liefert das dänische Grönland in Amerika die meisten, daher denn auch Dänemark das Hauptgeschäft in diesem Artikel hat.

Reiherfedern. Von diesen Schmuckfedern gibt es weiße vom kleinen Silberreiher in allen Ländern ums Mittelmeer, sowie in Asien bis Ostindien, und schwarze vom gemeinen Fischreiher in ganz Europa, besonders aber in Preußen, Polen und Rußland; die meisten liefert Sibirien.

Die größten und theuersten weißen kommen vom großen Silber- oder Federbuschreiher in Amerika (Neuorleans und Brasilien Versendung), Afrika und Asien.

Von Insekten finden sich im Handel folgende Gegenstände:

Seide. Die Seidenzucht gedeiht nur im wärmern Klima, und erhält in Europa ihre vorzüglichste Pflege in Italien, namentlich in der Lombardei, wo in den Provinzen Mailand, Verona, Mantua, Como, Bergamo, Brescia ꝛc. über 50,000 Ctr. Seide gewonnen und davon die Hälfte ausgeführt wird; ferner im Piemontesischen und Genuesischen, auch um Florenz und Ancona; nächstdem im südlichen Frankreich in der Provence (um Avignon) und Languedoc (um Nimes), jetzt aber auch bei Paris; ferner in Spanien (Valencia, Murcia, Granada und Talavera), Griechenland, den jonischen Inseln und der Türkei (Macedonien). In Deutschland ist dieselbe nur bedeutend am südlichen Abhange der Alpen in Tyrol und Illyrien; in den letzten 20 Jahren hat man jedoch auch glückliche Versuche weiter nach Norden gemacht, und namentlich in Brandenburg, auch in Pommern, wo auf einem Domänenamt bei Stettin von fünf Schullehrern in einem Jahre 38 Pfd. Seide gewonnen wurden, in Bayern und Niederösterreich bereits sehr günstige Resultate erreicht.

Außerhalb Europa liefern die meiste und beste Seide China, Ostindien, Persien und die Levante.

Wachs. Die Bienenzucht wird in allen südlichen Ländern Europa's stark betrieben; allein das meiste Wachs liefert doch Rußland (Ukraine, Podolien, Krim) und Polen, auch

Ungarn (Rosenau) und Galizien (Tarnopoler), das beste aber die Türkei (wallachisches, serbisches, bosnisches) von Saloniki und Constantinopel, auch von der Insel Candia; ferner Griechenland und die jonischen Inseln, Frankreich (Bretagne) und Deutschland (holsteiner und hannöverisches), beide im Handel hamburger genannt, schlesisches und böhmisches.

Außerhalb Europa versendet das meiste die Levante (über Smyrna), Aegypten, die Berberei und alle Küstenländer und Inseln Afrika's, Bengalen in Asien und Cuba, Surinam und Brasilien in Amerika.

Honig. Rußland, Polen, Frankreich (Narbonne), Malta, Griechenland, Dalmatien, Ungarn, Holstein, Hannover (Lüneburg) und Franken (Nürnberg) haben Ausfuhr.

Kermes oder Scharlachkörner. Dieses der Cochenilleschildlaus in Südamerika ähnliche getrocknete Insekt (daher auch unechte Cochenille genannt) zum Rothfärben liefert besonders das südliche Frankreich (Provence und Languedoc), Spanien, Portugal, Italien, die jonischen Inseln, Livadien in Griechenland, Macedonien in der Türkei, die Insel Candia, sowie das südliche Rußland. — Seitdem die amerikanische Cochenille, von welcher 1 Pfd. so viel färbt, als 10 Pfd. Kermes, an die Stelle dieses letztern sowohl als der Purpurschnecke getreten, ist das Geschäft in diesem Artikel sehr gesunken, und kommt der Kermes nur da noch stark in Anwendung, wo er häufig und billig gewonnen wird.

Spanische Fliegen oder Canthariden. Diese Blasenkäfer finden sich nicht nur in Spanien, sondern im ganzen südlichen Europa und bis ins mittlere Deutschland herein, doch werden sie vorzüglich in Spanien, Sicilien und Unteritalien in Menge gesammelt und verführt.

Die Seefischerei, besonders der Härings-, Sardellen-, Kabliau- oder Stockfisch- sowie der Wallfisch- und Robbenfang ist für mehrere Küstenländer sehr gewinnbringend und ein Gegenstand von Wichtigkeit.

Häringe. Diese werden in ungeheurer Menge in der Nordsee, die besten in der Nähe der schottischen, englischen und holländischen Küste, weniger und geringere in der Ostsee gefangen. Holland hatte von jeher den ersten Namen in diesem Artikel und die stärkste Versendung. Nun gelten zwar die holländischen Häringe (jetzt Vlaardingen unweit Rotterdam der Hauptplatz) noch immer für die besten; allein es hat sich in der neuesten Zeit der Häringsfang auch in den übrigen Ländern an der Nordsee, namentlich in England (Yarmouth Hauptplatz), wo derselbe über 12,000 Boote beschäftigen und jährlich an 400,000 Tonnen Häringe liefern soll, sehr erweitert, und wird derselbe jetzt auch von mehreren deutschen Plätzen durch eigene Häringsfischerei-Compagnien von Altona, Blankenese,

Emden, Bremen rc. ebenfalls im Großen betrieben, was Holland großen Abbruch gethan. Mehr aber noch als in England werden in Norwegen (gegen 600,000 Tonnen jährlich) Häringe gesalzen (Bergen Hauptplatz), Stavanger beschäftigt sich fast ausschließlich mit Häringsfischerei. Außerdem nehmen Schweden, Dänemark und Frankreich starken Antheil.

Bücklinge oder geräucherte Häringe werden ebenfalls in großer Menge von den Ländern an der Nord- und Ostsee, hauptsächlich in Holstein (Kiel), Holland (Amersfort) und Pommern (Stralsund) abgesetzt.

Sardellen und Anschovis. Diese kommen hauptsächlich von der französischen Küste am Canal und am Ocean (Bretagner von Nantes) sowie von der Küste der Provence am Mittelmeer (von Marseille), Griechenland, aber auch von der Insel Sardinien, von Portugal und Spanien, von allen Küsten Italiens, auch von Triest und der Umgegend, weniger von England, Norwegen (Christiania) und Holland (Bergen op Zoom in der Provinz Nordbrabant) zu uns.

Stockfisch. Der Fang des Kabliau, welcher den Stockfisch gibt, findet in den nördlichen Meeren statt, und liefern Norwegen, England, Holland, Frankreich, Hamburg rc. eine große Menge dieser Fische, theils getrocknet als Stock- oder Klippfisch, theils marinirt als Laberdan, vorzüglich nach den katholischen Ländern. Der holländische und norwegische wird vorzüglich geschätzt.

Der größte Stockfischfang auf der Erde, der Millionen einbringt, ist auf der großen Sandbank bei der englischen Insel Neufundland in Nordamerika, an welchem vertragsmäßig neben England die Vereinigten Staaten und Frankreich Theil nehmen; daher denn auch diese drei Nationen die großen Massen zum Handel bringen.

Wallfisch und Robbenfang wurde von jeher und wird auch noch jetzt von den Nordländern, aber auch von Frankreich stark im nördlichen Eismeer, besonders bei Island, Grönland, Spitzbergen, Nowaja-Semlja rc., in der neuesten Zeit aber noch stärker im südlichen Eismeer, an den Küsten und bei den Inseln des südlichsten Amerika und auch bei Neuholland und Neuseeland in Australien getrieben, und dadurch ungeheure Quantitäten Thran, Wallrath oder Spermaceti, Fischbein und Robben- oder Seehundsfelle, sowie Wallroß- und Narwalzähne in den Handel gebracht.

Noch sind folgende Gegenstände der Fischerei für den Handel nicht ganz unwichtig:

Neunaugen oder Pricken. Diese liefert die Nord- und Ostsee, aber auch die Weser, Elbe, Oder u. a. Flüsse Deutschlands, und verkehren neben England, Mecklenburg und Pommern besonders Bremen, Lüneburg, Elbing und alle größere Städte an der Ostsee damit.

Austern. Diese kommen von den Küsten der Nordsee, von England (Colchester), Norwegen (Christiania), Dänemark (Holsteiner), Holland (Zieriksee auf der Insel Schouwen), Frankreich (Normandie), hauptsächlich aber von Hamburg in den Handel. Am adriatischen Meer wird der Austernfang bei Triest und Ancona am stärksten betrieben.

Kaviar. Dieser eingesalzene Rogen vom Hausen und Stör bildet ebenfalls einen nicht unwichtigen Handelsartikel, und wird der russische vom schwarzen Meer (krimmischer oder taurischer), hauptsächlich aber der vom caspischen Meer und der Wolga (astrachanscher) unter allen Sorten am meisten geschätzt. Viel wird auch an den Ufern der untern Donau, geringerer am Mittelmeer, sowie an der Nord- und Ostsee (Hamburg und Pillau) nicht allein aus dem Rogen der Hausen und Störe, sondern auch aus dem verschiedener anderer Fische bereitet.

Hausenblase. Dieser bekannte Fischleim wird aus der Schwimmblase des Hausen und einiger andern Fische aus dem Störgeschlecht, die am häufigsten im schwarzen und caspischen Meer und in der Wolga im südlichen Rußland, aber auch in der Donau, in der Moldau, Wallachei und Ungarn, wie auch im Rhein gefangen werden, bereitet, und die russische Sorte ebenfalls höher als die ungarische und deutsche (Mainz) und jede andere geschätzt.

Blutegel. Sie finden sich im Süden und Norden Europa's, namentlich in Portugal, im südlichen Frankreich, in Deutschland und Rußland; doch kommen immer noch die größten Transporte über Pesth und Wien aus Ungarn, besonders aus dem Neusiedlersee, und nächstdem aus Polen nach allen Ländern. Große Quantitäten gehen indessen auch aus Posen, dem Städtchen Plackwitz, dem Mittelpunkt des Blutegelhandels daselbst (zwei Großhändler allein haben vor einigen Jahren 3 Mill. Blutegel gehegt und 2 Mill. für den Preis von 63,000 Rthlr. meist nach Hamburg abgesetzt), und von den pommerschen und brandenburger Seen zur Ausfuhr nach Hamburg. England erhält viele von Portugal und Frankreich (Lissabon und Bordeaux), von Polen über Stettin und von Deutschland über Hamburg. Deutschland bezieht immer weniger, weil sich hier die Blutegelzucht immer mehr verbreitet und man in mehreren Gegenden (in Tyrol, Württemberg, zu Berlin, Leipzig, Würzburg ꝛc.) mit Glück versucht hat, Blutegel in eigens dazu eingerichteten Teichen zu hegen und zu vermehren.

Korallen. Diese findet man im mittelländischen Meere an den Küsten von Spanien, Frankreich, Corsica, Sardinien und Sicilien, in Dalmatien, wo sich die Bewohner von Sebenico besonders mit der Korallenfischerei beschäftigen, die meisten und schönsten aber an den Küsten der Berberei zwischen Algier und Tunis, wo die Fischerei derselben von Franzosen und Italienern betrieben wird und viele Fahrzeuge beschäftigt. Die Verarbeitung derselben zu Kunst- und Schmucksachen geschieht besonders von den Städten Marseille, Genua, Livorno, Neapel, Trapani rc.

Badeschwämme. Diese kommen von den Küsten Griechenlands und den jonischen Inseln Corfu und Zante, weniger von Dalmatien und Istrien am adriatischen Meere, die besten aber von mehrern asiatisch-türkischen Inseln des Archipels in der Nähe von Rhodus, von der Küste Natoliens, von Cypern und Candia, hauptsächlich von der kleinen Insel Symi oder Syme bei Rhodus, deren Bewohner die geschicktesten Taucher seyn sollen. Die feinsten Toilettenschwämme soll die syrische Küste liefern; die ganz feinen werden oft mit 20—25 fl. das Pfund an Ort und Stelle bezahlt, während ordinäre nur 6 fl. kosten. Geringe mit großdurchlöchertem Gewebe, oder die sogenannten Roß- oder Pferdeschwämme kommen von den Küsten der Berberei, aus Tunis und Algier.

Außerdem kommen auch Badeschwämme aus dem rothen Meer, von der Insel Java in Ostindien und aus Amerika von den Bahamainseln, sowie von den Küsten Brasiliens.

Pflanzenreich.

Der Ackerbau oder die Feldwirthschaft wird in Europa am kunstmäßigsten im östlichen England, in den Niederlanden, in Deutschland, im nordöstlichen Frankreich und im nördlichen Italien betrieben und liefert:

Getreide. Obschon die vorgenannten Länder den Ackerbau am sorgfältigsten betreiben und viel Weizen, Roggen (Korn), Gerste, Hafer rc. bauen, so sind doch gerade nicht diese Länder, sondern Ungarn, Polen, Rußland und die Moldau und Wallachei, wo doch nur eine mittelmäßige Bodencultur statt findet, die Kornkammern von Europa. — Ausfuhrhäfen für Getreide sind: Archangel, Petersburg, Riga, Königsberg (Pillau), Elbing, Danzig, Stettin, Rostock, Kiel und Hamburg im Norden und Taganrog, Kertsch, Odessa und Triest im Süden.

Mehl. Wenn bisher in Europa nur England gleich Nordamerika in der Mehlverfertigung und daher auch im großen Mehlhandel nach seinen Colonien, besonders nach Westindien und Südamerika sich auszeichnete, so ist in der neuesten Zeit auch in Deutschland an vielen Orten ein großes Interesse sowohl für die verbesserte Mehlfabrikation nach nordamerikanischer Art, als auch für die Mehlausfuhr nach den transatlantischen Ländern erwacht, und zeichnen sich bereits in diesem Geschäft besonders Bremen, Hamburg und die preußischen Ostseehäfen Königsberg, Danzig, Stettin rc. aus, wo seit Kurzem große Dampfmahlmühlen errichtet wurden. Am Rhein ist Mainz mit seinen zwei Dampfmühlen der Hauptort für den Mehlhandel.

Mais, Wälschkorn oder türkischer Weizen, in Ungarn Kukuruz. Die Cultur dieser vortrefflichen aus Amerika stammenden Getreideart wurde in der alten Welt seit der Entdeckung von Amerika in allen Ländern ums mittelländische Meer herum und außerdem vorzüglich in Ungarn, Siebenbürgen, der Wallachei und Moldau, wo sie sehr ausgebreitet ist, eingeführt; in Deutschland hat sie bis jetzt nur in den südlichsten Gegenden, in Illyrien, Tyrol und Steiermark Feldfrucht werden können. — Die Donau hinunter gehen über Galacz und Braila (oder besser Ibrail in der Wallachei, dem einzigen Hafen des Landes und Festung an der Donau) beträchtliche Massen über Constantinopel ins Mittelmeer, besonders nach Malta und Triest.

Buchweizen oder Heidekorn. Eigentlich eine Hülsenfrucht, welche aus dem mittlern Asien stammt, jetzt aber auch in Europa einheimisch ist, und vorzüglich in Rußland, Polen, Holland und im nördlichen Deutschland (Westphalen, Brandenburg), auch in Schlesien und Innerösterreich gedeiht, und namentlich für arme Sandgegenden, wo sie am besten gedeiht, wohlthätig ist. — Im Handel kommt der Buchweizen meist als Grütze (Heidegrütze) vor, die stark als Schiffskost aus den norddeutschen und holländischen Häfen versandt wird, und wird derselbe auch gut zum Branntweinbrennen und Bierbrauen verwendet.

Hülsenfrüchte. Erbsen, Linsen, Bohnen rc. werden in großer Menge, vorzüglich in Polen, Preußen, Pommern, Dänemark, Ostfriesland und andern flachen Gegenden gebaut, und veranlassen hauptsächlich in den großen Seestädten an der Ost- und Nordsee, von Königsberg bis Emden, einen bedeutenden Handel, indem hier ganze Schiffsladungen zur Verproviantirung der Schiffe aufgekauft werden.

Hirse. Diese ist ein Produkt Süddeutschlands und gedeiht am besten in Innerösterreich, namentlich in Kärnthen und Krain, ferner in Mähren, Böhmen, Tyrol, Bayern und am Rhein, aber auch in Polen, Ungarn, der Schweiz, Italien (Lombardei und Piemont) und Dalmatien, welche Länder viel nach England, Holland und Frankreich, vorzüglich zum Bedarf auf Schiffen ausführen.

Reis. Dieser verlangt viel Wärme und Marschboden, und liefert denselben am meisten und besten Oberitalien, besonders Lombardei-Venedig längs dem Po, in den Ebenen von Mailand, Pavia, Mantua (der beste) und Verona, auch das Piemontesische und Parma und Modena; ferner das südliche und östliche Spanien in Andalusien, Valencia und Catalonien, weniger Portugal, die Türkei (Macedonien) und das südliche Rußland (die Krim).

Der meiste Reis kommt übrigens aus dem britischen und

holländischen Ostindien über Calcutta und Batavia, ferner aus den Vereinigten Staaten von Nordamerika, sowie auch aus Brasilien und Aegypten in den Handel.

Rübsen und Raps. Der Anbau dieser wichtigen Oelpflanzen hat sich in der neuesten Zeit immer mehr ausgebreitet. Am stärksten ist derselbe in den Niederlanden, hauptsächlich in den Poldern der holländischen Provinz Zeeland und in den belgischen Provinzen Flandern und Brabant, auch im französischen Flandern (um Lille) und in der Normandie; nächstdem in Dänemark (Holstein und Schleswig), in Deutschland (Hannover, Oldenburg, Mecklenburg, in der Pfalz, in Franken und Thüringen), wo, wie in den Niederlanden, sowohl mit Samen als Oel ein wichtiges Ausfuhrgeschäft getrieben wird. — Hauptversendungsplätze: Rotterdam, Hamburg, Lübeck, Rostock, Stettin und Leipzig.

Neben Rübsen und Raps wird immer stärker, namentlich in den Niederlanden, auch noch eine andere Oelpflanze, Leindotter, kultivirt und Dotteröl zu gleichem Gebrauch wie Rüböl bereitet.

Mohn. Man baut diese Pflanze meist wegen Benutzung des Samens (Mohn- oder Magsamen) auf Oel (Mohnöl), das an Speisen gleich dem Oliven- oder Provenceröl verwendet wird, jetzt immer häufiger, besonders in Frankreich (in Artois, Flandern und im Elsaß) und im südlichen Deutschland, (Pfalz, Franken und Thüringen). — Mohnölplätze: Arras, Lille und Straßburg in Frankreich; Mannheim, Heidelberg, Darmstadt, Mainz, Frankfurt a. M., Nürnberg, Erfurt, Halberstadt, Magdeburg und Halle in Deutschland.

Kleesamen. Auch dieser bildet einen wichtigen Handelsartikel, indem der Klee eines der wichtigsten Futterkräuter ist. Die Niederlande, die Schweiz und Deutschland (die Rheingegenden, Baden, Württemberg, Bayern, Schlesien rc.) erzeugen viel zur Ausfuhr, und geht das Meiste davon nach Holland (von hier weiter), Frankreich, England, Schweden, Norwegen und Nordamerika.

Senf. Dieser wächst in Mittel- und Südeuropa wild, und wird nur in einigen Gegenden besonders angebaut. Der meiste und beste Same, den man zu Mostrich oder Tafelsenf benutzt, kommt aus England (York, Durham mustard), Frankreich (Paris, Dijon, Chinon, Chalons sur Marne und Straßburg), Holland (Zaandam), aus den Rheingegenden (Düsseldorf, Frankfurt), aber auch aus Oesterreich (Krems und Stein), Polen, sowie von Erfurt und Magdeburg in den Handel. — Man benutzt den Senfsamen auch, jedoch weniger, auf Oel.

Anis. Dieser gewürzvolle Same bildet einen nicht unwichtigen Handelsartikel, da er wegen seiner vorzüglichen Eigenschaften nicht nur häufig in der Medicin und als Gewürz, sondern auch in den Liqueurfabriken und Conditoreien starke Anwendung findet, auch stark auf Oel benutzt wird. Er ist in der Levante einheimisch, daher denn auch viel levantischer Anis nach Europa kommt; doch baut man ihn auch stark in Spanien (Alicante), Frankreich (Alby bei Toulouse und Montpellier), auf der Insel Malta, im Neapolitanischen, (Apulien), in Deutschland, und zwar hauptsächlich in Thüringen (Erfurt, Gotha, Langensalza, Mühlhausen), Franken (Bamberg), Schwaben (Tübingen), im Magdeburgischen und in Mähren; endlich auch, jedoch eine geringere Sorte, in Polen und Rußland. Im Handel gelten der spanische, apulische und maltesische als die vorzüglichsten Sorten.

Kümmel oder Karbe. Auch dieses bekannte gemeine Gewürz kommt wie der Anis und noch häufiger als dieser in Anwendung und wird daher in großen Quantitäten umgesetzt. Im Handel unterscheidet man neben dem guten alicantischen (von Spanien), neapolitanischen (aus Apulien) und maltesischen Kümmel, welcher in großen Ballen nach unsern Seestädten gebracht wird, vorzüglich deutschen (von Tübingen, Bamberg, Nürnberg, Erfurt, Halle, Alsleben an der Saale, Brehna, Magdeburg, Schwanebeck 2c.), nordischen (aus der Provinz Schonen in Schweden), und englischen (aus der Grafschaft Essex), welche Sorten nicht wesentlich verschieden sind. Der geringste und wohlfeilste ist der polnische, und ist in Polen und Rußland, wo man den Kümmel als Würze unter das Brod nimmt, der Verbrauch am stärksten. — Kümmelöl wird ebenfalls viel bereitet.

Fenchel. Im Großen wird dieser gewürzreiche Same in Spanien, Frankreich (Nimes), Italien (Toscana, Kirchenstaat, Apulien), in der Schweiz, in England und Deutschland (um Erfurt, Mühlhausen, Langensalza, Weißenfels, Halle, Bamberg, Tübingen, sowie in Schlesien und Mähren) gebaut. Die beste Sorte ist der italienische (römische und cretische). Er wird in der Medicin, zu Gewürz (so in Menge in Italien zu Brod), zu Liqueur (berühmt der französische, fenouillette, von Montpellier und Cette und von der Insel Re), sowie auch stark auf Oel benutzt.

Flachs (die Fasern des Leins oder der Flachspflanze). Der Flachsbau ist über ganz Europa, doch mehr im nördlichen als südlichen verbreitet. Den meisten erzeugt Rußland, den feinsten Irland, nächstdem viel die Niederlande, und zwar Holland und Belgien, namentlich die Provinzen Nord- und Südholland, Zeeland, Brabant und Flandern, und in Deutschland vorzüglich Schlesien, Lausitz, Böhmen, Ungarn (Zipser Comitat), Mähren, Hannover (Lüneburger), Braunschweig, Westphalen und Schwaben. Starke Ausfuhr, namentlich nach

England, hat nur Rußland, und zwar aus allen Häfen der Ostsee, von Petersburg, Narwa, Reval, Pernau, Riga, Windau und Libau, sowie von Archangel am weißen Meere.

Der beste Flachs wird aus livländischem oder rigaer Samen gewonnen, daher ist auch Leinsame ein wichtiger Handelsartikel für Rußland. Nach dem rigaer folgt in Güte der aus Zeeland in Holland kommende sogenannte zeewsche Lein. Aegypten und Canada liefern gleichfalls Flachs und Leinsamen. Die Leinsaat wird auch sehr stark auf Oel benutzt, und es führen den Haupthandel mit Leinöl die Plätze Königsberg, Hamburg und Amsterdam.

Hanf. Sein Vaterland ist Ostindien, wo er, wie auch in andern Theilen Asiens, wild wächst. In Europa wird er, wie der Flachs, fast in allen Ländern, am stärksten und zur Ausfuhr aber in Rußland, Polen, Preußen, Ukraine, Ungarn, Galizien, Bulgarien, Kärnthen (Lavanthaler) und Italien (bologneser und neapolitanischer) auch in Hannover (Lüneburger) und vorzüglich auch zu beiden Seiten des Rheins, in Baden und in Elsaß gebaut, für welch letztern Mannheim, Freiburg, Straßburg und Frankfurt a. M. die Bezugsorte sind. Der beste ungarische kommt aus der Gegend von Peterwardein unter dem Namen slavonischer in den Handel, auf ihn folgt in der Güte der slawakische aus der Gegend von Preßburg, und beliebt ist auch der apathiner aus dem von deutschen Colonisten bewohnten ungarischen Marktflecken Apathin unweit Zombor im Batscher Comitat.

Außerdem kommt der meiste Hanf aus Ostindien und zwar von der spanischen Philippineninsel Manilla (jährlich 80 bis 100,000 Centner) und über Calcutta aus Bengalen; ferner aus Aegypten, sowie aus dem britischen Canada (Quebeck) in Nordamerika und aus Chile in den europäischen Handel.

Auch der Hanf wird auf Oel benutzt.

Baumwolle. Diese gedeiht nur in den südlichsten Gegenden, in den türkischen Provinzen Macedonien (in den Thälern des Seres) und Rumelien (in der Umgegend von Salona); ferner in Griechenland (auf Morea und mehrern Inseln des Archipels), im Neapolitanischen (Castelamare), auf Sicilien (Biancavilla), Malta (viel) und auf einigen Punkten in Spanien (bei Motril in Granada und Valencia).

Die meiste und beste hat Nord- und Südamerika, West- und Ostindien, Aegypten und die Levante.

Tabak. Der Anbau dieses ursprünglich amerikanischen Gewächses hat sich in Europa außerordentlich verbreitet; doch liefert nur die Türkei (Macedonien, der beste in Europa), Ungarn (jährlich über 300,000 Centner), die Ukraine im südlichen Rußland, die Gegend von Amersfort in der holländischen Provinz Utrecht (gut zu Carotten), Frankreich in seinem Flandern, in der Gegend von Dünkirchen (den ebenfalls zu Carotten beliebten sogenannten flämischen), im Departement Lot (der beste), das Elsaß (um Straßburg), sowie die Pfalz oder Baden am Ober- und Mittelrhein (Pfälzer von Mannheim, Heidelberg 2c.) ein leidliches Blatt. Viel, aber geringen Tabak zur Ausfuhr baut außerdem Preußen im nördlichen Brandenburg oder in der Uckermark, um Prenzlau und Schwedt (hier Hauptmarkt), in Pommern um Stettin, Anclam 2c., in Schlesien um Ohlau, Wohlau 2c. (Rgsbz. Breslau); ferner Bayern um Baireuth, Nürnberg, Erlangen 2c., Kurhessen um Hanau und an der Werra bei Wanfried, Eschwege, Broterode, Schmalcalden 2c., Hannover um Hannover, Hildesheim und Göttingen, Nienburg, Nordheim, sowie mehrere andere deutsche Länder.

Der beste und meiste Tabak kommt übrigens aus Westindien und von Nord- und Südamerika.

Hopfen. Den besten zieht England (Worcester und Kent), Belgien (Flandern und Brabant) und in Deutschland Böhmen (um Saaz, Leitmeritz, Gastdorf, Falkenau, Flöhäu, Klattau 2c.), Bayern (um Spalt, Altorf, Nürnberg, Kulmbach, Sulzbach 2c.), Baden (Mannheim, Heidelberg, Schwetzingen, Constanz), Braunschweig (a. d. Ocker bei Braunschweig und Oelper), Hornburg im Halberstädtischen, weniger und geringeren das Magdeburgische (um Gardelegen).

Krapp oder Färberröthe. Diese wichtige Wurzel zum Rothfärben (Türkischroth) liefert am besten die Türkei (hier Alizari genannt), Griechenland (Livadien), Spanien (Segovia in Altcastilien), Frankreich (die Provence, Normandie und das Elsaß von Avignon, Rouen und Straßburg), Italien, Holland (seeländischer, aus Zeeland über Rotterdam, den man für den besten nach dem levantischen hält), die Rheinpfalz (rheinländischer, von Heidelberg, Mannheim und Speier), Würtemberg etwas (bei Kannstadt und Heilbronn), Schlesien (Breslauer Röthe), weniger Ungarn (Apathin und Preßburg), Böhmen, Bayern, Thüringen (Langensalza), Braunschweig, die Umgegend von Halle und Brehna im Rgsbz. Merseburg.

Den meisten und besten Krapp versendet übrigens Natolien oder die Levante über Smyrna und Aegypten über Alexandrien, nicht gemahlen, sondern bloß in Wurzeln.

Saffran.[1] Dieses Zwiebelgewächs, dessen rothgelbe Blüthennarben ebenfalls zum Roth- und Gelbfärben, aber auch als Gewürz benutzt werden kann, gedeiht in Europa am besten in Niederösterreich (um Krems, hier Saffranmarkt, und Mölk a. d. Donau), in größter Menge aber in Spanien, für welchen Artikel dieses Land, namentlich die Provinz Cuença in Neucastilien, sowie Murcia und Valencia, das Hauptland in

[1] Verfälschung durch Ringelblumenblüthen (flores calendulae officin.) ist der Gesundheit schädlich.

Europa ist; dann aber auch in Frankreich (Orangesaffran von Avignon aus der Provence, Gatinoissaffran aus den Departements Seine und Marne und Loiret), bei Cambridge, auf Sicilien, im Neapolitanischen, Italien, auf der griechischen Insel Serfo und der türkischen Provinz Macedonien.

Das Vaterland des Saffrans ist ebenfalls der Orient, und liefert Persien, Arabien, Aegypten (3000 Centner), Natolien oder die Levante den besten und, nächst Spanien, auch den meisten.

Safflor. Eine Distelblume, ebenfalls zum Roth- und Gelbfärben, welche in Spanien (Ausfuhr von Valencia und Granada), Italien (römischer oder romagner) und Ungarn (von Debreczin) vorzüglich aber in der Levante gedeiht, und die nicht nur in der Seiden- und Baumwollenfärberei, sondern deren rother Farbestoff oder das kostbare Safflorroth (Cartamin) vorzüglich auch zur feinen Schminke verwendet wird.

Der meiste und beste Safflor kommt aus Aegypten, Persien und Ostindien in den Handel.

Wau. Diese Pflanze zum Gelbfärben wird in Deutschland bei Halle, Erfurt, Bamberg und Tübingen, in Sachsen, im nördlichen Frankreich bei Rouen in der Normandie, im südlichen bei Montpellier in Languedoc, wo sie am besten gedeiht, sowie auch in Holland und England angebaut; jedoch hat der Gebrauch der viel farbreichern Quercitron, eine Art Eichenrinde aus den Vereinigten Staaten von Nordamerika, namentlich im Cattundruck, in der neuern Zeit den Wau aus vielen Färbereien verdrängt. Außerdem wird der Wau gebraucht in der Seidenfärberei zu schönem Goldgelb und Grün, zu gelbem Papier, sowie zur Bereitung des bekannten Schüttgelb.

Scharte, blaue, sowie gelbe oder Ginster. Beide Färbepflanzen sind in vielen Gegenden Mitteleuropa's einheimisch, und werden in Frankreich, Schlesien, im Harz und Schwarzwald, hauptsächlich aber in Thüringen gesammelt und über Erfurt verkauft. — Die blaue Scharte gibt mit Indigo ein schönes Grün.

Schmack oder Sumach, auch Fustik- oder Fiset- und europäisches Gelbholz genannt. Dieser Baum wächst in allen südlichen Ländern Europa's bis nach Natolien und Syrien hin, auch noch im südlichsten Deutschland, im Etschthal Tyrol's 70,000 Centner, aus Istrien 10,000 Centner, und steht von den Sorten des ächten Sumachs der sicilische von Messina und Palermo obenan und kommt am stärksten in den Handel. Er dient zum Gelb- und Rothfärben, statt der Galläpfel auch zu Grau und Schwarz, und ebenso statt dieser oder der Knoppern zum Gerben feiner Leder.

Der meiste und beste Sumach kommt unter dem Namen Gelbholz von Brasilien und Westindien.

Gelbbeeren, auch Kreuz-, Avignon- oder persische

Beeren genannt. In Europa liefert diese das südliche Frankreich, und zwar Languedoc und die Provence (Montpellier und Avignon); auch Spanien und Italien; Ungarn sehr geringe; ferner Griechenland und überhaupt die Levante (viel über Constantinopel). Sie werden beim Cattundruck, zum Färben des Papiers und Leders (des Saffians im Orient) sowie zur Bereitung des Saftgrün und Schüttgelb benutzt.

Die größten, vorzüglichsten und theuersten, welche den meisten Farbstoff enthalten, sind die persischen, welche über Aleppo und Smyrna zu uns kommen.

Waid. Dieses Surrogat für Indigo, das man schon vor tausend Jahren, hauptsächlich in Deutschland gebrauchte, wird vorzüglich im südlichen Frankreich (um Toulose in Languedoc), auch in der Normandie und im Elsaß, am stärksten aber noch immer in Deutschland, und zwar in Thüringen, wo der Hauptstapel des Waidhandels ist, bei Gotha, Erfurt, Langensalza, Arnstadt, Tennstett, auch in Brandenburg, Schlesien, am Rhein sowie den Main und die Donau hinunter gebaut; doch hat in der neuern Zeit die Verbreitung des Indigo (seit 1750 Haupthandelsgegenstand in Europa) von Ostindien den Anbau des Waid in Europa großen Abbruch gethan. Da aber die Färber den Waid theils wegen des geringern Preises, theils wegen seiner dauerhaften Farbe ungern entbehren, so wird der Indigo ihn nie ganz verdrängen. Der blaue Farbestoff dieser Pflanze ist in den Blättern enthalten.

Orseille. Sie dient zum Roth-, Violett- und Blaufärben, und wird aus einigen Flechtenarten, hauptsächlich aus Lichen rocella, das auf allen felsigen Küsten und Inseln des Mittelmeeres, am besten aber auf den westafrikanischen, besonders den canarischen Inseln wächst, gewonnen, und aus den holländischen Raffinerien die beste Sorte in den Handel gebracht. Eine geringere Sorte (Parelle oder Orseille d'Auvergne) wird in Frankreich aus einer in der Auvergne wachsenden Flechte bereitet. Die Weinsteinflechte aus Schweden, Norwegen und England dient zu demselben Zweck und wird in ganzen Schiffsladungen von Schweden nach Holland gebracht. — Die Orseilleflechte ist neben den Lackmuscroton zugleich der hauptsächlichste Bestandtheil des Lackmus, einer blauen Farbe, die ebenfalls in Holland am besten bereitet und daher auch Holländischblau genannt wird.

Galläpfel, Knoppern und Acker- oder Eckerdoppen. Diese bekannten Auswüchse mehrerer Eichbaumgattungen, welche, da sie viel Gerbstoff und Gallussäure enthalten, zum Gerben und Färben verwendet werden, hat nur Südeuropa, und zwar die Türkei, Griechenland, die jonischen Inseln, Ungarn (hier Fünfkirchen, Oedenburg und Pesth starke Versendung), Slavonien und Krain und Istrien in Illyrien gut und in Menge, und man bezieht sie über Wien, Triest, Livorno, Genua und Marseille. Die Knoppern und Ackerdoppen unterscheiden sich von den glatten Galläpfeln (Gallnüssen, Gallen) durch viele eckige und höckerige Auswüchse sowie durch stärkern Gehalt.

Cichorie. Diese bekannte Wurzel gibt ein in der neuern Zeit (namentlich während der bekannten Continentalsperre von 1807 bis 1814) sehr in Gebrauch gekommenes Kaffesurrogat oder den sogenannten deutschen Kaffe, und wird in großen Anlagen hauptsächlich im nördlichen Deutschland (bei Braunschweig, Magdeburg, Bremen, Hannover, Kassel, Berlin ꝛc.) in Menge gebaut und verarbeitet.

Runkelrüben. Was von der Cichorie gesagt wurde, gilt auch von diesem bekannten Knollengewächs, das, wie diese, zu deutschem Kaffee benutzt, weit mehr aber und in großen Anlagen in der neuesten Zeit zur Bereitung des 1780 von Achard zuerst in Schlesien dargestellten Runkelrübenzuckers, besonders in Frankreich und Deutschland (Schlesien, Böhmen, Mähren, Bayern, Magdeburg) angewendet wird. S. Fabriken.

Obst. Der Obstbau gehört dem mittlern Europa, besonders Frankreich und Deutschland an, welche Länder daher auch starke Ausfuhr sowohl von frischem als getrocknetem Obst nach dem nördlichen Europa, besonders nach Rußland und auch zur See haben, indem z. B. viel auf der Elbe von Böhmen nach Sachsen, sowie auf den Main und Rhein hinab verschifft wird. — Die bedentendsten Versendungsartikel unter allen Obstsorten sind die getrockneten oder gebackenen Pflaumen, und Frankreich steht in diesem Geschäft oben an; denn allein von Tours und Bordeaux kommen ungeheure Massen, darunter auch die vortrefflichen Damascener- und Katharinenpflaumen, sowie von Metz die besten getrockneten Mirabellen, von Marseille die besten Brünellen in den Handel. In Deutschland sind die Rhein- und Maingegenden, besonders das Bambergische und Würzburgische, sowie mehrere österreichische Länder in dieser Beziehung ausgezeichnet.

Aus dem Ueberflusse an Aepfeln und Birnen bereitet man, namentlich in Frankreich (Normandie) und am Rhein und Main, viel Cider oder Obstwein, der jetzt ebenfalls in den Handel kommt. — In der Schweiz und im Schwarzwald destillirt man aus den wilden oder Vogelkirschen einen starken Liqueur, das sogenannte Baseler Kirschwasser, das nach allen Ländern geht, und ebenso in Ungarn, Slavonien ꝛc. aus den dort häufig gebauten Pflaumen oder Zwetschgen einen wohlschmeckenden Branntwein, Sliwowitza oder Raky genannt.

Die edleren Südfrüchte gedeihen nur in den südlichen Gegenden, namentlich in den Ländern am Mittelmeer. Wir nennen von diesen:

Pomeranzen oder Orangen. Die deutsche Benennung

dieser Früchte stammt aus dem lat. poma aurantiorum, d. h. goldgelbe Aepfel (Granatäpfel), und aus dem zweiten lat. Worte das franz. Oranges; die Deutschen nennen aber nicht nur die Pomeranzen und Apfelsinen oder süßen Pomeranzen, sondern auch die Citronen, Limonien, Bergamotten u. a. Abarten der Citronen zusammen Orangeriefrüchte, die Italiener Agrumi.

Der immergrüne und zu gleicher Zeit reife und unreife Früchte habende Pomeranzenbaum stammt aus China, wo er wild wächst, und soll von da erst ums Jahr 1520 nach Portugal gebracht und von da weiter verpflanzt worden seyn. Durch die Verpflanzung von hieraus sind Abarten entstanden, von denen die drei wichtigsten sind: 1) die Apfelsinen, auch Pomesinen und Sinaäpfel genannt, von süßem Geschmack; 2) die eigentlichen sogenannten Pomeranzen von saurem Geschmack, und 3) die Bergamotten.

Die besten Orangen werden ausgeführt von Malta (La Valetta), Sicilien (Messina, Palermo und Catania), Italien (Reggio in Calabrien, Gallipoli in Apulien, Nizza und Genua in Sardinien und vom Gardasee in der Lombardei), von Spanien (Cadix, Malaga und Valencia), Portugal (Setubal, Lissabon, Faro und Oporto), vom südlichen Frankreich (Marseille) und von der Insel Candia; auch haben die spanischen Baleareninseln Majorca (Palma), Minorca ꝛc. sowie die portugiesischen Azoren starke Ausfuhr; denn die Insel Majorca soll allein jährlich gegen 30 Millionen Stück und die Azore Terceira allein manches Jahr 20—25,000 Kisten versenden. Ebenso gehen von Setubal oder St. Ubes in Portugal ganze Schiffsladungen ins Ausland, und ist überhaupt der Handel namentlich mit Apfelsinen beträchtlicher als man glaubt.

Pomeranzenschalen (getrocknete) und Pomeranzenblüthen- oder Neroliöl, wie auch Bergamottöl, versendet besonders Portugal viel.

Citronen. Diese ursprünglich afrikanischen Früchte, mit welchen ebenfalls ein starker Handel durch ganz Europa getrieben wird, liefern dieselben vorgenannten Länder, die meisten Italien, Spanien und Portugal, auch Mailand, Triest und das südliche Tyrol. — Limonen sind die Früchte einer Abart des Citronenbaums, und unterscheiden sich durch eine dünnere und glattere Schale von den gewöhnlichen Citronen.

Citronen- oder Limonenschalen, Citronensaft, Citronensäure und Citronen- oder Cedro- und Cedratöl kommen ebendaher.

Citronat oder Succade ist die unreife, daher grüne, mit Zucker eingemachte Schale der großen, süßen und eßbaren Frucht einer Abart des Citronenbaums. Der beste wird von Italien (Genua, Messina) und Spanien (Malaga, Alicante) versandt.

Mandeln. Die meisten und besten liefert Spanien über Valencia, Malaga, Alicante, auch über Palma auf Majorca; Sicilien über Messina und Palermo; Italien aus Apulien im Neapolitanischen über Gallipoli und Taranto (Puglia-Mandeln oder Pugliefer genannt); das südliche Frankreich aus der Provence, auch aus der Gegend von Avignon (comtatsche) über Marseille, sowie das südliche Portugal über Faro. Deutschland gewinnt welche in Rheinbayern, Baden (Bergstraße), in Tyrol, Illyrien und Niederösterreich.

Bittere Mandeln versendet Sicilien und das südliche Frankreich (Provence), und außerhalb Europa die Berberei am stärksten.

Krach- oder Knackmandeln kommen in Menge von den obengenannten Häfen, wie auch von Livorno in Toscana.

Rosinen oder Cibeben. Dieselben Länder und Häfen, vorzüglich aber auch die Inseln des Archipels versenden große Massen. Die meisten und besten kommen jedoch aus der Levante, und zwar von der Küste Natoliens (Smyrnaer oder levantische) und Syriens (Damascener).

Smyrnaer Rosinen. Eine kleine goldgelbe Sorte von diesen, ohne Kerne und ohne Stiele und sorgfältig gelesen, wird in Schachteln unter dem Namen Sultanina-Rosinen in den Handel gebracht.

Damascener-Rosinen. Die großen und meist entkernten werden den Smyrnaer Rosinen noch vorgezogen. Sie werden zum Theil in Trauben und in Schachteln versandt; auch frische Trauben in Töpfen oder Potrosinen.

Corinthen oder kleine Rosinen. Dieß sind die bekannten Beeren einer Abart des gewöhnlichen Weinstocks, die von Corinth aus auf die Halbinsel Morea, sowie nach den nahe gelegenen jonischen Inseln Zante, Kephalonia, Theaki ꝛc. verpflanzt wurde, und jetzt dort in solcher Menge angebaut wird, daß sie einen Hauptausfuhrartikel jener Gegenden ausmachen; denn nach Berichten aus Corfu erntet man jetzt auf Kephalonia 11, auf Zante 6, auf Theaki $\frac{2}{5}$ oder zusammen 17 bis 18 Millionen Pfund Corinthen jährlich, neben welchen die Ausfuhr von Griechenland (Morea), hauptsächlich über den Hafen Patras, noch außerdem gegen 8 Millionen Pfund betragen soll. — Auch Calabrien in Neapel, sowie die zwischen Neapel und Sicilien liegenden liparischen Inseln liefern Corinthen.

Feigen. Man unterscheidet im Handel mehrere Sorten dieser im ganzen südlichen Europa und auf allen Inseln des mittelländischen Meeres, aber vorzüglich auch in Kleinasien, im nördlichen Afrika und auf den canarischen Inseln wachsenden Früchte, unter denen die sicilianischen, Pugliefer, Calabreser, Genueser, die spanischen, portugiesischen, Dalmatiner, Istrianer oder auch Triester und Venetianer, die Marseiller und comtatschen, d. h., die in dem Gebiet von Avignon und Venaissin (le comtat) im südlichen Frankreich producirten, sowie die von Malta, Corfu und Morea, die bekanntesten sind. — Die Malteser gehören zu den besten, den Vorzug vor allen aber haben die Smyrnaischen Tafelfeigen in Schachteln.

Datteln. Die Dattelpalme gedeiht auch in den südlichsten Punkten Europa's nicht gut, und nur in dem schönsten Striche Spaniens, in der Gegend von Valencia, gewinnt man diese Steinfrüchte zur Ausfuhr. — Die besten Datteln sind die, welche über Marseille, Genua und Livorno aus Tunis in den Handel kommen, wo sie, wie überhaupt am ganzen Nordrande Afrika's und ebenso in Süd- und Vorderasien sich in Fülle finden. Sorten: Alexandriner-, Jaffa- und Berber-Datteln.

Johannisbrod oder Carruba. Diese eigentlich morgenländische Schotenfrucht (aus Syrien, Palästina, Cypern rc.) wird in Menge, besonders in Sicilien und Neapel, von woher sie am meisten in den Handel kommt (Nola starke Ausfuhr), aber auch in Spanien, Portugal, Griechenland und am meisten auf der Insel Candia, wo sie wild wächst, gewonnen. — Der ausgepreßte Saft wird in diesen Ländern zu einem geistigen Getränk, der Rückstand zu ganz vorzüglichem Viehfutter benutzt.

Kastanien oder Maronen. Diese haben alle Südländer, wo sie die Kartoffeln ersetzen, in Menge. Die größern und veredelten Sorten, Maronen genannt, erzeugt vorzüglich Italien, Südfrankreich, Spanien, Portugal, die südliche Schweiz (Waadt, Tessin und Wallis), und auch noch Deutschland in Tyrol, auf der Bergstraße in Baden, in Rheinbayern und Nassau.

Wallnüsse oder wälsche Nüsse. Diese finden sich ebenfalls in allen südlichen Ländern, die meisten in Italien, Frankreich, Spanien, Portugal, in der Schweiz, Wallachei, auch hat die Krim starke Ausfuhr nach dem innern Rußland. Süddeutschland hat viele am Rhein und in Tyrol, Illyrien, auch gedeihen sie gut in Mähren. — Sie werden stark auf Oel benutzt.

Lamberts- und Haselnüsse. Auch sie bilden einen Handelsgegenstand für Sicilien, Piemont, die Provence und Languedoc, Spanien und Portugal, Süddeutschland, den Archipel, die Krim und die Levante überhaupt, und machen Oporto, Bilbao, Barcelona, Marseille, Livorno, Messina, Triest und Smyrna, ansehnliche Geschäfte darin. Von Schweden kommen ganze Lasten Haselnüsse zur Ausfuhr.

Olivenöl. Die Olive gehört dem ganzen wärmern Erdstriche, besonders Italien an, und unter den Oliven- und Baumölsorten wird das französische oder das Provenceröl aus der Gegend von Aix und Marseille im südlichsten Frankreich allgemein für das feinste gehalten; nächst diesem ist das italienische, namentlich das Genueser, Florentiner, Gardsee- (Lombardei) und Lucca-Oel im Handel geschätzt, das meiste aber liefert das südliche Neapel, und zwar Apulien (Puglieser) aus der Gegend von Lecce über Gallipoli und Taranto, sowie ebendaselbst Calabrien über Reggio, außerdem aber auch Portugal, Spanien, Dalmatien über Ragusa, alle jonische Inseln, besonders Corfu, Zante und Kephalonia (jährlich gegen 400,000 Centner), Griechenland über Nauplia und die Türkei aus Thessalonien über Larissa viel zur Ausfuhr.

Aus Italien, sowie von Marseille, werden auch viele mit Salz und Gewürz eingemachte unreife Oliven als italienische Waare nach dem nördlichen Europa versandt.

Kapern. Diese mit Essig oder auch nur mit Salz eingelegten unaufgeschlossenen Blüthenknospen des Kapernstrauchs liefert das südliche Frankreich und Spanien, Italien (Nizza und Apulien), Griechenland und vorzüglich die Inseln Cypern und Candia gut und in Menge; auch versendet Aegypten Kapern. Allgemein und denen von Cypern und Candia gleichgeschätzt sind besonders die französischen, die aus der Provence und Languedoc über Marseille, Toulon, Montpellier und Cette in mehrern Sorten von verschiedener Größe in den Handel kommen. Die kleinsten, hier nonpareilles genannt, sind, als die besten, fünf- bis sechsmal theurer als die großen.

Zucker. Nur noch auf einigen Punkten wird in Europa diese edle Pflanze, deren eigentliches Vaterland die heiße Zone ist, und zwar im äußersten Süden, auf Malta, Sicilien, (bei Melilli und Avola) und im südlichsten Spanien (bei Velez, Malaga, nicht weit östlich vom Hafen Malaga in Granada) angebaut und Rohrzucker gewonnen. — Ehedem gab es mehr Zuckerpflanzungen am Mittelmeer, sie sind aber durch das Emporkommen der großen amerikanischen Plantagen eingegangen. Nur der Pascha von Aegypten hat diese Cultur wieder aufgenommen und schon 1833 aus einer einzigen Siederei gegen 10,000 Centner Raffinade erhalten.

Kaffee. Noch weniger als das Zuckerrohr scheint der Kaffeebaum in Europa zu gedeihen; denn alle angestellten Versuche, denselben im Süden einheimisch zu machen, sind, mit Ausnahme einer kleinen Anpflanzung bei Cadix im südlichsten Spanien, die schon seit 1821 eine gute Ernte geben soll, bis jetzt fehlgeschlagen, und Kaffeesurrogate haben den echten Kaffee weder ersetzen, noch den Verbrauch desselben vermindern können.

Außer diesen südlichen Erzeugnissen Europa's haben noch folgende Werth für den Handel:

Wein. Der Weinbau wird am stärksten in Frankreich, im südwestlichen Deutschland, in Ungarn, Spanien und Portugal, weniger stark in Italien, Griechenland und der Türkei betrieben. Den meisten Wein bringt Frankreich in den Handel. — Die Haupt-Weinsorten Europa's sind:

In Frankreich: Champagner: (weiße: Sillery, Ay, Pierry; rothe: Bouzy, Verzy ꝛc. von Epernay, Rheims und Châlons sur Marne), Burgunder (rothe: Romanée, Chambertin, Clos-Vougeot, Volnay, Nuits, Beaune; weiße: Montrachet, Pouilly ꝛc. von Dijon und Châlons sur Saône), Bordeauxweine (rothe oder Medocs: Lafitte, Chateau Margaux, Latour, Leoville, Larose; weiße: Sauterne, Barsac, Preignac ꝛc. von Bordeaux), Rhoneweine (Hermitage, Côte rôtie, St. Peray und Strohwein), Languedocweine (neben den geringen rothen auch Muscatweine: Frontignan, Clairet, Lünel und Beziers), Roussillonweine (darunter auch der Muscatwein Rivesaltes), Orleansweine (von den Ufern der Loire; starke Versendung nach Paris), Elsasser Weine (Gebweiler, Molsheimer, Rufacher; auch Corsicaweine. — Unter Franzwein versteht man die geringen weißen Bayonner (Gascogner) und Bordeauxweine.

In Deutschland: Rheinweine, hauptsächlich aus dem Rheingau in Nassau und Rheinhessen (Johannisberger, Hochheimer, Rüdesheimer, Hattenheimer, Steinberger, Markobrunner, Geisenheimer, Asmannshäuser; ferner Laubenheimer, Niersteiner, Scharlachberger, Liebfrauenmilch ꝛc.; auch Markgräfler, Rauenthaler und Affenthaler in Baden), Hardt- oder Pfälzer-Weine, hauptsächlich in Rheinbayern (Forster, Deidesheimer, Ruppertsberger, Wachenheimer ꝛc.) Seit 20 bis 30 Jahren sind wesentliche Verbesserungen im Weinbau wie in der Weinbereitung hier eingetreten. In guten Jahren werden allein in der hessischen Pfalz über 20,000 Stück (à $7\frac{1}{2}$ rhein. Ohm oder 600 große Maas = 24 Millionen Flaschen) gewonnen. Davon kommen jedoch nur 800 bis 900 Stück auf die guten Lagen, namentlich die von Worms (Liebfrauenmilch und Luginsland), Dienheim, Blutsberg, Ingelheim, Heidesheim, Kostheim, Oppenheim, Gaubischofsheim ꝛc.; der Ueberrest fällt den mittelmäßig guten Lagen von Bodenheim, Nassenheim, Bosenheim, Hahnheim, Harxheim, Osthofen und Westhofen, Elsheim, Gauböckelheim, Guntersblum und Guntersheim, Alsheim, Horchheim, Bechtheim, Gaualgesheim, Ockenheim, ꝛc. (über 30,000 Morgen) zu. Ein Drittel des geherbsteten Weines wird im Lande selbst verbraucht, die beiden andern Drittel ausgeführt. Ein Stück Wein von den besten Lagen kommt auf 600—1000 fl. durchschnittlich zu stehen, vom geringeren Wein wird das Stück zu 80—200 fl. verkauft. Frankenweine, hauptsächlich im bayerischen Unterfranken (Würzburger mit dem Leisten- und Steinwein, Calmuth, Saalecker, Wertheimer, Rödelseer ꝛc.), Moselweine in Rheinpreußen (Brauneberger, Pisporter ꝛc.) und Neckarweine mit den See- und Tauberweinen in Württemberg und Baden (Besigheimer, Schalksteiner ꝛc.). Die Hauptstapelplätze für diese Weine sind Mainz, Coblenz, Frankfurt a. M. und

Würzburg. — Außerdem ist der Weinbau in Niederösterreich an der Donau, in Steyermark, Tyrol (Tertan, Meran im Botzener Kreise, hier der gute Hochhütter Wein, Tramin) und Illyrien ziemlich bedeutend, jedoch die Ausfuhr nur schwach. Auch Mähren um Brünn, Schlesien um Grüneberg, Böhmen um Leitmeritz, Aussig (Podskaler, Tschernoseker, Lobesitzer, Schreckensteiner) und Melnick und Sachsen um Meißen und Naumburg gewinnen geringe Weine. — Künstliche Champagner werden jetzt an vielen Orten, hauptsächlich in Würtemberg zu Eßlingen, Stuttgart, Heilbronn ꝛc., aber auch in Mainz, Hochheim, Coblenz, Frankfurt, Würzburg, Grüneberg in Schlesien, Lößnitz bei Dresden und anderwärts gemacht.

Schweizer Weine (600,000 Eimer jährlich), vorzüglich an den Ufern des Genfersees im Kanton Waadt; ferner bei Neufchatel (dem Burgunder ähnlich), am Bielersee um Bern, bei Zürich, Basel (Schweizerblut), in St. Gallen (Rheinthaler), in dem Bezirk Rheinthal, auch viel um Sargans ebendaselbst, und in Graubündten (bei Chur und Maienfeld). Der beste ist der Ryffwein (Vin de Vaud) zwischen Lausanne und Vevay im Waadtlande, dann der Vin de la Côte von den Ufern des Genfersees. Dann an den Ufern des Tessin bei Bellinzona und Locarno in der italienischen Schweiz.

In Ungarn: Tokayer, Tarczal, Menescher, Ruster, Schiracker, Oedenburger, Carlowitzer, Ofener, Erlauer, Schomlauer, Neßmühler ꝛc., wovon starke Ausfuhr nach Mähren, Böhmen, Schlesien, Polen und Preußen stattfindet. — Künstlicher Champagner wird in Preßburg bereitet.

In Dalmatien: Ausfuhr 200,000 Eimer, $1/_6$ der Produktion geht meist nach Triest und Kroatien.

In Spanien: Xeres-, Tinto-, Malaga-, Alicante-, Valdepenas- und Benicarlowein (in Valencia).

In Portugal: Portweine roth und weiß aus der Gegend von Oporto oder Porto und Setubal. Außerdem auch Weinausfuhr von den Azoreninseln St. Miguel, Terceira ꝛc.

In Italien: Marsala und Syracusanerweine von Sicilien; Vino greco und Lacrymä Christi vom Vesuv in Neapel, Albano und Montefiascone im Kirchenstaat und Aleatico und Pulciano in Toscana.

In Griechenland: Malvasierwein von Malvasia und Misitra auf Morea und von der Insel Santorin, Muscatwein von der Insel Tine oder Tenos.

In der Türkei: Wein in Fülle in den Fürstenthümern Moldau und Wallachei (5—6 Mill. Eimer) und starke Versendung nach Polen und Rußland; ebenso köstliche Sorten von der Insel Candia oder Kirid, und berühmt ist der Chier-, Cyper- und Samoswein von den gleichnamigen, aber schon zu Asien gehörenden Inseln.

Sectweine. Darunter versteht man die aus den reifsten, am Stock und auf Matten abgetrockneten Trauben bereiteten Weine, oder auch die abgelagerten fetten und süßen spanischen, canarischen, ungarischen, griechischen und südfranzösischen Liqueurweine. Die Sectweine werden auch wohl Strohweine genannt, wenn man die Trauben dazu längere Zeit, ja den ganzen Winter hindurch auf Strohlagern abwelken ließ.

Ueber See erhält Europa Maderawein von der portugiesischen Insel Madeira an der Nordwestküste Afrika's; Canariensect und viel unächten Maderawein von mehrern den Spaniern gehörenden canarischen Inseln, besonders von Palma und Teneriffa; Cap Constantiawein vom englischen Capland oder Vorgebirg der guten Hoffnung an der Südspitze Afrika's und Palmsect aus Ostindien.

Große Quantitäten junger und geringer Weine, sowie die Weintrestern und Weinhefen, werden in Weinländern, besonders in Frankreich, auch zur Bereitung des echten Branntweins, im Handel Franzbranntwein oder Cognac genannt, sowie zu Weinessig benutzt, welche Flüssigkeiten hauptsächlich aus Frankreich über Bordeaux und Cette stark in den Handel kommen.

Absynth (Extrait d'Absynthe), von welchen die Neufschateller allein 200,000 Flaschen machen.

Süßholz. Dieses wächst im südlichen Europa wild, und liefert Spanien, Sicilien, Neapel und Frankreich das beste; doch wird dasselbe auch häufig im südlichen Deutschland, und zwar in der Pfalz, in Franken (um Bamberg), in Mähren und Böhmen; ferner in Ungarn, im südlichen Rußland, auf der Insel Candia, wie auch in England angebaut. — Den besten daraus bereiteten Lackritzensaft liefert Spanien, daher auch spanischer Saft genannt, aus Aragonien, Catalonien und Valencia, nächstdem Calabrien in Neapel, der dem geringern aus den Abruzzen ebendaselbst, sowie dem sicilischen vorgezogen wird. Auch im Bambergischen bereitet man eine geringe Sorte. — England consumirt viel Lakritzensaft zur Versüßung des Bieres.

Kork oder Pantoffelholz. Diese leichte schwammige Rinde der Korkeiche liefert am meisten und besten das östliche Spanien (Catalonien und Valencia), das südliche Portugal (Algarbien), das südliche Frankreich am Fuße der Pyrenäen, die Inseln Sardinien und Corsica und Italien. Außerdem liefert Afrika viel aus der Berberei in den Handel.

Korkschneidereien gibt es viele in Catalonien, wo sie den Hauptnahrungszweig der Bewohner mehrerer Küstenorte bilden; ferner in Frankreich zu Cette, Montpellier, Oléron und Bordeaux; auch in Holland, Hamburg, Bremen u. a. O., wo zugleich der Handel mit Kork am bedeutendsten ist. — Die Abfälle der Korkrinde geben, geglüht, eine schwarze Malerfarbe (Spanischschwarz).

Webercarden (Carden). Diese in vielen Gegenden Südeuropa's wachsenden Distelköpfe, unentbehrlich für die Tuchbereiter, Weber &c. zum Rauhen und Auflockern des Tuches, Barchents &c., sind ein nicht ganz unwichtiger Handelsartikel, und werden daher in mehreren Ländern, in Frankreich in der Provence, Avignon, Normandie und Gegend von Orleans, in Italien bei Bologna, in Holland auf der Insel Tholen und bei Brielle und Tilborg, in England in der Grafschaft Essex, in Galizien bei Biala und in Deutschland bei Meißen und Lommatzsch in Sachsen, sowie bei Halle, Nürnberg, Erlangen, Bamberg, auch am Rhein und in Mähren für den Handel angebaut.

Seegras (Seetang, Fucus). Dieses wird seit einiger Zeit wegen seiner Dauerhaftigkeit und Elasticität häufig und mit Vortheil als Ersatzmittel der Roßhaare zum Füllen von Matrazen, Polstern, Kissen &c. verwendet, und versenden die Seestädte a. d. Nord- und Ostsee (Hamburg, Lübeck, Kopenhagen, Stettin Hauptbezugsorte) sowie am adriatischen Meer dasselbe jetzt in Menge in den Handel. Auch England erhält viel von seinen nördlichen Inseln.

Buchsbaumholz. Der hochstämmige Buchsbaum gedeiht am besten in der Levante, aber auch in Südeuropa, und zwar in Spanien, Frankreich (im Jura), Piemont und auf Corsica. Er liefert das schwerste und härteste unter allen europäischen Hölzern, das bei seinem feinen und festen Fasengewebe sich gut poliren und daher zu Fourniren und künstlicher Arbeit, zu Blasinstrumenten, sowie zu allerlei Kammmacher- und Drechslerarbeit, am meisten in Frankreich benutzt wird. Das meiste, schönste und festeste versendet Smyrna; es ist schön gelb, das spanische und französische dagegen blässer und mit bläulichen Adern durchzogen. — Die feinsten Säge- und Raspelspäne von diesem Holze verkauft man in Nürnberg u. a. O. als Streusand, der die Schrift schnell trocknet.

Bauholz. Die Forstcultur wird jetzt in mehreren Ländern mit mehr Sorgfalt als bisher betrieben, und vor allen zeichnet sich Deutschland durch bessere Bewirthschaftung seiner Waldungen aus; allein das meiste Holz, namentlich Schiffsbauholz, liefern doch noch immer die Länder, wo das Forstwesen bisher nur wenig beachtet wurde, nämlich Rußland, Polen, Schweden und Norwegen, obschon auch Deutschland aus seinen vielen noch immer ergiebigen Forsten des Schwarzwaldes, des Spessarts, des Thüringer- und Sollingerwaldes, sowie des Harz-, Fichtel- und Erzgebirges, namentlich den Neckar, Main und Rhein, sowie die Werra, Weser, Saale, Elbe hinunter fortwährend bedeutende Massen Holz aller Art verflößt. Starke Holzausfuhr nach dem Süden treiben übrigens im nördlichen Europa die Häfen Archangel, Drontheim, Bergen, Christiania, Gothenburg,

Petersburg und Riga, aber auch Memel, Königsberg, Elbing, Danzig und Stettin, welche letztere Plätze große Niederlagen von Holz aus den polnischen und russischen Waldungen halten. Im südlichen Europa treiben hauptsächlich die russischen Häfen Odessa und Cherson am schwarzen Meer dieses Geschäft.

Sehr viel Holz führt auch Nordamerika und gute Möbel- und Farbhölzer Westindien, Mexico und Südamerika aus.

Von Waldprodukten verdienen übrigens noch folgende als Handelsgegenstände genannt zu werden.

Theer. Er wird aus harzigem Holze, am meisten und besten in Rußland, Schweden, Norwegen und Frankreich in den Heiden zwischen Bayonne und Bordeaux, in Deutschland im Thüringer- und Schwarzwald zur Ausfuhr bereitet.

Außerhalb Europa bringen die Vereinigten Staaten von Nordamerika über 100,000 Tonnen in den Handel. — Steinkohlentheer, s. unter Steinkohlen.

Kienöl erhält man aus dem Theer durch Destillation.

Pech. Man bereitet dasselbe in Menge aus Harz in den eben genannten Ländern, in Deutschland hauptsächlich im sächsischen Voigtlande um Auerbach, im Erzgebirge um Schwarzenberg, im Thüringerwald um Ilmenau, im Baireuthschen, in Böhmen, Tyrol, Steyermark und Niederösterreich; auch versendet Spanien aus Arragonien und Catalonien welches.

Außerhalb Europa versenden ebenfalls die Vereinigten Staaten von Nordamerika viel geschätztes gelbes Pech, besonders von Baltimore im Freistaat Maryland, nach England u. a. Ländern.

Kienruß. Er wird in denselben Ländern aus Kienbränden und hauptsächlich durch Verbrennen der Rückstände der Pech- und Theerbereitung gewonnen, und liefert Deutschland den meisten, und zwar aus dem Schwarzwald in Baden und Württemberg, aus dem Thüringerwald (jährlich einige Mill. Büttchen), dem sächsischen Voigtland und Erzgebirg und aus dem Riesengebirg in Schlesien. Venedig bereitet den meisten für Oberitalien. In der neuesten Zeit macht man auch Steinkohlenruß aus Steinkohlenstaub.

Feuerschwamm, Zündschwamm. Hauptgewinnungspunkte dieses aus Baumpilzen bereiteten Brennmaterials sind, neben Ungarn, Polen, Schweden und dem Elsaß (bei Straßburg), in Deutschland namentlich in der Umgegend von Ulm, Nürnberg, Augsburg, Frankfurt und Marburg (Kurhessen). Oesterreich versorgt Italien damit, Ungarn und Polen viele deutsche Märkte, Deutschland die französischen, holländischen und englischen Märkte, Schweden die Ostseehäfen.

Terpentin. Ein sehr wichtiges Harz mehrerer Nadelholzbäume und einer Art Pistazie, das man seiner ätherisch-öligen Beschaffenheit wegen zum Theil zu den Balsamen zählen kann.

Sorten: 1) deutscher aus dem nördlichen und mittlern Europa; 2) Straßburger aus den Vogesen, der Schweiz und Savoyen; 3) französischer aus Südwestfrankreich; 4) venetianischer vom Lärchenbaum in Oberitalien, der Schweiz und besonders auch in Tyrol, woher jetzt Deutschland viel bezieht; 5) ungarischer oder karpathischer; 6) syrischer oder cyprischer, oder Terpentin von Chios, der feinste und echte, von der Terpentin-Pistazie in Südosteuropa, Vorderasien bis Persien und auf der Nordküste von Afrika; 7) amerikanischer aus den Vereinigten Staaten, namentlich von Boston; 8) canadischer T. oder Balsam von der Balsamtanne im britischen Canada und im Freistaat Virginien. — Der auswärtige Handel mit Terpentin ist unbedeutend, da fast jedes Land seine eigenen Terpentinbäume hat. Nur England hat Mangel, daher starke Einfuhr, und zwar meist aus den Vereinigten Staaten von Nordamerika (jährlich über 300,000 Ctr.), da es große Quantitäten zur Bereitung der Harzseife braucht. Außerdem wird der Terpentin zur Darstellung des Terpentinöls, zu Firnissen, wie auch zur Auflösung des Kautschuk stark verbraucht. Geschätzt ist das französische Terpentinöl von Bordeaux und Bayonne, weniger gut das thüringische und holländische. Die geringere aus dem Harz der gewöhnlichen Fichten und Kiefern gewonnene Sorte wird Kienöl genannt, und der Rückstand des gemeinen Fichtenharzes bei Bereitung des Kienöls gibt das sogenannte Kolophonium oder Geigenharz.

Potasche. Dieses bekannte aus der Asche verschiedener in Gruben oder Oefen verbrannter Pflanzen und Hölzer durch Auslaugen und Abdampfen, sonst in eisernen Töpfen (pots, daher der Name Potasche), jetzt in besondern Oefen in den sogenannten Potaschensiedereien gewonnene Laugensalz oder Pflanzenalkali, das wegen seiner starken Anwendung in den Schmelzhütten und Blaufarbenwerken, in den Seifen- und Salpetersiedereien, in den Glas-, Porcellan-, Steingut-, Fayence-, Farben- und andern chemischen Fabriken, in den Färbereien und Zeugdruckereien, besonders aber auch zum Bleichen und Beizen sowie überhaupt in vielen Manufakturen, Gewerben und Künsten, auch in der Pharmacie einen wichtigen Handelsartikel bildet, liefert vorzüglich gut Rußland (jährlich über 300,000 Ctr.) von Riga, Petersburg, Archangel und Kasan, dann aber auch Polen von Warschau und Krakau, West- und Ostpreußen (Danziger und Königsberger bekannt und berühmt), Ungarn (über 150,000 Centner, wovon über 50,000 Centner allein nach Sachsen und Bayern gehen), Mähren, Böhmen, der Harz (Goslar), Thüringen und fast alle holzreiche Gebirgsgegenden, ebenso auch Schweden und Norwegen und Toscana. — In Frankreich bereitet man viel Weinhefen- oder Drusenasche, in den Rheingegenden Waidasche, aber nicht genug zum eigenen Gebrauch, daher Einfuhr großer Quantitäten aus Rußland und Nordamerika.

In der neuesten Zeit bringt auch Nordarmerika (das britische Canada und die Vereinigten Staaten, besonders Neuyork und Boston) viel Potasche in den Handel, wovon große Quantitäten nach England gehen.

Soda. Ebenfalls ein Laugensalz, das aus vielen am Meeresufer wachsenden Salzpflanzen, besonders in Spanien, Portugal, Frankreich, Italien und Rußland, auf dieselbe Weise wie die Potasche gezogen, oder auch direct aus dem See-, Stein-, Koch- und andern Salzen gewonnen (künstliche Soda) und wie die Potasche verwendet wird. Die meiste und beste Soda kommt unter dem Namen Barilla aus Spanien, wo Alicante, Malaga, Cartagena, wie auch Murcia und Valencia einen ausgebreiteten Handel damit treiben. Ebenso bereitet man Soda in Frankreich zu Narbonne in Languedoc, auf Sicilien (Catania, Marsala, Trapani), bei Debreczin in Ungarn und bei Astrachan am caspischen Meer. — Eine ganz geringe, d. h. nur wenig kohlensaures Natron enthaltende Sorte wird in Frankreich (Normandie) und England aus Seegras oder verschiedenen Tangarten (fucus) bereitet und unter den Namen Barec-Soda und Kelp in den Handel gebracht.

Natürliche Soda, die im Handel vorzüglich geschätzt wird, liefert Aegypten, Persien, Ostindien, China, Sibirien, auch Ungarn und Island, wo sie theils auf der Oberfläche der Erde auswittert, theils auf ausgetrockneten Sümpfen (Natronseen), aber auch bei uns in vielen Mineralwässern (Karlsbad, Bilin) aufgelöst sowie in Mineralien gefunden wird.

Außerhalb Europa bereitet man in Syrien, Aegypten, am Cap der guten Hoffnung und neuerdings auch in Surinam und Australien Soda aus Salicornien oder Salzpflanzen.

Mineralreich.

Der Bergbau wird in Deutschland, Ungarn, England und Schweden musterhaft, in der neuesten Zeit aber auch in Frankreich, Belgien, Rußland und Spanien gut betrieben, und es hat die Ausbeutung der Minen in diesen und mehreren andern Staaten seit dem Anfange unsers Jahrhunderts, und namentlich seit Anwendung der Dampfmaschinen zur Gewinnung der Mineralien, sich außerordentlich erweitert.

Gold. Das meiste Gold gewinnt gegenwärtig Rußland am Ural im Gouv. Perm (jährlich bis 500 Pud à 40 Pfd.), nächstdem ist in Oesterreich, und zwar in Siebenbürgen (jährlich über 3000 Mark) und Ungarn (Kremnitz und Schemnitz, 2000 Mark), der Bergbau auf dieses Metall am wichtigsten, und findet sich sonst nur in Deutschland (Salzburg) ein wenig Gold.

Die größern Massen Gold werden in den übrigen Erdtheilen,

besonders in Südamerika (Brasilien, Peru) zu Tage gefördert und in Afrika und Asien viel Goldstaub oder Goldsand gefunden.

Platin. Dieses weiße Gold, das seit 100 Jahren (1736) zuerst in den Goldgruben von Neugranada in Südamerika und dann auch in Peru und Brasilien gefunden wurde, liefert seit etwa 20 Jahren auch der Ural in Rußland in Menge (jährlich gegen 200 Pud), und es wurden hier seit 1828 auch Münzen daraus geschlagen.[1]

Silber. Von diesem edlen Metall findet sich in Europa mehr, jedoch auch nur in wenigen Staaten viel vor, das meiste in Oesterreich (an 100,000 Mark), und zwar in Ungarn (über 60,000 Mark), Böhmen (über 20,000 M.), Siebenbürgen (gegen 5000 M.), nächstdem in Deutschland, wo Sachsen (jährlich zwischen 60 bis 70,000 M.), Oberschlesien (1500 M.), Hannover (50,000 M.) und Preußen (25,000 M.), die größte Ausbeute haben; ferner in Norwegen (Kongsberg gegen 30,000 M.), England (20,000 M.), Spanien (21,500 M.), und Rußland gewinnt allerdings über 1200 Pud oder gegen 100,000 Mark, allein weniger im Ural, sondern meist aus seinen sibirischen Bergwerken im Altai oder in dem mit diesem zusammenhängenden sajanischen, nertschinskischen und daurischen Erzgebirge, auch etwas in Polen.

Quecksilber. Spanien zu Almaden in der Sierra Morena in Neucastilien (über 20,000 Ctr.) und Illyrien zu Idria in Krain (bis zu 4000 Ctr.) haben das meiste nicht nur in Europa, sondern auf der ganzen Erde; ferner Toscana und Spezzia, einige Stunden von Carrara; nächstdem liefert in Deutschland noch Böhmen (Beraun, Horzowicz) und die bayerische Rheinpfalz (Wolfstein) im Fürstenthum Zweibrücken etwas.

Viel Quecksilber wird außerdem aus Ostindien, China und Japan, weniger aus Peru in Südamerika und dem Departement Chalisco (Meriko) bezogen.

Zinnober. Diese bekannte rothe Malerfarbe, die aus der Verbindung des Quecksilbers und Schwefels entsteht, liefern natürlich oder gediegen (Bergzinnober) am meisten die eben genannten Länder, aber auch Ungarn und Siebenbürgen viel. Der künstliche wird durch Verbindung von Schwefel und Quecksilber in eigenen Zinnoberfabriken, besonders gut in Holland (Amsterdam) bereitet. Die feinste, zum Malen bestimmte Sorte heißt Vermillon. Man benutzt den Zinnober außer der Malerei auch zum Färben des Siegellacks.

[1] Der Ural, der bis 1814 seine Berühmtheit nur den in ihm befindlichen großen Eisen- und Kupfermassen verdankte, muß jetzt zu den reichsten Metallregionen gezählt werden. Neben der Menge Gold und Platina werden seit Kurzem auch schöne Diamanten hier gefunden, deren Auffinden man den scharfsinnigen Beobachtungen und Untersuchungen des berühmten Reisenden und Naturforschers Freiherrn v. Humboldt verdankt.

Zinn. Das meiste und beste in Europa hat England in der Grafschaft Cornwall (Cornwallzinn), und zwar über 80,000 Centner jährlich; daher denn auch dieses Land als der Hauptmarkt für dasselbe zu betrachten ist. Nächst England liefert in Deutschland das Erzgebirg oder Sachsen (Zinnwald), Altenberga ꝛc. 2000 Centner) und Böhmen (Böhm. Zinnwald, Graupen ꝛc. 1000 Centner) das meiste.

Das meiste und beste auf der Erde kommt von Banca und Malacca in Ostindien nach Europa.

Zink. Dieses dem Zinn ähnliche und häufig wie dieses gebrauchte Metall gewinnt man in England (Fürstenthum Wales und Birmingham), Belgien, Namur und Lüttich), Krakau (über 60,000 Centner), Polen, am meisten aber in Deutschland, vor allem in Oberschlesien [1] (Tarnowitz, ½ Millionen Centner), Rheinpreußen (Stollberg bei Aachen), auch in Westphalen (Iserlohn), am Harz sowie in Kärnthen (Raibl) und Tyrol.

Der unter dem Namen Galmei bekannte Zinkkalk wird in Verbindung mit Kupfer höchst nützlich zur Bereitung von Messing, Bronze, Tomback, Semilor, Prinzmetall u. a. Scheingold zu unechten Galanteriewaaren verwendet; daher auch in den genannten Ländern die meisten Messingwerke sich finden.

Ostindischer Zink aus Bengalen, Malacca und aus China wird, ebenso wie das ostindische Zinn, in Europa in Menge verbraucht.

Blei. Dieses findet sich überall in Menge, und hat Spanien in der Sierra Nevada oder den Alpurarras in Granada die reichsten Bleibergwerke in der Welt (1 Million Centner), nächstdem England beinahe ebensoviel, auch Belgien (Namur) und Ungarn, und Deutschland, das Ueberfluß daran hat, vorzüglich in Kärnthen (Villach, über 60,000 Centner), Steyermark (Grätz und Feistritz), am Harz (Goslarblei), in Oberschlesien (Tarnowitz und Beuthen), in Böhmen, Sachsen und im Rgsbz. Trier (Saarlouis).

Kupfer. Das meiste liefert England (Cornwall und Wales an 300,000 Centner), nächstdem Rußland im Ural (250,000 Pud), Ungarn (Schmölnitz, [Zipser Gesp.], Rosenau, Dobschau 50,000 Centner), Schweden (Falun in Dalekarlien), Norwegen (Drontheimer von Röraas), Belgien (Lüttich) und Deutschland fast überall, namentlich Preußen im Mansfeldischen (Sangerhausen), Sachsen (Grünthal bei Zöplitz), Tyrol (Insbruck und Schwatz), Steyermark (Feistritz, Cilli), Kärnthen (Klagenfurt), und der Harz (Goslar). — Außerhalb

[1] Der Galmeibergbau (die Gewinnung der Zinkerze) in seiner gegenwärtigen Größe und Ausdehnung ist vorzüglich ein Ergebniß der letzten zehn Jahre. Seit 14 Jahren sind überhaupt 13½ Mill. Centner Galmei gefördert und allein von diesem Bergbau 3 Mill. Rthlr. Ausbeute erlangt worden.

Europa hat Marocco in der Berberei sowie Natolien (Tokatkupfer) und Armenien (Erzerum) viel gutes Kupfer, auch China, ferner Chile (Coquimbo), die Vereinigten Staaten (Connecticut) Wisconsin), Cuba, das feinste aber auf der Erde das Reich Japan.

Messing und Bronze, oder das Material zu vielen Gelbgießerwaaren, gibt die Legirung von Kupfer und Zink oder Zinn.

Grünspan, den man ganz einfach mittelst gährender Weintrestern aus erwärmten Kupferplatten zieht, liefert am meisten das südliche Frankreich um Montpellier, Cette und Grenoble in den Handel.

Eisen. Das beste hat Schweden (Dannemora 1½ Millionen Centner), das meiste England (31 Millionen Centner), nächstdem viel Rußland (20 Millionen Pud), Frankreich (6 Millionen Centner), Belgien (3 Millionen Centner) und in Deutschland (6 Millionen Centner), Preußen (3 Millionen Centner) am Rhein, in Westphalen, Oberschlesien ꝛc.; Oesterreich (2 Millionen Centner) in Steyermark, Kärnthen, Ungarn, Böhmen und der Lombardei; sowie Bayern, Sachsen, Hannover, Württemberg und Nassau.

Kobalt. Den besten hat Sachsen (Schneeberg), den meisten Schweden (Tunaberg), weniger Schlesien (Tarnowitz), Böhmen (Joachimsthal), Kurhessen (Hanau, Schwarzenfels) und Schwarzburg-Rudolstadt (Grunau). — Man bereitet aus diesem Erz eine geschätzte blaue Farbe, Schmalte genannt, welche die sächsischen Blaufarbenwerke bei Schneeberg, Bockau ꝛc. am vorzüglichsten liefern und als Sächsischblau nach allen Ländern der Erde versenden. Schmaltefabriken befinden sich in Württemberg zu Alpirsbach und Schramberg.

Braunstein. Dieses sauerstoffhaltige Manganerz, das man in der neuesten Zeit so nützlich zur Bereitung von Chlor und Chlorkalk (zum Schnellbleichen ꝛc.), aber auch zu Schmelzfarben und zur Entfärbung des Glases verwendet, liefert echt der Thüringerwald um Ilmenau und zwar bei Elgersburg und Friedrichsroda im Gothaischen und bei Ehrenstock im Sondershäusischen, für welchen Ilmenau die Hauptniederlage und Versendung hat; nächstdem liefert der Harz (Ilfeld und Hildesheim in Hannover), das sächsische Erzgebirg (Schneeberg und Johanngeorgenstadt), auch Frankreich Braunstein in den Handel.

Reißblei oder Graphit. Das meiste und reinste hat England in Cumberland (im Borrowdale bei Keswick), und werden daraus hier und in London die berühmten aber auch theuern englischen Bleistifte gemacht. Außerdem gewinnt Böhmen bei Stuben unweit Krumau im Budweiser Kreis, und besonders auch Bayern viel bei Passau, wo auch die bekannten Passauer Schmelztiegel daraus gemacht werden.

Kreide. Damit versorgt das südliche England (Kent),

Frankreich (Champagne) und besonders auch die dänische Insel Moen, im Südosten von Seeland, Flensburg und die pommerische Insel Rügen einen großen Theil von Europa.

Alabaster. Viel liefert Italien, und zwar der Kirchenstaat (Montania), Toscana (Volterra) und Genua (Sestri), aber auch der Montmartre bei Paris, sowie Tyrol (Gröden), die Schweiz, Mittelfranken (Windsheim und Uffenheim) und Thüringen (bei Nordhausen, Erfurt, Weißenfels und Naumburg).

Bergkrystall. Den schönsten findet man in der Schweiz (Berner Oberland), besonders am Grimsel, aber auch in Tyrol, Salzburg, Savoyen, in der Dauphiné in Frankreich, sowie in Böhmen und Ungarn (Marmaros, Marmaroscher oder ungarische Diamanten). Die reinen Stücke werden zu Schmuck- und Kunstsachen, der geringe zur Bereitung von Glasflüssen oder unechten Edelsteinen sowie zu Krystallglas benutzt, woraus man jetzt in Böhmen, England, Frankreich 2c. eine Menge Luxusartikel zu billigen Preisen liefert. — Die reinsten geschliffenen Bergkrystalle werden im Handel böhmische oder occidentalische Diamanten genannt.

Außerhalb Europa liefern die Insel Ceylon, Sumatra und Madagascar sowie Sibirien viel Bergkrystall.

Edelsteine oder Juwelen. Daran ist Europa arm und nur Sachsen, Böhmen, Schlesien, Salzburg und Ungarn liefern einige geringere; doch hat man in der neuesten Zeit gute Diamanten im Ural gefunden.

Die meisten und schönsten Edelsteine liefert die heiße Zone, besonders Ostindien (Ceylon, Borneo, Sumatra, Pegu), und in Amerika, Brasilien und Peru, auch in Mexiko, in der Gegend von Acapulco.

Serpentinstein. Dieser Talkstein findet sich hauptsächlich in Sachsen bei Zöplitz, wo er auch ganz allein schon seit länger als 200 Jahren von einer eignen Drechslerinnung zu Dosen, Schalen, Schreibzeugen und vielen andern Geräthschaften verarbeitet wird.

Marmor. Er findet sich in fast allen Gebirgsgegenden, doch hat den besten sowie die meiste Verarbeitung in demselben und die stärkste Versendung Italien im Herzogthum Modena zu Carrara und Massa, sowie im Toscanischen, ferner die griechische Insel Paros (blendend weißen), die türkische Insel Marmora im Marmorameer, Frankreich im Süden und im Norden in den Pyrenäen und Ardennen; ebenso Belgien in seinen südlichen Bergprovinzen, England in Derby und auf der Insel Anglesea, und in Deutschland Salzburg den besten.

Steindruckplatten oder Lithographiesteine. Die besten hat Bayern zu Solnhofen a. d. Altmühl in Niederbayern unweit Kelheim, und sie werden weit und breit versandt, da ähnliche Kalksteine anderer Länder, wie die von Chateauroux,

Departement Indre u. a. O. in Frankreich, die Solnhofer an Güte bei weitem nicht erreichen.

Mühlsteine. Die vorzüglichsten von allen (vulkanisches Produkt) sind die rheinischen von Andernach am Rhein (Rgsbz. Coblenz), welche daher auch von hier sowie von Coblenz, Mainz und Köln, wo Niederlagen davon sich finden, auf dem Rheine weit und breit versandt werden und besonders stark nach Holland, England, Schweden, Rußland und Amerika und in der neuesten Zeit auch nach dem innern Deutschland gehen. Nächst diesen schätzt man in Deutschland die böhmischen, die Solinger aus Braunschweig, die Crawinkler aus dem Gothaischen (bei Ohrdruf), die Rothenburger vom Kyffhäuser in Schwarzburg-Rudolstadt, weniger die Rochlitzer und Pirnaischen aus Sachsen. In Frankreich sind die Mühlsteinbrüche bei Montmirail in der Champagne, Departement Marne, und bei Alençon in der Normandie, Departement Orne, berühmt und haben Versendung nach England.

Bimstein. Dieser leichte schwammige Stein, der in Künsten und Gewerben zum Abreiben und Poliren gebraucht wird, ist wie der Tuffstein ein vulkanisches Produkt und findet sich am meisten auf den liparischen Inseln zwischen Neapel und Sicilien, auch in Italien, auf Morea, im Archipel und bei Andernach am Rhein.

Puzzolanerde oder Puzzolane. Dieser vulkanische Sand, der mit Kalk vermischt den besten Mörtel oder harten Wasserkitt (Cement) für den Wasserbau gibt, findet sich häufig in Italien, der beste bei Puzzuoli und Neapel am Vesuv; der beste römische bei Frascati. — Gleiche Eigenschaft hat der Traß oder Tuffstein, welcher von vorzüglicher Güte bei Köln und Andernach in Rheinpreußen bricht und wie die Puzzolane noch immer stark, namentlich nach Holland, versendet wird, wo viel zu den dortigen immerwährenden Wasserbauten verwendet wird. — Man hat in der neuesten Zeit in England und Frankreich auch künstliche Puzzolanen aus Kalkstein bereiten gelernt, die, wie vielfache Versuche erwiesen haben, dieselben Dienste leisten wie die natürlichen.

Erdharze. So nennt man einige theils flüssige, theils feste entzündliche Mineralien, die durch die Destillation flüssige Oele geben. Sie sind durchs ganze Mineralreich verbreitet und finden sich theils ungemischt für sich allein, wie das Berg- oder Steinöl, auch Bergnaphtha genannt, das bei Miano (Amiana) in Parma, Modena, bei Piacenza und auf Sicilien, weit mehr aber bei Baku auf der Halbinsel Abscheron in der russisch-kaukasischen Provinz Schirwan am caspischen Meer, in mehr als 100 Quellen zu Tage tritt, oder als Erdpech oder Bergtheer, auch Bitumen und Asphalt genannt, wie auf der jonischen Insel Zante, in Albanien, Dalmatien und Galizien, in Frankreich im Niederelsaß uud in der Auvergne, besonders aber in Aegypten, Syrien (auf dem todten Meer in Judäa schwimmend), in Persien, Nordamerika (Kentucky und Ohio) und in Westindien (Trinidad); theils und meist mit fremden Körpern, welche sie durchdrungen, verbunden, wie der Gagat, in England, Cannelkohle genannt, die sich wie der Bernstein schleifen und poliren läßt und daher wie dieser zu allerhand Kunst- und Galanteriesachen besonders in Frankreich und England verarbeitet wird; ferner die Stein- und Braunkohle, das bituminöse Holz, der Torf ꝛc.

Steinkohlen. Dieses wichtige Brennmaterial, dessen Verbrauch bei dem großen Bedarf für die immer allgemeiner werdenden Dampfmaschinen, sowie zur Gasbereitung, mit jedem Jahre höher steigt, besitzt Europa in mehreren Ländern in großer Menge, und zwar vor allen England in unerschöpflichen Lagern, aus welchen schon jetzt jährlich über 500 Millionen Centner zu Tage gefördert werden (Hauptplätze Newcastle in Northumberland und Whitehaven in Cumberland); ferner Belgien um Charleroi, Mons, Namur und Lüttich (60 Millionen Centner), Frankreich um Lille, St. Etienne und Lyon (50 Millionen Centner), Preußen in Oberschlesien, Westphalen und am Rhein (60 Millionen Centner), Oesterreich hauptsächlich in Böhmen, Mähren und Steyermark (5 Millionen Centner), Sachsen bei Zwickau am Fuße des Erzgebirges und bei Dresden im Plauenschen Grunde (4 Millionen Centner), Hilbersdorf bei Chemnitz, Meiningen, großes Steinkohlenflötz in der Nähe von Buch im Amte Sonneberg an der bayerischen Grenze, durch Bohrversuche (1047 Fuß tief), durch Mayer in Hildburghausen aufgefunden, Bayern im Böhmerwald in Oberfranken und in der Rheinpfalz (noch nicht 1 Million Centner), Hannover im Deister und Süntel (über ½ Millionen Centner), Baden (Mittelrheinkreis), zu Zunsweiler Steinkohlenwerke, Württemberg bei Heidenheim im Jartkreise, weniger Braunschweig, Kurhessen, Schweden und Polen.

Coaks oder Coks nennt man die jetzt in besonderen Oefen ausgeglühten und entschwefelten Steinkohlen, die in diesem Zustande zum Gebrauch auf Hüttenwerken und für viele Metallarbeiter als Feuermaterial weit geschickter sind.

Steinkohlentheer wird bei Bereitung der Coks, besonders aber in Gaslichtanstalten gewonnen und viel von England in den Handel gebracht. — Man bereitet jetzt auch Steinkohlenruß.

Bernstein. Dieses bekannte Fossil (ohne Zweifel erhärtetes Baumharz), das sich schleifen und poliren läßt, und daher, wie die Koralle, zu vielen Kunst- und Galanterieartikeln verarbeitet und im Orient wie bei uns die Edelsteine geschätzt wird, findet sich am meisten in Ostpreußen (Lappöhnen) und Pommern an den Küsten der Ostsee, wo er bei Stürmen losgewaschen und an den Strand getrieben wird. Königsberg hat den Haupthandel damit, auch wird derselbe hier am stärksten und nächstdem zu Stolpe in Pommern von zunftmäßigen Bernsteindrechslern verarbeitet. Auch in Neurußland am Dnjepr bei Borislaw. Im südlichen Europa liefert Sicilien bei Catania viel, weniger Spanien bei Oviedo in Asturien.

Außerhalb Europa soll der meiste auf der afrikanischen Insel Madagascar vorkommen.

Schwefel. Reiner oder gediegener findet sich häufig bei Vulkanen, und hat besonders Sicilien, das jährlich mit 1 Million Centner die ganze Welt versorgen kann, aber auch Neapel und das übrige Italien (römischer, toscanischer) daran Ueberfluß; ferner liefert die Insel Island, auch Ungarn, Kroatien (Krapina) und Deutschland; allein sehr viel gewinnt man auch auf künstlichem Wege aus Schwefelkiesen und als Nebenprodukt beim Rösten der schwefelhaltigen Erze; besonders in Schweden, am Harz (Goslar) und im Erzgebirge in Sachsen und Böhmen.

Arsenik. Auch dieser wird, wie der Schwefel, theils gediegen, vorzüglich in Sachsen, Böhmen, Schlesien und am Harz, wie auch in Norwegen, Ungarn, Bosnien und Serbien, theils und meist aber in den sogenannten Gifthütten aus Arsenikkies und verschiedenen Erzen gewonnen. Den meisten, jährlich über 3000 Centner, liefert Reichenstein in Schlesien, nächstdem Geier und Baierfeld im sächsischen Erzgebirge und Goslar am Harze.

Vitriol. Dieser wird meist und fast in allen Ländern künstlich in Vitriolsiedereien aus Salzen und Schwefelkiesen gewonnen, da er nur in wenigen Gegenden ungebunden und rein in der Natur, und für den häufigen Gebrauch in den Manufakturen, Fabriken und vielen Gewerben bei weitem nicht hinreichend vorkommt. Den meisten liefert England (Bristol), nächstdem Böhmen (Kommotau, Prag), Preußen (über 40,000 Centner Eisenvitriol aus Schlesien (Rohnau) und vom Rhein und 7—8000 Centner Kupfervitriol, allein aus dem Bezirke Mannsfeld 3000 Centner), Hannover (Goslar) und Braunschweig; aber auch Frankreich, Schweden und Rußland.

Salpeter. Dieses wichtige Mineral, das man allein schon zur Bereitung des Schießpulvers in großer Menge bedarf, liefert in natürlichem Zustande Portugal zu Alcantara bei Lissabon, Spanien, Frankreich und Unteritalien, besonders aber Schweden, Ungarn, Polen und Rußland in den Handel; die größern Massen werden jedoch ebenfalls in den meisten Ländern in sogenannten Salpeterplantagen oder Salpeterhütten künstlich erzeugt.

Der meiste und beste rohe Salpeter kommt aus Ostindien

(Bengalen, Insel Ceylon 2c.), China, Aegypten und Nordamerika, wo er aus der Erde wittert.

Alaun. Schon seine Anwendung in den Färbereien und beim Cattundruck mußte die Fabrikation desselben immer mehr erweitern. Als gut bereitet wird vorzüglich der römische Alaun geschätzt, welchem der ungarische (von Munkatsch) gleichkommen soll. Ferner kennt man im Handel lütticher, französischen, böhmischen (von Prag, Kommotau und Graslitz), schwedischen und norwegischen, preußischen (Schwemsal bei Düben, im Rgsbz. Merseburg, liefert allein jährlich über 5000 Centner die Lucetiaalaunhütte bei Brzenskowitz, ebenso Muskau bei Görlitz, Bonn am Rhein 2c.), krakauer, sächsischen (von Zwickau und Mylau), hannöverischen (von Goslar) sowie levantischen oder Roccaalaun von Smyrna.

Salmiak. Er kommt nur hin und wieder in vulkanischen Gegenden natürlich vor, und wird daher, wie der Alaun, jetzt meist in chemischen Fabriken, namentlich in England und Schottland, in Deutschland und im Venetianischen bereitet. Große Fabriken zu Schönebeck bei Magdeburg, Nußdorf bei Wien, Prag, Hamburg, Köln, Cassel, Braunschweig, Bremen, Zwickau, Lüttich, Marseille, Paris 2c. — Sonst bezog man den meisten aus Aegypten und Syrien, wo man ihn seit den ältesten Zeiten aus Kameelmist bereitet.

Kochsalz. Dieses ist in Europa am allgemeinsten verbreitet.[1]

Steinsalz. Das meiste liefert Ungarn in der Marmaros, bei Rhonaßeck, Szlatina und Segatagh, Galizien bei Wiliczka, Stebnik, Bochnia und Siebenbürgen (alle drei Länder zusammen gegen 3 Millionen Centner), Istrien oder die Salinen von Pirano und Capodistria.

Quellsalz. Das meiste siedet Deutschland, und zwar Preußen in der Provinz Sachsen zu Schönebeck, Dürrenberg, Halle, Kösen, Artern 2c. (1½ Millionen Centner), Oberösterreich (im sogenannten Salzkammergut) zu Ischl, Hallstadt, Hallein 2c., sowie Steyermark zu Aussee und Tyrol zu Hall (über 1 Million Centner), Oberbayern zu Reichenhall, Traunstein, Rosenheim 2c. (70,000 Centner), Hannover zu Lüneburg, Salzdetfurt 2c. (400,000 Centner), welchen Salzländern sich neuerdings durch aufgefundene Salinen auch Württemberg mit 600,000 Centner Salzgewinnung anschließt. Außerdem gewinnen noch andere deutsche Länder, wie Kurhessen (bei Allendorf), Baden (bei Rappenau), S. Meiningen (bei Salzungen), Braunschweig (bei Schöningen) 2c. ihren Bedarf an Salz, und nur das Königreich Sachsen, das in Verhältniß zu andern Ländern gewiß die größte Mannigfaltigkeit an Mineralien

[1] Der Verbrauch des Salzes im Allgemeinen beträgt in Europa 44½ Mill. Centner, durchschnittlich auf den Kopf 14 Pfd., Gesammtproduktion in Europa jährlich 52½ Mill. Centner.

besitzt, hat seit 1815 kein Salz mehr, und bezieht seinen Bedarf von Preußen aus der Saline Dürrenberg.

See- oder Baisalz. Das meiste und beste bereitet man in ungeheuern Massen, die in mehrern hundert Schiffsladungen nach den Ländern der Nord- und Ostsee zum Einsalzen der Heringe, sowie nach Amerika gehen, an den Küsten Frankreichs von der Mdg. der Loire bis zur Mdg. der Gironde, sowie am Mittelmeer, noch mehr aber und noch geschätzteres an den Küsten Portugals (Setubal) und Spaniens (Sevilla, Cadix, Valencia, Iviza ꝛc.), aber auch viel in Italien (Neapel und der Kirchenstaat) sowie auf Sicilien, Malta, Sardinien ꝛc. — Von dem geringen nordischen Seesalz wird das englische von der Küste am irischen Meer (Liverpool und Chester) noch am meisten geschätzt und ausgeführt. Uebrigens gewinnt das südöstliche und südliche Rußland aus seinen großen innern Salzseen in den Gouvernements Saratow, Orenburg und Taurien oder Krim viele Millionen Centner Salz für den innern Verbrauch sowie zur Ausfuhr am schwarzen Meer.

Mineralwasser. Deutschland hat die meisten auf der Erde, die berühmtesten in Böhmen und Nassau, und es liefern die Quellen von Karlsbad, Teplitz, Marienbad, Eger und Bilin in Böhmen, von Selters, Schwalbach, Fachingen und Geilnau in Nassau, aber auch Rohitsch in Steyermark, Kissingen in Bayern, Soden in Nassau am Taunusabhange (in raschem Aufblühen), Pyrmont im Fürstenthum Waldeck und Driburg in Westphalen Millionen Flaschen nach allen Ländern der Erde. Berühmt sind auch die Stahlquellen zu Spaa in Belgien. — Sehr bedeutend ist jetzt auch die Versendung von künstlichen Mineralwässern, die in Deutschland Apotheker Struve in Dresden im Jahr 1818 zuerst darstellte, die aber jetzt überall fabricirt werden können und einen eigenen Handelszweig bilden, den man der Wissenschaft, namentlich den großen Fortschritten in der Chemie verdankt.

Colonien der Europäer in andern Erdtheilen.

Der große Produktenreichthum Europa's würde bei den so hoch gestiegenen Bedürfnissen und dem allgemein verbreiteten Luxus jetzt doch nur wenig befriedigen, böten nicht die andern Erdtheile, und namentlich die Colonien der Europäer in denselben, eine noch größere Fülle von mehreren in Europa gar nicht, oder nur dürftig gedeihenden Erzeugnissen dar.

Die für den Handel so wichtigen Ereignisse am Schlusse des 15. Jahrhunderts, die Entdeckung von Amerika und die Auffindung des Seewegs nach Ostindien, mußten wohl Veranlassung geben, da Niederlassungen zu suchen, wo die neue Richtung der Schifffahrt und des Handels neue und reiche Erwerbsquellen darbot. Daher wurden denn auch bald nach diesen Ergebnissen die reichsten Punkte dieser fernen überseeischen Länder Schauplätze kaufmännischer Speculationen und zugleich fester Ansiedelungen für Europa. Reiche Handelscompagnien belebten diese Unternehmungen und Plantagen oder große Anpflanzungen von geschätzten Handelsprodukten lieferten seitdem Zucker, Kaffee, Gewürze, Reis, Baumwolle, Tabak, Indigo u. a. Colonialwaaren — zu deren Gewinnung man selbst Hunderttausende von Negersklaven aus Afrika schaffte — in Menge nach Europa, was endlich das europäische Colonialwesen zu einem Gegenstand von höchster politisch-mercantilischer Wichtigkeit erhob. Diesem Colonialwesen und dem mit ihm verbundenen Colonialhandel hat Europa nicht nur seine unendlich vervielfältigte Handelsthätigkeit und die großartige Entwickelung seiner Manufakturen sowie seiner Marine, sondern gewiß auch einen großen Theil seines Reichthums und der Macht und des Einflusses, den dieser Erdtheil gegenwärtig besitzt, zu verdanken.

Man nennt in der Regel alle fremde Niederlassungen in einem Lande Colonien, obschon viele derselben dem Begriff des Wortes gar nicht entsprechen und keine Pflanz- oder Anpflanzungsstätten sind. In Hinsicht auf Zweck und Einrichtung derselben, je nach Lage, Klima, Boden, Produkten und politischen Verhältnissen kann man verschiedene Arten von Colonien unterscheiden, und zwar 1) Ackerbaucolonien oder

Niederlassungen von Auswanderern für landwirthschaftlichen Betrieb, wie Canada in Nordamerika und Neusüdwales in Australien; 2) Plantagencolonien, deren Zweck Erzeugung bestimmter Naturprodukte für den Handel in großen Anlagen ist, wie die west- und ostindischen Inseln; 3) Bergbaucolonien für Gewinnung von Metallen, wie die Niederlassungen europäischer Bergwerkscompagnien in Mexico und Brasilien; 4) Handelscolonien oder Faktoreien und Stapelplätze für den Handel mit den Natur- und Kunstprodukten eines Landes, wie die Niederlassungen in Ostindien und auf der Westküste von Afrika; die englischen und russischen Ansiedelungen in Nordamerika für den Pelzhandel; die englische Colonie Neufundland für den Stockfischfang rc.

Die Spanier und Portugiesen waren die ersten europäischen Nationen, welche zu Anfange des 16. Jahrhunderts in andern Erdtheilen Besitz ergriffen; aber bald folgten ihren glänzenden Entdeckungen Holländer, Engländer und Franzosen, welche die ersten Besitzer zum Theil verdrängten und den gewinnvollen Handel sich zueigneten. Nach vielseitigem Kampfe um den Besitz von Colonien behaupteten endlich die Engländer die meisten und wichtigsten, was ihre Herrschaft auf allen Meeren begründen half. Ob aber schon England bis auf den heutigen Tag die Zahl seiner Colonien zu vermehren wußte, so mußte es doch auch, wie Portugal, Spanien und Frankreich, sehen, wie ein bedeutender Theil derselben, die jetzigen Vereinigten Staaten von Nordamerika, das Joch des Mutterlandes abwarf und zu einem Freistaate sich erhob.

Gegenwärtig besitzen die europäischen Handelsstaaten noch folgende Colonien und Niederlassungen in den übrigen Erdtheilen.

Colonien der Engländer.

In Nordamerika.

Hier hatten die Engländer von 1497 bis 1763 nach und nach, mit Ausnahme des dänischen Grönlands und der russischen Nordwestküste, alle Länder vom mexicanischen Meerbusen bis hinauf in die Polar- oder Eisgegenden in Besitz genommen; doch verloren sie davon im nordamerikanischen Freiheitskriege von 1775 bis 1783 (s. S. 78) die seitdem vereinigten nordamerikanischen Freistaaten, und besitzen hier noch, außer den Nord-Polarländern ohne Niederlassungen, die eigentlich britisch-nordamerikanischen Colonien an der Ostküste zwischen der Halbinsel Labrador und den Vereinigten Staaten und an den canadischen Seen und dem Flusse und Busen Lorenzo, bestehend aus sechs Gouvernements, nämlich:

Neufundland, früher Terreneuve genannt, die große durch den wichtigsten Kabliau- oder Stockfischfang auf der Erde ausgezeichnete Insel mit der Haupt- und Hafenstadt St. Johns an der Ostküste, nebst den kleinern Inseln Anticosti und Belleisle.

Das Hauptgewerbe auf der ganzen Insel ist der Fang und das Trocknen der Millionen Thaler einbringenden Kabliau's, die in ungeheurer Menge auf der südöstlich vor derselben liegenden, 130 Meilen langen und merkwürdigen Sandbank (Neufundlandsbank) gefangen werden, welche Fischerei hier schon seit dem Anfange des 16. Jahrhunderts stattfindet und Tausende von Fahrzeugen beschäftigt. Neben mehr als 2 Millionen Centner Stockfisch gewinnt man zugleich über 20,000 Fässer Leberthran, welche allein schon zu einem Werthe von mehr als 8 Millionen Thaler angeschlagen werden. Außerdem ist Neufundland auch reich an Pelzwild, viel wichtiger aber noch der starke Seehunds- oder Robbenfang. — Der Neufundländerhund zeichnet sich durch langes, wolliges Haar und Schwimmhaut zwischen den Zehen, noch mehr aber durch Gelehrigkeit und Treue und als Gehülfe bei mehreren Arbeiten, selbst als Retter der Menschen auf dem Meere aus.

Die wichtigsten Küstenstriche dieser Insel hatten seit dem Anfange des 17. Jahrhunderts neben den englischen Niederlassungen die Franzosen im Besitz, und der Name der Insel war damals Terreneuve; sie wurden jedoch von den Engländern verdrängt, und behielten im Frieden von 1783, behufs des ihnen hier noch gestatteten Stockfischfangs, nur die an der Südküste liegenden drei kleinen sogenannten Fischerinseln St. Pierre, Miquelon und Langley, wohin jährlich auf diesen Zweig der Fischerei 3 bis 400 Fahrzeuge aus französischen Häfen auslaufen, die bis zu 250,000 Centner Stockfisch nach Hause bringen. (Im Jahr 1836 sind 428 Schiffe dahin ausgelaufen.) Neben den Franzosen haben seit 1817 auch die benachbarten Vereinigten Staaten durch Vertrag das Recht erhalten, am Stockfischfang hier Theil zu nehmen, den diese weit stärker als die Engländer selbst, und zwar jährlich mit 12 bis 1500 Fahrzeugen betreiben, während England dabei nur 6 bis 700 beschäftigt.

Prinz Eduard oder St. John, eine große und fruchtbare, bis 1713 ebenfalls den Franzosen gehörende Insel mit der Haupt- und Hafenstadt Charlottetown. Sie ist bereits gut angebaut und liefert viel Getreide, Mehl, Flachs, Hanf, Pökelfleisch, Häute und Fische zur Ausfuhr.

Neu-Schottland, eine mit Neubraunschweig durch eine schmale Landenge verbundene große Halbinsel, die bis 1713 unter dem Namen Acadien ebenfalls Frankreich besessen. Hauptausfuhrartikel sind: Stockfisch (über 150,000 Centner jährlich), Bauholz und Mastbäume (viel nach Westindien und dem Mutterlande) und vortreffliche Steinkohlen (nach den Vereinigten Staaten). Die Haupt- und Hafenstadt ist Halifax (20,000 Einwohner) an der Südküste.

Zu diesem Gouvernement gehört auch die östlich von Neuschottland liegende Insel Cap Breton mit wichtigen Steinkohlenminen und Stockfischfang und dem Freihafen Sidney. In der Nähe dieser Stadt wurde im Jahr 1845 eine Quecksilbermine und zu Brisbane eine Kupfermine aufgefunden.

Neu-Braunschweig, großes Gebiet zwischen Neuschottland, den Vereinigten Staaten und der Mündung des Lorenzstroms, bis 1713 französisch, mit der Hauptstadt Frederiktown am St. John im Innern und dem Hafenplatz St. John a. d. Mdg. dieses Flusses im Südosten. Ausfuhr: Fische Häute, Pelzwerk, Holz und Potasche.

Ober-Canada, großes Gebiet an den Nordküsten der canadischen Seen, erst 1763 den Indianern abgekauft und seitdem von England als Armencolonie benutzt. Es bildet mit dem hier folgenden Untercanada seit 1840 eine einzige Provinz unter einem Gouverneur. Die Hauptstadt Toronto (früher York) liegt am Ontariosee, am nordwestlichen Ufer des Obersees aber das berühmte Fort William, der Hauptstapelplatz des gesammten Pelzhandels im Innern von Nordamerika für die vereinigte englische Nordwest- und Hudsonsbaicompagnie und der jährliche Versammlungsplatz aller Angestellten der Compagnie, welche den Ertrag ihrer Jagd und ihres Handels mit den Indianern hieherbringen und dafür frische Waaren empfangen, mit welchen sie sich für das nächste Jahr wieder in das Innere begeben. Neben großen Waarenniederlagen und Werkstätten finden sich hier auch Schiffswerfte, wo die Compagnie Schiffe zum Befahren der Seen bauen läßt.

Unter-Canada, großes Gebiet zu beiden Seiten des Lorenzo (von Jakob Cartier im Jahr 1534 im Namen Frankreichs in Besitz genommen, unter dessen Herrschaft es bis 1763 blieb), mit der 1608 von den Franzosen gegründeten und jetzt blühenden Haupt- und Hafenstadt Quebeck am linken Ufer des Lorenzo, mit bereits 40,000 Einwohner, wo jährlich über 1000 Schiffe von England einlaufen, und dem wichtigsten Handelsplatz Canada's, Montreal (40,000 Einwohner) auf einer Insel des Lorenzstroms, den zweiten Stapelplatz für den Pelzhandel der eben genannten vereinigten Nordwest- und Hudsonsbaicompagnie, von wo die Ausfuhr der Rauchwaaren über Quebeck nach England geschieht. — Untercanada ist der wichtigste Theil der britisch-nordamerikanischen Colonien; denn er umfaßt über 800,000 Einwohner, darunter viele Franzosen, welche Ackerbau, Viehzucht, Fischerei und Seehandel stark betreiben. Gegenstände der Ausfuhr sind besonders: Weizen, Mehl, Hanf, Flachs, Leinsamen, Ahornzucker, Bretter, Schiffsholz, Tabak, Pelzwerk, Häute, Biberhaar und Bibergeil, Fische, viel Holz, Theer, Thran, Potasche rc.

Zum Gouvernement Canada gehört auch die südlich im Ocean liegende Gruppe der felsigen Bermudas- oder Sommersinseln (wie sie nach ihrem zweiten Entdecker, Sommers, auch genannt werden), von denen nur drei von etwa 14,000 Menschen bewohnt sind. Bermuda, mit dem Hafen Hamilton, ist die größte und St. George mit dem gleichnamigen Hafenplatz Sitz eines Untergouverneurs. Sie liefern nur Cedern als gutes Schiffsbauholz, Wallfischprodukte und etwas Tabak, sind aber als Militär- oder Seestation für England von großer Wichtigkeit.

Die Handelswichtigkeit dieser nordamerikanischen Colonien, besonders Unter-Canada's, das mit jedem Jahre blühender sich erhebt, mag ihren Grund zum Theil in der schnellen Zunahme der Bevölkerung durch starke Uebersiedelung britischer Unterthanen, besonders aus Irland, haben, deren Zahl von 1831 bis 1840 nahe an 250,000 Personen betragen haben soll.

Außer diesen in Kultur und Verkehr schon weit vorgeschrittenen Colonien besitzt England als Colonien für Pelzhandel und Fischerei, oder rechnet sich wenigstens zu, folgende noch gar nicht kultivirte Länder in Nordamerika:

Labrador oder Neubritannien, die große Halbinsel zwischen der Hudsonsbai und der Mündung des Lorenzstromes, bewohnt von Eskimos, von denen jetzt die an der Ostküste wohnenden, wie im dänischen Grönland, durch Missionäre der Brüderunität zum Christenthum bekehrt und als christliche Gemeinden in vier Colonien gesammelt worden sind. Die Hauptniederlassung der Engländer, die sich hier fast nur mit Jagd und Fischfang beschäftigen, ist die Ostmainefaktorei an der Westküste und am südlichsten Theile der Hudsonsbai.

Neuwales oder die Länder an der Hudsonsbai, Labrador gegenüber, zerfallen in Süd- und Nord-Neuwales und sind außer einigen hundert Europäern, von Indianern und Eskimos bewohnt. Die Europäer bestehen aus Militär und andern Zugehörigen der britischen Hudsonsbai-Gesellschaft, eines Vereins von Kaufleuten in London, der sich schon 1670 gebildet und von der britischen Regierung das Recht erhalten hat, Niederlassungen in den Ländern an der Hudsonsbai zu gründen und den noch immer sehr einträglichen Pelzhandel zu betreiben. Von den vier in Süd-Neuwales an der Hudsonsbai gegründeten Forts mit Faktoreien ist das wichtigste Yorkfort mit gutem Hafen, der ebenfalls von britischen Schiffen besucht wird.

Hudsonia oder das westliche Binnenland der freien In-

Indianer, mit dem Makenziegebiet, zwischen Neuwales und der englischen und russischen Nordwestküste und bis zum nördlichen Eismeer. Mit der Bevölkerung dieser Wildnisse steht es wie in den vorgenannten Ländern. Die die verschiedenen Forts bewohnenden Europäer stehen im Dienste der wiederholt genannten englischen Pelzhandelscompagnie, von denen Hunderte und ebensoviel Canadier dieses weite wüste Land der Jagd und des Handels wegen durchziehen und auf bestimmten Jägerposten von den Indianern Pelzwerk gegen europäische Waaren eintauschen. Die wichtigsten Forts oder Handelsfaktoreien der Compagnie sind: das Fort Providence und Fort Resolution südlich und östlich am Sklavensee, Fort Chipewyan am Westende des großen Bärensees und, das nördlichste, Fort der guten Hoffnung am untern Mackenziefluß (67° 28′ N. Br.) nebst mehrern andern.

Westcaledonien oder die britische Nordwestküste, zwischen der russischen Nordwestküste und dem Gebiet der Vereinigten Staaten, mit vielen Inseln an der Küste, worunter die beiden großen, die Königin-Charlotten- und die Quadra- und Vancouversinsel im Columbiastrom oder Oregon mit einem Fort, 20 Meilen von Astoria; lebhafte Dampfschifffahrt der Britten dahin. Außer dem Pelzhandel, der seit dem Erlöschen des Monopols der britisch-ostindischen Compagnie für den chinesischen Handel (im Jahr 1834) in direkter Beziehung von hier bedeutend zugenommen hat, macht die vereinigte Nordwest- und Hudsonsbaicompagnie auch in Weizen und Stabholz Handelsgeschäfte nach den Südseeinseln.

In Westindien.

Hier wurde der Handel der Engländer erst lebhaft, nachdem sie 1655 unter Cromwel die Insel Jamaica von Spanien erobert hatten. Außerdem wußten sie in der Folge und bis zum Jahre 1815 daselbst die meisten Inseln dieses Archipels sich zuzueignen, und besitzen gegenwärtig folgende:

Jamaica, die wichtigste der 4 großen Antillen (300 □Meilen und 400,000 Einwohner), mit ausgedehnten Plantagen für den Anbau von Colonialwaaren und mit den blühenden Hafen- und Handelsplätzen Kingston und Port Royal an der Süd- und Mondegobai an der Nordküste. Der englische Gouverneur residirt in St. Jago de Vega oder Spanishtown, Stadt am südlichen Theile der Insel. — Die Hauptausfuhrartikel waren bisher Zucker (1½ Millionen Centner), Rum (gegen 30 Millionen Quart), Kaffee (über ¼ Millionen Centner), außerdem Baumwolle, Indigo, Tabak, Cacao, Leberaloe, Piment oder Neuewürze, Ingwer, Vanille und viele Droguen, ferner Fustik- oder Gelbholz und Campeche- oder Blauholz, sowie das meiste und beste Mahagoniholz. Doch ist zu bemerken, daß der Plantagenbau und damit die Ausfuhr der erst genannten Colonialwaaren seit der Freigebung der Sklaven daselbst sich bedeutend vermindert hat.

Von den kleinen Antillen:

Anguilla,	Dominica,	Monserrat,
Antigua,	Grenada und die	Newis,
Barbados,	Grenadilen,	Tabago,
St. Christoph	St. Lucia oder	Trinidad und
oder Kitts,	Lucia,	St. Vincent.

Von den virginischen Inseln:

Tortola, Virgin-Gorda oder Spanish Town, Anegada und Sombrero, sowie die große Gruppe der

Bahama- oder Lucayischen-Inseln, welche alle mehr oder weniger die eben genannten Colonialwaaren liefern.

Außerdem besitzt England noch in der Nähe der westindischen Inseln, und zwar auf der Südostküste der mexikanischen Halbinsel Yucatan, die

Colonie Honduras oder den großen Holzdistrikt mit der neuangelegten Stadt Balize am Flusse gleichen Namens, wo Tausende von Menschen, meistens Neger, in den Waldungen mit Fällen von Mahagoni- und Campeche- oder Blauholz für die Ausfuhr nach England beschäftigt sind.

Mosquito-Küste (1844 in Besitz genommen) in der Republik Guatemala, bisherige Besitzung freier Indianer mit dem Hafen Gracias a Dios.

In Südamerika.

Hier besitzt England seit 1815 den von Holland abgetretenen Theil von

Guiana oder die Colonie Demerara, getheilt durch die drei hier mündenden Flüsse in die nach ihnen benannten Provinzen Demerara, Essequibo und Berbice, mit den berühmten Handelshäfen Georgetown (sonst Stabroek) an der Mündung des Demerara und Neu-Amsterdam an der Mündung des Berbice. — Es ist dieß eine der wichtigsten Colonien in Amerika, denn es gedeihen hier alle westindischen Colonialwaaren in größter Fülle und von vorzüglicher Güte, namentlich Zucker und Kaffee; nur hat sich namentlich hier durch die Freigebung der Sklaven in den letzten Jahren ein bedeutender Ausfall in der Ernte ergeben (1837: 1 Million, 1841: ½ Million Centner Zucker, 1837: 40,000 Centner,

1841: 12,000 Ctr. Kaffe, 1837: 5000 Ctr., 1841: 200 Ctr. Baumwolle).

Ganz im Süden gehören England seit 1840 noch die

Falklands-Inseln oder Malouinen, welche, ebenso wie die noch südlicher am Cap bestehenden Niederlassungen auf

Staatenland, Colonie Hopparos genannt, und

Neu- oder Südshetland, in der neuesten Zeit für Wallfisch- und Seerobbenfang immer wichtiger geworden sind.

Auf den Falklandsinseln sind große Heerden von wilden Pferden und Hornvieh vorhanden, die von den von Bougainville dort gelassenen Thieren herstammen. Da die Seefahrer, besonders Wallfischfänger hier Schiffsbedürfnisse und Lebensmittel vorfinden, so haben sie keine Veranlassung, in Rio Janeiro und andere südamerikanische Häfen einzulaufen, wo sie große Hafengelder zu erlegen hätten. Der dortige Gouverneur hat die Vermessung 1844 begonnen und Port William zur Hauptstadt erklärt und den Regierungssitz von Port Louis dahin verlegt. Dieser Hafen ist auf der Insel Ostfalkland, welche 3000 engl. Quadratmeilen groß ist; Westfalkland hat 2000 Quadratmeilen und außerdem sind noch 200 kleinere Inseln hier. Die engl. Regierung hat mit dem Länderverkauf im Port William begonnen. Aus Buenos Ayres sind schon Engländer dahin gegangen und im Jahre 1840 ist der erste Zug britischer Auswanderer daselbst angekommen.

In Afrika.

Die afrikanischen Colonien waren bis auf die neueste Zeit hauptsächlich des Sklavenhandels wegen wichtig, dessen Aufhören daher bedeutend auf sie zurückwirkte. England besitzt hier:

Portendik, Fort an der Gummiküste nördlich vom Senegalfluß, wo, wegen des starken Handels mit Gummi (gereinigter Senegalgummi), den die Neger aus den großen Gummiwäldern im Innern zur Küste bringen, zugleich die Franzosen und Portugiesen eine Niederlassung haben, die sie zur Zeit des Gummimarktes besuchen.

Ste. Marie und James, } Inseln a. d. Mdg. des Gambiaflusses in Senegambien, mit der Stadt Bathurst auf der erstern Insel.

Jellifrey, Hafen und Handelsplatz an der Mündung des Gambia.

Sierra-Leone, Colonie an der Pfefferküste in Oberguinea, mit der Haupt- und Hafenstadt Freetown, eine Niederlassung für die in den amerikanischen Besitzungen der Engländer freigegebenen und hier bis jetzt unter Aufsicht gesammelten Negersklaven. Es wurde diese Colonie 1847 mit vielen Kosten in der menschenfreundlichen Absicht gegründet, den Sklavenhandel zu unterdrücken und mittelst freier Neger, die man hier durch

Unterricht und in Landbau und Gewerben bildet, Civilisation in Afrika zu verbreiten. — Seit 1817 schon hat hier ein Ausfuhrhandel wie in Senegambien, in Kaffee, Reis, Indigo, Baumwolle, gereinigtem Senegalgummi, Copal, Guineapfeffer, Goldstaub, Wachs, Honig, Palmöl, Straußfedern, Schildkrot, Tiger-, Panther-, Affen- u. a. Häuten, Elephantenzähnen, Roth- und Ebenholz 2c. begonnen. — In den letzten Jahren waren, außer Freetown und andern Städten, 20 Dörfer mit 18—20,000 Einwohnern vorhanden.

Nach dem Muster dieser 1788 angelegten Colonie gründeten die Vereinigten Staaten von Nordamerika 1821 für gleichen Zweck etwas südlicher an der Pfefferküste die Colonie Liberia mit der Hauptstadt Monrovia an der Mündung des Mesurado, die ebenfalls eines guten Gedeihens sich erfreut und in stetem Zunehmen ist.

Außerdem haben die Engländer hier noch Niederlassungen auf den vor der Pfefferküste liegenden Lose- und Schildkröten-Inseln, sowie auf der Insel Scherbro.

Cap Coast-Castle und James-Castle } Forts auf der Goldküste von Oberguinea; sonst wichtige Sklavenmärkte.

Fernando Po, eine von den vier Guinea-Inseln im Meerbusen von Guinea; wichtiger Stützpunkt zur Verhinderung des Sklavenhandels nebst Flottenstationen, erst seit 1827 von Spanien erhalten.

Ascension, St. Helena und Tristan d'Acunha, } Inseln und wichtige Erfrischungspunkte im äthiopischen Meer — namentlich Ascension in der neuesten Zeit — für die Ostindienfahrer.

Capland mit der Capstadt (25,000 Einwohner) an der Tafelbai, wichtige, seit 1814 von Holland abgetretene, aber schon 1795 von den Engländern eroberte Colonie und Hauptstation für die Ostindienfahrer. Sie treibt lebhaften Seehandel und liefert zur Ausfuhr: Wein, namentlich Constantiawein von dem durch die Güte seiner Weine berühmten Dorfe Constantia, ferner Weizen (nach der Insel Moritz, sowie nach Ostindien und Brasilien), Wolle, Häute und Felle, Pökelfleisch, Talg, Hörner, Elephantenzähne, Schildkrot, Straußfedern, Aloë, Thran, Fischbein 2c., und Tabak, Baumwolle, Kaffee und Thee sind erst kürzlich hierher verpflanzt; auch ist der Seidenbau versucht und die Cochenille schon einheimisch geworden.

(Port) Natal, jetzt besondere Colonie der Engländer und eine Dependenz von der Capcolonie unter einem Vicegouverneur.

Mauritius oder Moritzinsel (sonst Isle de France) im indischen Ocean, 1595 von den Portugiesen, 1598 von den

Holländern erobert; 1703 von denselben verlassen und dann 1721 von den Franzosen besetzt und seit 1814 von Frankreich abgetreten, mit dem Seehafen Port Louis (25,000 Einw.) und berühmt durch ihre indischen Produkte, namentlich durch Zucker (vor 1814 nur etwa 5, jetzt über 80 Millionen Pfd. jährlich), Kaffee (¼ Millionen Pfd.), Baumwolle, Kautschuk, Indigo, Gewürze aller Art, namentlich Nelken, viel Schildkrot und das schönste Ebenholz. — In der Nähe dieser Mascarenen-Insel besitzen die Engländer auch die Insel Rodriguez.

Admiranten, eine Gruppe von Inseln, im Norden von Mauritius, früher von den Portugiesen benutzt, jetzt von den Engländern wegen des Fangs von Schildkröten, die in ungeheurer Menge an den Küsten sich finden sollen, von den Sechellen aus besucht und erst seit einigen Jahren zum Theil bewohnt.

Sechellen oder Mahé-Inseln, nördlich von jenen, mit der Hafenstadt Mahé auf Mahé, der bedeutendsten Insel dieser Gruppe, neben welcher Praslin mit dem Hafen gl. N. die wichtigste ist. Sie liefern neben Reis und gutem Vieh (Rindern und Schafen) auch Colonialwaaren, besonders aber viel Schildkrot, und sind den Seefahrern erquickende Erfrischungspunkte.

In Asien oder Ostindien.

Hier hat die britisch-ostindische Compagnie, welche unter der Königin Elisabeth im Jahre 1600 gegründet wurde, nach und nach die reichsten Länder Hindostans und durch fortgesetzte Eroberungen endlich ein Reich erworben, das fast die ganze Halbinsel Vorderindien, sowie das Land Assam und den langen westlichen Küstenstrich des Reiches Birma nebst einigen Inseln in Hinterindien begreift, welche theils unmittelbare, theils mittelbare Besitzungen allein in Vorderindien einen Flächeninhalt von 52,000 □Meilen und 128 Mill. Einwohner umfassen sollen.

Britisches Vorderindien.

Es zerfällt dieses in die nach ihren Hauptstädten benannten und von besondern Präsidenten oder Gouverneuren verwalteten 4 Präsidentschaften und die Insel Ceylon, nämlich:

Calcutta oder Bengalen, die nordöstliche Präsidentschaft, mit der Hauptstadt und ersten Seehandelshafen Calcutta am Hugly oder westlichen Mündungsarme des Ganges, vor 150 Jahren noch ein Dorf, wo 1696 den Engländern erlaubt wurde, eine Faktorei zu gründen, jetzt Hauptplatz aller britischen Besitzungen daselbst, Sitz des Generalgouverneurs von

Indien, sowie wichtigster Handelsplatz in Asien, mit großen Manufakturen und Fabriken in Baumwolle, Seide, Zucker, Arak, Indigo, Tabak, Opium rc., Dampfschifffahrt nach dem rothen Meer bis Suez und mit 1 Million Einwohnern.

Allahabad oder die nördliche Präsidentschaft, mit der Hauptstadt Allahabad nordwestlich von Calcutta, an der Mündung der Jumna in den Ganges, Sitz des Gouverneurs mit 20,000 Einwohnern. Der Glanzpunkt der Provinz ist jedoch das große und berühmte Benares am Ganges, die älteste und heiligste Stadt der Hindus, und als Haupwallfahrtsort der Sammelplatz unzähliger Pilger, mit ausgezeichneten Fabriken in Gold- und Silberbrokat, in Gaze, Atlas und Indigo, sowie überhaupt der Hauptmarkt für Perlen, Edelsteine, Shawls und Seidenwaaren und mit mehr als 600,000 Einwohnern.

Madras oder die südöstliche Präsidentschaft, umfassend die Ost- oder Coromandelküste, mit der Haupt- und wichtigsten Seehandelsstadt Madras an derselben, Sitz des Gouverneurs, mit starkem Indigo- und Baumwollenbau nebst wichtigen Manufakturen und Fabriken in Baumwolle, Seide, Glas, Indigo, Arak und Opium und nahe an 500,000 Einwohnern.

Bombai oder die westliche Präsidentschaft mit der Hauptstadt und wichtigen Seehafen Bombai, erster Handelsplatz a. d. Westküste Vorderindiens, und nicht nur der Mittelpunkt der Dampfschifffahrk nach dem Indus und dem rothen Meer bis Suez, sondern auch die Hauptstation der britischen Flotte in den indischen Gewässern, da Bombai der einzige Hafen des britischen Vorderindiens ist, der Linienschiffe aufnehmen kann. Uebrigens macht der Platz wichtige Geschäfte in Baumwolle, Reis, Pfeffer, Opium, wie auch in bengalischer Seide, die in großen Quantitäten von Calcutta u. a. O. bezogen wird. Einwohnerzahl 230,000, nach Andern 180,000.

Ceylon. Diese durch den echten Zimmt, die schönsten Edelsteine (Diamanten, Rubine, Sapphire, Topase, Amethyste, Granaten rc.) und Perlen, durch Elfenbein und Ebenholz, auch durch Kaffee, Zucker, Baumwolle, Tabak, Pfeffer, Cardamomen, selbst Gewürznelken und Muscat, sowie durch Palmöl und guten Arak berühmte 1795 den Holländern entrissene Insel mit 1 Mill. Einwohner und den Hafenstädten Colombo an der West- und Trincomale a. d. Ostküste, gehört nicht der britisch-ostindischen Compagnie, sondern der Krone England.

Zu dem britischen Vorderindien sind auch noch zu rechnen die den Briten zinsbaren Lakediven und Malediven vor der Südwestküste Vorderindiens.

Britisches Hinterindien.

Assam, nördliches Grenzland Hinterindiens, im Norden des birmanischen Reiches, mit den Städten Rungpur und

Jorhaut (Dschorraht), und Ausfuhr von Gold, Elephantenzähnen, Seide und seit einigen Jahren auch von chinesischem Thee (Assamthee), der hier in Menge wild wächst. Dieses Land wurde erst im Jahr 1826 in Folge des Friedens mit Birma dem britischen Reiche einverleibt.

Arracan, Martaban, Ye, Tavoy und Mergui oder Tenassarim, Provinzen an der Westküste der Reiche Birma und Siam (1826 im Frieden mit Birma erworben), woselbst 18,000 Chinesen, mit den Städten gl. N., unter denen als Hafenplätze Arracan am gleichnam. Flusse, und am Flusse Saluen Martaban, Moulmein und das in der neuesten Zeit gegründete Amhersttown nicht ganz unwichtig sind. — Hierzu gehören noch die vor der Küste Arracan liegenden Inseln Ramri und Cheduba. — Die Ausfuhr besteht in Reis, Wachs, Elfenbein, Gold, Zinn, Steinkohlen und dem in Ostindien, China und Australien zum Schiffbau allgemein geschätzten Tikholz.

Mergui-Inseln, vor der Küste Mergui, unter denen besonders Salanga oder Junkselan wegen reicher Zinngruben wichtig ist.

Pulo Pinang oder Prinz-Wales-Insel am Eingange der Straße von Malacca, vor 50 Jahren noch wild und unangebaut, jetzt, nachdem die Wälder gelichtet, mit herrlichen Ernten bedeckt, von denen Reis und Pfeffer die wichtigsten sind, und überhaupt eine blühende Colonie mit 60 bis 70,000 Einwohnern, worunter 9000 Chinesen. Die Hafenstadt Georgetown bringt Reis, Pfeffer, Wachs, Ambra, Elfenbein, Schildkrot, Zinn, Sandel- und Tikholz, jetzt auch Kaffee, Zucker, Ingwer, Muscat und Gewürznelken zur Ausfuhr.

Malacca. Seestadt und Gebiet auf der Halbinsel und an der Straße gl. N., mit 50,000 Chinesen auf der ganzen Halbinsel, reich an gutem Zinn (Malaccazinn), das, wie das Bancazinn aus dem ostindischen Archipel, stark nach Europa kommt, aber auch an Gold und blühend durch Handel mit Reis, Sago, Zucker, Pfeffer, Opium, Gold, Elfenbein, Wachs, Stuhlrohr, Gummi, Damar und feinen Hölzern, auch zum Färben. Malacca kam 1824 durch Tauschvertrag mit Holland gegen das englische Sumatra (Präsidentschaft Benkulen) an England. Flächengehalt 800 engl. □M., 40 engl. Meilen lang und 30 Meilen ins Innere. Die sogenannte englische Provinz Wellesley, nördlich von Malacca, ein schmaler Streifen Landes an der Quedaküste, Penang gegenüber, 35 engl. Meilen lang und 4 Meilen breit, mit vielen dahin verpflanzten Macisbäumen.

Sarawak, engl. Niederlassung auf Borneo, von einem reichen jungen Engländer, Namens Brooke, gegründet. Sie ist fruchtbar und reich an Mineralien und Produkten: Reis Schiffsbauholz, Wachs, eßbaren Vogelnestern, Diamanten, Gold, Zinn, Eisen, viel Antimonium. Die Goldausfuhr von Sambas beträgt jährlich $2\frac{1}{2}$ Mill. spanische Thaler, aber die Chinesen, die hier schon bisweilen Gruben geöffnet, behaupten, daß das Territorium von Sarawak reicher sey als Sambas.

Singapur oder Sincapore, große und ausgezeichnete Insel an der Südspitze Hinterindiens und am südlichen Eingang in die Malaccastraße, vor 20 Jahren noch wüste, aber bereits 10 Jahren ergiebig an mehreren indischen Produkten, sowie, bei der vortheilhaften Lage, eine wichtige Mittelstation für den Handel mit China und dem indischen Archipel und Stapelplatz aller indischen und chinesischen Waaren, wo die Schiffe aller Nationen zusammentreffen und großen Tauschhandel betreiben. Außerdem ist die Insel ausgezeichnet durch große Pfefferplantagen, sowie vorzüglich auch durch ihre großen Sago-Raffinerien, welch die Chinesen hier errichtet und ungeheure Quantitäten Perlsago liefern, wozu der rohe Sago von den benachbarten Inseln, hauptsächlich von Sumatra, in großen Massen bezogen wird. Der gleichnamige Hafenplatz, wichtig als Erfrischungsort für die Chinafahrer, genießt völlige Handelsfreiheit und ist der Mittelpunkt des Goldhandels des ganzen indischen Archipels; er hat seit 1835 eine Bank und soll bereits 30,000 Einwohner zählen, worunter neben Malayen viele Chinesen (9000), Engländer, Amerikaner und selbst Deutsche, die hier Handelshäuser errichtet haben. — New-Harbour, neue auf dieser Insel entstandene Colonie.

Noch haben die Engländer außerhalb Ostindien in Asien eine Insel und eine Handelsstadt erworben, nämlich:

Socotora, die durch die meiste und beste Aloe (socotrinische) bekannte Insel, südlich von Arabien oder vor der Nordostspitze Afrika's und am Eingange zum Meerbusen von Aden liegende Insel, welche die Engländer 1835 vom Imam von Maskat in Arabien käuflich an sich gebracht, jedoch seit 1838 wieder aufgegeben haben, und sie nur noch als Station für die zur Brief- und Personenbeförderung zwischen England und Ostindien eingerichtete regelmäßige Dampfschifffahrt zwischen Calcutta, Bombai und dem ägyptischen Hafen Suez am rothen Meer benutzen.

Aden, blühende Handels- und Hafenstadt am Busen gl. N. vor dem Eingange in das rothe Meer, im südlichen oder glücklichen Arabien, welche die Engländer seit 1838 besetzt und behauptet haben. Außer Kaffee der besten Art, der bis jetzt meist über Mokka versandt wurde, bringt Aden zur Ausfuhr: arabisches Gummi, Gold, Weihrauch und Myrrhen, Datteln, Aloe, köstlichen Balsam (Meccabalsam) u. a. Specereien, auch Manna, Sennesblätter, Elfenbein, Schildkrot, Häute, Straußfedern, Zibeth ꝛc., welche letzteren Artikel größtentheils von der gegenüberliegenden afrikanischen Küste (Abyssinien) auf den Platz gebracht werden. Wie Socotora ist nun auch das noch weit vortheilhafter gelegene Aden eine sehr erwünschte Hauptstation für die eben bezeichnete Dampfschifffahrtslinie zwischen Ostindien und dem rothen Meer.

Hong-kong, in China, Insel an der Mündung des Cantonflusses, 20 engl. Meilen lang und gegen 10 Meilen breit. Prächtige Waarenräume haben sich in kürzester Zeit hier gebildet, vollgepfropft von Opium und Reis. Feste Stadt Victoriatown.

Das große indisch-britische Reich bildete sonst den reichen und mächtigen Staat des Großmoguls, den Staat Mysore, der Mahratten und andere, welche Länder durch glückliche Kriege der britisch-ostindischen Compagnie erobert uud theils zu unmittelbarem englischen Besitzthum, theils zu Vasallenländern gemacht wurden. Diese Compagnie, allerdings Gebieterin dieser Länder unter großbritannischer Landeshoheit, aber neuerdings durch die Krone in ihren Rechten sehr beschränkt, verwaltet dieses Reich unter Oberaufsicht und Leitung der englischen Regierung in ihrem eigenen wie in Englands Interesse, für welches Indien eine Quelle des Reichthums ist und es noch weit mehr werden wird (s. Thl. III). Die höchsten Behörden der Compagnie, die königl.-indische Commission und das Collegium der Directoren, welches aus 24 Mitgliedern der Compagnie oder Actieninhaber besteht, sind in London. In Indien selbst wird die Verwaltung von 4 Gouverneuren geleitet, von welchen der von Calcutta oder Bengalen, mit dem Titel „Generalgouverneur von Indien," an der Spitze des Staates steht und die meisten Rechte besitzt.

Die Compagnie hatte sonst das ausschließliche Privilegium zum Handel nach Indien und China, doch wurde dasselbe im Jahr 1814 auf den Theehandel in China beschränkt und 1834, bei Ertheilung eines neuen Freibriefes auf weitere 20 Jahre, auch dieses Monopol aufgehoben und der Handel nach Indien und China allen Briten freigegeben.

Was den Handel des britischen Ostindien betrifft, so hat derselbe seit dem Aufhören der Monopole der ostindischen Compagnie durch Einführung eines neuen Systems, sowie durch die Freigebung der Sklaven im britischen Amerika, und durch die Herabsetzung der Zölle auf ostindische Waaren in England, namentlich auf Zucker, der bisher viel höher besteuert war als der westindische, in den letzten Jahren neues Leben und ein anderes Ansehen erhalten. In Folge des neuen Systems ist man bemüht, da die hiesigen sonst blühenden Manufakturen und Fabriken durch die englische Maschinenarbeit fast ganz vernichtet wurden, durch landwirthschaftliche Gesellschaften den Anbau des Landes für solche Produkte zu erweitern, die in Europa guten Absatz finden, in Folge dessen schon in den letzten Jahren die Ausfuhr sich außerordentlich erweiterte. Es besteht dieselbe hauptsächlich in Reis ($1\frac{1}{4}$ Mill. Ctr.), Arak, Zucker (fast 1 Mill. Ctr.), Indigo (über 100,000 Ctr.), Seide (gegen 10,000 Ctr.), Baumwolle, und zwar in gröberer und feiner Langwolle aus amerikanischem Samen, in Hanf, Zimmt (8000 Ctr.), und jetzt auch in Kaffee von Ceylon; ferner in Pfeffer von der Küste Malabar, Ingwer, viel Opium, Thee aus Assam, Palm- und Rosenöl, Elfenbein, Gummilack, Kautschuk, Wachs, Schildkrot, Salpeter, Zink, Zinn von Malacca, Gold, Perlen und den schönsten Edelsteinen.

In Australien.

Da die Niederlassungen in Australien sämmtliche Colonien der Engländer sind, so mußten sie schon in der Einleitung zu diesem Buche, bei der Uebersicht der Länder und Staaten der Erde, und zwar von Seite 92 bis 95 ihre Erörterung finden, wohin wir also verweisen.

Colonien der Holländer.

Wie die Briten, so und noch früher erlangten die Holländer durch Schifffahrt nach fernen Ländern und Ansiedelungen in denselben Bedeutung im Handel. Wie aber die Handelsmacht Englands auf das Festland Indien, und zwar auf sein Bengalen und Calcutta sich stützt, so ist die Größe Hollands im Inselbesitz daselbst, namentlich in seinem Java und Batavia gegründet. England erlangte früher als Holland in Amerika, dieses dagegen vor jenem in Asien feste Niederlassungen. Abgesehen davon beginnen wir, der Gleichförmigkeit wegen, auch hier wie im Folgenden mit den amerikanischen Colonien.

In Westindien.

Später als nach Ostindien, und zwar erst nach Gründung einer westindischen Compagnie (1621), wurde von Holland um 1630 auch nach Westindien und Brasilien ein Verkehr eröffnet, der jedoch bei der Concurrenz und Eifersucht der hier mächtigern Spanier, Franzosen und Engländer weniger gedieh als der ostindische, und erst später nach Erwerbung und fleißiger Anbauung von Surinam, hauptsächlich durch Ueberpflanzung mehrerer ostindischen Handelsprodukte dahin, ebenfalls sehr blühend wurde. Holland besitzt jetzt hier:

Curaçao, St. Martin, St. Eustache od. St. Eustaz Saba, Buen Ayre und Aruba oder Oruba,	kleine, schon 1634 erworbene Antillen mit Zucker-, Kaffee-, Tabaks- und Baumwollenbau, guten Freihäfen und blühendem Handel. — Curaçao (spr. Kürassoh) mit Willemsstadt und dem Freihafen Barbara oder St. Annabai, Sitz des Gouverneurs, sowie die beiden letztgenannten Inseln Buen Ayre und Aruba, wo-

hin auch noch die Gruppe der kleinen holländischen Aves- oder Vogelinseln gehört, liegen vor der Küste des Freistaates Venezuela oder Caracas, die übrigen weiter nördlich bei den englischen u. a. Antillen.

In Südamerika.

Surinam oder das durch seine großen und ältesten Plantagen für Colonialwaaren berühmte niederländische Guiana, zwischen dem englischen und französischen Guiana gelegen, mit dem Seehandelsplatz Paramaribo (20,000 Einwohner) am Flusse Surinam, früher der wichtigste Handelspunkt in dem ganzen den Europäern gehörenden Landstriche, gegenwärtig aber doch von Georgetown oder Stabroek, Hauptplatz des englischen Guiana, das Holland erst im allgemeinen Frieden 1815 an England abgetreten, überflügelt.

Surinam wurde 1667 von den Holländern erworben und durch ihren Fleiß in Kurzem die ganze Colonie zu einer hohen Blüthe emporgebracht. Die Hauptprodukte sind, wie im englischen Guiana, Zucker, der auch hier auf Rum benützt wird (300,000 Ctr.), Kaffee (30,000 Ctr.), Baumwolle (10,000 Ctr.), Cacao (1000 Ctr.), Kautschuk und etwas Indigo.

In Afrika.

El Mina, 15,000 Einw., Fort und Dorf nebst mehreren andern Forts neben den englischen Niederlassungen auf der Goldküste von Guinea. Es wurde schon 1482 von den Portugiesen gebaut, diesen aber 1637 von den Holländern abgenommen. Von hier werden jährlich gegen 2000 Neger nach Batavia ausgeführt. — Ausfuhr s. S. 144 unter Sierra-Leone.

Die seit 1635 besessene und noch nicht verschmerzte Capcolonie mit der von Holländern erbauten Capstadt mußte Holland 1815 an England abtreten, das dieselbe schon 1795 erobert hatte.

In Asien oder Ostindien.

Schon zu Ende des 16. Jahrhunderts gelang es den Holländern, im langen glücklichen Kampfe mit Spanien die damals unter spanischer Herrschaft stehenden Portugiesen aus ihren Besitzungen in Ostindien sowie später auch aus Japan zu vertreiben und sich sowohl auf dem Festlande Ostindien wie auf mehreren Inseln daselbst, namentlich auf Java niederzulassen, und nach Gründung der mit vielen Privilegien versehenen holländisch-ostindischen Handelscompagnie oder Maatschappy (1602) dem gewinnvollen Handel dahin bald eine so große Ausdehnung zu geben, daß nun Amsterdam der Hauptmarkt für die indischen Waaren und der erste Handelsplatz Europa's wurde. Aber auch sie mußten bald die Concurrenz Englands fühlen, und nach einem langen Kampfe mit diesem, in welchem England im Jahr 1810 alle holländischen Besitzungen in Ostindien erobert, aber 1815, mit Ausnahme von Ceylon, wieder herausgegeben, besitzt Holland noch folgende Colonien im indischen Archipel:

Java, die große und blühende Sundainsel, auf welcher das stolze Batavia, „die Perle des Orients," mit 60,000, vor dem Erdbeben zur Zeit der höchsten Blüthe aber mit 160,000 Einw., der Hauptpunkt der holländischen Macht in Ostindien, Sitz des Generalgouverneurs und neben Calcutta der erste Handelsplatz im indischen Ocean.

Java übertrifft alle übrigen Inseln des Archipels an Fruchtbarkeit und Bodencultur, und durch die Umgestaltungen, welche die Handelsverhältnisse Hollands seit 1830 erfahren, sowie durch das seitdem eingeführte neue Cultursystem erreichte die Masse der hier gewonnenen Produkte in den letzten Jahren eine bisher unerhörte Höhe; denn wenn während 1830 hier erst 300,000 Ctr. Kaffee, 100,000 Ctr. Zucker und nur 300 Ctr. Indigo gewonnen wurden, so soll sich der Ertrag im Jahr 1840 auf mehr als 1 Million Ctr. Kaffee und 1 Million Ctr. Zucker sowie auf 20,000 Ctr. Indigo erhoben haben, wozu noch kommen über 1 Million Ctr. Reis, 10,000 Ctr. Gewürze, darunter außer Muscatnüssen und Gewürznelken auch schon gegen 2000 Ctr. Zimmt, ebenso bereits über 1000 Ctr. Javathee (1834 kamen die ersten 23 Kisten nach Amsterdam, 1841 über 1000 Ctr.), viel Arak, etwas Baumwolle und Tabak und über 60,000 Ctr. Zinn von Banca, und es betrug die Gesammtausfuhr in diesem Jahre über 34 Millionen Thaler. Man sieht hier eigene Cochenillegärten und seit kurzer Zeit wurden reiche Steinkohlenminen aufgefunden. — Demnach gewährt die einzige Insel Java mit noch nicht 8 Millionen Einwohnern, worunter 250,000 Chinesen, dem Handel und der Schifffahrt Hollands fast dieselben Vortheile, wie das große Festland Ostindien mit seinen mehr als 100 Millionen Einw. dem Handel und der Schifffahrt Englands.

Neben Batavia, weiter östlich an der Nordküste, sind die mit diesem rivalisirenden guten Häfen Surabaya, jetzt die blühendste Stadt der Insel, mit 100,000 Einwohnern, und

Samarang mit 40,000 Einw. als wichtige Handelsplätze zu bezeichnen, neben welchen ebendaselbst auch die Seestadt Cheribon mit 10,000 Einw. nicht unbedeutend ist. — Als zu Java gehörig wird die an der Nordostküste liegende und besonders an Reis fruchtbare Insel Madura betrachtet.

Sumatra, große Sundainsel nordwestlich von Java, auf welcher die Holländer 1666 sich niedergelassen, in den letzten Jahren ihre Besitzungen immer weiter ausgedehnt und bereits den größten Theil derselben unter ihre Botmäßigkeit gebracht haben. Die seit 1685 hier gegründete englische Niederlassung oder die Präsidentschaft Benkulen wurde den Holländern 1824 gegen ihre Besitzungen auf dem Festlande Ostindien (Paliacate und Collam in Vorder- und Malacca in Hinterindien) von der britisch-ostindischen Compagnie abgetreten. Als Hauptstadt dieser mit jedem Jahre wichtiger werdenden Insel kann man Padang, Freihafen an der Westküste und Sitz des niederländischen Gouverneurs von Sumatra betrachten. Außerdem hat die Insel noch mehrere Hauptseehäfen, wie Benkulen uud Tapanuli an derselben und Palembang an der Ostküste. Hauptartikel der Ausfuhr sind Pfeffer, der hier in größter Menge (jährlich über 200,000 Ctr.) gewonnen wird, der beste Kampfer und das feinste Gold, für welches von 1830—1837 mehrere neue Minen sowie 1838 auch Lager von Edelsteinen aufgefunden wurden, die eben so reich an Diamanten seyn sollen als die von Borneo. Außerdem gewinnt man Sago, Reis, Tabak, Hanf, Gewürze, Palmöl, Benzoegummi, etwas Indigo und Baumwolle und alle andere indischen Produkte.

Banca und Billiton, wichtige Inseln vor der Ostküste von Sumatra, hier 18,000 Chinesen, die erstere durch ihren Reichthum an Zinn berühmt (Bancazinn, das beste auf der Erde), von welchem jetzt jährlich über 60,000 Ctr. nach Europa kommen, die letztere durch ihre werthvollen Eisenminen ausgezeichnet.

Borneo, große Sundainsel östlich von Sumatra, hier 150,000 Chinesen, von welchen die Holländer große Distrikte an der West- und Südküste mit den Seehäfen Pontiana, Hauptort und Sitz des Gouverneurs, in der Provinz Landak, wo die vorzüglichsten Diamantgruben sich finden, Succadana und dem Haupthandelsplatz Bendjarmassin besitzen. Die Insel ist reich an Gold, Diamanten und Perlen und liefert außerdem von den indischen Produkten Sago, Reis, Opium, Kampfer, Wachs, Elfenbein, Schildkrot, Perlmutter, Sandel- und Ebenholz ꝛc.

Celebes, große Sundainsel östlich von Borneo, deren südlichste und nördlichste Theile mit den Seeplätzen Vlaardingen im Distrikt Macassar an der Südwest- und Manado an der Nordküste im Besitz der Holländer sind, die neuerdings hier ebenfalls große Anpflanzungen, namentlich für Kaffee errichtet. Uebrigens liefert die Insel Zucker, Reis, Baumwolle, Gewürze, Kampfer, Opium, Farbholz, sowie Gold aus dem Distrikt Manado.

Auf den kleinen Sunda-Inseln

Timor, Flores, Sandelbosch, Sumbava, Lombok, Bali ꝛc., südlich von Celebes und östlich von Java, haben die Holländer ebenfalls Niederlassungen, und sind ihnen hier über 30 Radschas tributär. Die Hauptinsel ist Timor mit der Stadt Kupang und dem holländischen Fort Concordia, Sitz des Gouverneurs, an der Südwestküste, und der wichtigste Ausfuhrartikel Sandelholz.

Endlich besitzen die Holländer noch, zwischen Celebes und Neuguinea, die

Molukken oder Gewürzinseln, das Vaterland der Muscatnuß- und Gewürznelkenbäume, zerfallend 1) in die Ternatas (Gilolo, Ternate, Tidor, Motir, Makian, Batschian und zur letztern gehörig: Typa, Mya, Mandolly, Tawally, Dammer, sodann Ceramlaut, Choram, Oby (diese ist Batschian unterthan), Mysol (Tidor unterthan), ferner Popo mit Martay, Salibabo ꝛc.), 2) in die Amboinen (Amboina, Ceram, Buro ꝛc.) und 3) in die Banda-Inseln (Banda, Timorlaut, Larat ꝛc.). Die Hauptpflanzungen des Muscatnußbaumes sind auf den Banda-, die des Gewürznelkenbaumes auf den Amboina-Inseln und die Ausfuhrplätze dieser Gewürze sind die nach diesen Inseln genannten Häfen.

Colonien der Franzosen.

Später als die übrigen großen Handelsnationen Europa's traten die Franzosen in die Reihe der Colonialstaaten ein, und der um Frankreichs Aufblühen für Handel und Industrie so hochverdiente Colbert war es, welcher unter Ludwigs XIV. Regierung in der zweiten Hälfte des 17. Jahrhunderts Frankreich Colonien und im Jahr 1664 eine ostindische sowohl als westindische Handelscompagnie gab; beide Compagnien wurden indessen während der Revolution im Jahr 1791 aufgehoben und der Handel seitdem nach Ost- und Westindien freigegeben. Nach erlittenen großen Verlusten besitzt Frankreich gegenwärtig noch folgende Colonien.

In Nordamerika.

Fischerinseln St. Pierre, Miquelon und Langley an der Südküste der sonst französischen, jetzt englischen Insel

Neufundland, wichtig für den großen Kabliau- oder Stockfischfang (s. S. 139).

Verloren an England 1713 und 1763 hat Frankreich hier Acadien, Canada und Terreneuve (s. S. 139—141.)

In Westindien.

Martinique, Guadeloupe, Marie Galante, Desirade und Les Saintes, } kleine Antillen mit wichtigen Plantagen für Colonialwaaren, besonders für Kaffee (der von Martinique und den Heiligen-Inseln sehr geschätzt), Zucker, der auch stark auf Rum benutzt wird, Cacao und Baumwolle. Die wichtigsten Hafenstädte sind St. Pierre (30,000 Einwohner) auf Martinique, einer der bedeutendsten Handelsplätze der Antillen, und Point-a-Pitre (16,000 Einwohner) auf Guadeloupe, deren jährliche Ausfuhr auf 30 Millionen Franken angeschlagen wird.

Verloren hat Frankreich hier, außer mehreren kleinen Antillen, das reiche Domingo oder die Insel Haiti (1803, anerkannt 1825), deren Handelswichtigkeit in Zucker, Kaffee &c. vor ihrer Losreißung schon der jetzigen Bedeutung der Inseln Cuba und Jamaica gleichkam.

In Südamerika.

Guiana oder die Colonie Cayenne, mit der Hafenstadt Cayenne, auf der gleichnamigen Insel in der Mündung des Flusses Cayenne. Dieser französische Theil von Guiana ist bei weitem noch nicht so angebaut als das benachbarte holländische und englische Guiana oder Surinam und Demerara, liefert aber ebenfalls Baumwolle, Zucker, weniger Kaffee, Indigo, Tabak und Cacao, außerdem aber viel Orlean oder Roucou von guter Qualität, viel Kautschuk oder Gummi elasticum, Cayenne-Pfeffer und auch Gewürznelken, die man von den Molukken hierher verpflanzt, zur Ausfuhr. Nächst der Hauptstadt ist Sinnamari der beträchtlichste Ort und Hafen der Colonie.

In Afrika.

Algerien oder den größten Theil des bisherigen Raubstaates Algier in der Berberei, mit den Handelshäfen Algier, Oran, Mostaganem, Scherschel, Bugia (Eisengruben), Philippeville, La Calle und Bona am mittelländischen Meere. — Bis zum Jahr 1830 bildete Algier einen militärischen Raubstaat, der den europäischen Handel auf dem Mittelmeere und selbst die Südküsten Europa's beunruhigte. Frankreich setzte endlich diesem Unwesen ein Ziel, indem es denselben 1830 eroberte, den Dey vertrieb und dieses wichtige Küstenland als Colonie in Besitz nahm. — Zu der bisherigen Ausfuhr von Getreide, rohen Häuten, Saffian, Wolle, Hanf, Straußfedern, Elfenbein, Korallen, Gummi, Wachs, Oel, Mandeln u. a. Südfrüchten ist nun auch schon gute Baumwolle gekommen, an welche bald auch Tabak, Wein, Zucker, Gewürze, Indigo, Saffran, Krapp, Cochenille, Seide &c., deren Gewinnung man neuerdings eifrig betreibt, sich anschließen werden. Wichtig ist auch die Korallenfischerei, welche die Franzosen, Italiener und Spanier schon seit langer Zeit an dem östlichen Theile der Küste, in der Nähe von Bona und La Calle an der Grenze von Tunis treiben. — Die Hauptstadt und der erste Handelshafen Algier soll 1840 bereits wieder 60,000 Einw. gezählt haben. Die europäische Bevölkerung stieg im Jahr 1844 auf 160,000 Menschen, wovon die größere Zahl dem Heere angehörte. Frankreich hat während des Jahres 1843 gegen 90,000 Mann in Afrika unterhalten.

Portendik, Faktorei a. d. Gummiküste im nördlichsten Senegambien (s. S. 144).

St. Louis u. Gorée, } Inseln vor der Mündung des Senegal in Senegambien. Man treibt hier starken Handel mit arabischem oder Senegalgummi sowie mit den gewöhnlichen afrikanischen Produkten: Goldstaub, Elfenbein, Wachs, Häuten, Baumwolle, Pfeffer, Straußfedern, Tiger- u. a. Fellen und seit einigen Jahren auch mit Palmöl.

Bourbon (1502 von den Portugiesen entdeckt, 1642 von den Franzosen besetzt und genommen), die zweite wichtige Mascarenen-Insel, nahe bei der ersten, sonst auch französischen, jetzt englischen Insel Isle de France oder Mauritius im indischen Ocean, mit dem Hafen St. Denis und Ausfuhr von feinem Kaffee, Zucker, Kautschuk, der feinsten Baumwolle und großen Quantitäten Gewürznelken (über 1000 Ctr. jährlich); doch hat man sich in der neuesten Zeit, wie auf Mauritius, hauptsächlich auf den Zuckerbau gelegt.

Ste. Marie, kleine Insel vor der Ostküste der großen Insel Madagascar, jetzt die einzige Niederlassung der Franzosen hier, indem sie, sowie alle andern Europäer, 1835 von Madagascar selbst vertrieben wurden.

Seit 1844 einige Comorische Inseln, wie Johanna, Mohilla, Meomro, Mayotte und Nos.

In Asien oder Ostindien.

Früher als die Engländer erwarben die Franzosen für ihren indischen Handel hier eine feste Niederlassung, und noch in der ersten Hälfte des vorigen Jahrhunderts war ihre Macht der englischen fast überlegen, was jedoch, bei den schnellen Fortschritten der Engländer bald anders sich gestaltete, indem Frankreich im Kampfe um die Herrschaft auf dem Festlande Indien unterlag und der Handel der Franzosen und jeder andern Nation bei dem Uebergewicht der Engländer und Holländer bis auf die neueste Zeit in einem gedrückten Zustande blieb. Die Franzosen besitzen hier noch:

Pondichery u. } Seestädte mit Gebiet auf der Ost- oder Carical, } Coromandelküste in Vorderindien, erstere Sitz des Gouverneurs, mit 40,000 Einw., starker Baumwollweberei und Mittelpunkt des indischen Handels der Franzosen.

Mahé, Hafenstadt mit Gebiet auf der Küste Malabar ebd.

Chandernagor, Stadt am Hugli, oberhalb Calcutta im englischen Bengalen, mit Baumwollfabriken und 50,000 Ew., über welche Stadt jedoch die Engländer die Hoheitsrechte ausüben. Außerdem haben die Franzosen noch Faktoreien in Patna, Dacca, Balasore, Surate u. a. großen Handelsplätzen des britischen Indiens.

In Australien.

Akaroa, Niederlassung auf der südlichen Insel von Neuseeland, wo man bereits Getreide, Mais, Tabak, Wein von französischen Reben und Zuckerrohr baut sowie Maulbeerbäume für die Seidenzucht angepflanzt hat und Wallfischfang neben den Engländern treibt (s. S. 94).

Die Wallfischfänger aller Nationen finden hier gute Aufnahme.

Frankreich hat 1844 die südöstlich von den Gesellschaftsinseln liegenden Gambier-Inseln in Besitz genommen, höchstens 2000 Einw. Sie heißen nach der größten Insel Mangariva auch die Mangariva-Inseln.

Die Insel St. Paul zwischen dem Capland und Neu-Holland haben die Franzosen in Besitz genommen und ein Etablissement gegründet als Kohlendepot und Zufluchtshafen bei der ausgedehnten Dampfschifffahrt.

Colonien der Spanier.

Die Spanier, welche das Glück hatten, zuerst die neue Welt oder Amerika zu betreten, konnten leicht hier, wo sie als Eroberer auftraten, große Besitzungen erwerben, und weniger um Niederlassungen für Anbau und Handel bekümmert, sondern nur nach Schätzen von Gold und Silber strebend, unterwarfen sie bald unter wilden Abenteurern, einem Cortez, Pizarro, Almagro ꝛc., ihrer Herrschaft den halben Continent, und umfaßten bis auf die neueste Zeit, außer den schönsten Inseln, die größten und reichsten Länder in Mittel- und Südamerika, nämlich Westindien oder die meisten Antillen-Inseln, und auf dem Festlande, als spanische Vicekönigreiche: Mexico oder Neu-Spanien, Guatimala, Neugranada, Caracas, Peru, Chili und Rio de la Plata. Allein alle diese Staaten des Festlandes haben seit 1810 der spanischen Herrschaft sich entzogen, ihre Freiheit erkämpft und, wie bekannt, seitdem zu 12 Freistaaten sich gebildet. Ebenso verlor Spanien auch den größten Theil von seinem Westindien an die bereits genannten europäischen Handelsnationen, und besitzt demnach gegenwärtig nur noch folgende Inseln in diesem Erdtheile.

In Westindien.

Cuba, die größte der Antillen-Inseln (2000 □M. und 1¼ Mill. Ew., fast zur Hälfte Negersklaven), mit dem schon 1519 angelegten berühmten Havanna, einem der wichtigsten Hafen- und Handelsplätze Amerika's, an einem Busen der Nordküste, Sitz des Generalcapitäns, mit nahe an 150,000 Ew., neben welchem großen Seeplatze mit bedeutenden Schiffswerften und weltberühmten Tabaks-, namentlich Cigarrenfabriken und an 1000 Zuckersiedereien noch folgende Handelshäfen wichtig sind: Matanzas, ebenfalls a. d. Nordküste, und St. Jago de Cuba, Trinidad und Guines a. d. Südküste, letzterer Platz seit 1838 durch eine quer durch die Insel führende 11 deutsche Meilen lange Eisenbahn mit der Havanna verbunden. — Die Ausfuhr von Colonialwaaren aus Tausenden von Plantagen besteht hauptsächlich in Zucker (gegen 3 Mill. Ctr.), im Jahr 1840 über 700,000 Kisten, von welchen nach Hamburg und Bremen allein 125,000 Kisten gingen; ferner in Kaffee (500,000 Ctr.), Tabak in Blättern und Rollen (gegen 100,000 Ctr.), Cigarren (160,000 Kisten), viel Syrup, Rum oder Tafia, über 10,000 Ctr. Wachs und Honig, viel Häute, Mahagoni- und das beste Gelbholz, wogegen starke Einfuhr von Reis, Mehl, Fleisch, Butter und Manufaktur- und Fabrikwaaren aller Art statt findet.

Portoricco, die kleinste der vier großen Antillen Westindiens (200 □M. und 250,000 Ew., worunter über 40,000 Negersklaven), deren Plantagenbau und Handel in der letzten Zeit verhältnißmäßig eben so ansehnlich war als auf Cuba. Die Ausfuhr besteht in Zucker (1840: 700,000 Ctr.), Kaffee (500,000 Ctr.), Syrup (über 2 Millionen Gallonen), Rum (eben so viel), Tabak (50,000 Ctr.), Baumwolle, Reis,

Häuten ꝛc. Die Seehandelsplätze sind: San Juan de Portoricco (30,000 Ew.) und Aguadilla a. d. Nord- und San German a. d. Südküste. Zwischen beiden letzteren liegt an der Westküste der Flecken Moyagunz.

Von den kleinen Antillen, und zwar von den virginischen Inseln, besitzt Spanien nur noch die kleine Passage- und Schlangen-Insel oder Culebra vor der Ostküste von Portoricco, sowie die daneben liegende unbewohnte Krabbeninsel oder Bieque, welche letztere jedoch auch von Engländern und Dänen zur Fischerei benutzt wird.

In Afrika.

Ceuta, Pennon de Velez, Alhuzemas und Melilla, die sogenannten Presidios oder vier festen Plätze, Gibraltar gegenüber a. d. Küste des Mittelmeeres im Staate Marocco. Sie wurden in der Zeit der Vertreibung und Verfolgung der Mauren übers Meer erworben, und werden von Spanien als Verbannungsorte für Verbrecher benutzt. Ceuta mit Hafen und 8000 Ew. treibt auch Handel.

Canarische Inseln a. d. Nordwestküste Afrika's, schon den Alten unter dem Namen der glücklichen Inseln bekannt. Wichtige Ausfuhrartikel sind: Wein von Teneriffa, Canaria, Palma ꝛc., der im Handel meist als Maderawein geht; ausgezeichnet der Canarien- und Palmsect von den beiden letztgenannten Inseln; ferner vorzüglicher Zucker (Canarienzucker), Südfrüchte aller Art, Ziegenfelle, Wachs, Drachenblut, Orseille oder Färberflechte, Seesalz und Barilla oder Soda, auch etwas Baumwolle und Oel. Die wichtigsten Handelshäfen sind Santa Cruz, Sitz des Gouverneurs, auf Teneriffa und Palmas auf Canaria.

Annabon u. Prinzeninsel, } zwei von den vier Guineainseln im Meerbusen von Guinea; auch haben die Spanier die Souveränität über Fernando Po, einer dritten Guineainsel, auf welcher die Engländer mit Erlaubniß der Spanier seit 1827 eine Niederlassung gegründet und eine Stadt angelegt, um von hier aus die Unterdrückung des Sklavenhandels besser zu betreiben, an England noch nicht abgetreten. Alle drei Inseln trat 1777 Portugal an Spanien ab.

In Asien oder Ostindien.

Spanien, das vollauf mit seinen ausgedehnten amerikanischen Colonien beschäftigt war, konnte weniger auf Erwerbungen in Ostindien achten, wodurch es nur in Collision mit andern europäischen Handelsnationen gekommen wäre. Dennoch gelangte es auch hier frühzeitig zu Besitz, und zwar durch die von ihm im J. 1819 veranstaltete erste Weltumseglung unter Fernando Magelhaens, der 1521 hier für Spanien in Besitz nahm die

Philippinen, auch Manilische und Luzon-Inseln genannt, im äußersten Nordosten des indischen Archipels und südlich von China gelegen. Die Hauptbesitzung der Spanier von dieser ausgedehnten und fruchtbaren Inselgruppe ist die von mehr als 1½ Million Menschen bewohnte große und blühende Insel Manilla oder Luzon mit der Haupt- und Hafenstadt Manilla, Sitz des Generalcapitäns, mit 160,000 Ew. Hier findet sich großer Reichthum an indischen Produkten, und es kann diese Insel, bei aller frühern Vernachlässigung von Seiten Spaniens, nur dem reichen Java der Holländer an die Seite gestellt und in jeder Beziehung neben diesem als die wichtigste ostindische Insel betrachtet werden, deren Bedeutung für den indischen Handel in nächster Zukunft immer sichtbarer werden wird. — Die Hauptausfuhrartikel bilden: Zucker (1818 erst 20,000, 1840: 300,000 Ctr.), Kaffee (10,000 Ctr.), Indigo (8000 Ctr.), Baumwolle (6000 Ctr.), Hanf (100,000 Ctr.), Tabak der besten Art, besonders feine Manilla-Cigarren aus den großen Fabriken in Manilla, die nicht nur größtentheils das britische und holländische Ostindien versorgen, sondern auch noch an 100,000 Kisten nach Europa senden; außerdem Reis, (1836 1,200,000 Ctr., seitdem im Zunehmen), Sternanis, Sago, Rum, Cacao und Gewürze, Palmöl, Wachs, Ambra, Häute, Schildkrot, Sandel- und Ebenholz, Gold, Perlen und Perlmutter, wie auch gegen 30,000 Stück Strohhüte.

Nach dem Verluste der amerikanischen Besitzungen richteten die Spanier und namentlich die in Cadix gegründete Philippinische Handelscompagnie immer mehr ihr Augenmerk auf die bisher so vernachlässigten Philippinen, und gewiß könnten diese so günstig in der Nähe von China gelegenen Inseln, unter europäischer Pflege und bei mehr Thätigkeit, bald eine noch weit größere Bedeutung erhalten.

Die Einkünfte von Manilla sind in Zeit von 60 Jahren von nicht 1 Mill. auf mehr als 3 Mill. Piaster gestiegen. Von Tabak wird eine indirekte Steuer von mehr als 2 Mill. Piaster erhoben (1839). Es gibt auf Manilla bloß 3 Tabaksfabriken, 2 in Manilla und eine im Hafen Cavite. Die größte in Manilla, für das Ausland berechnet, hat 7000 Arbeiter.

Colonien der Portugiesen.

Portugal verdankt seine ersten Colonien einem Prinzen seines Herrscherhauses, Heinrich dem Seefahrer, der schon zu Anfange des 15. Jahrhunderts durch sein unermüdetes Streben, Afrika zu umsegeln, Veranlassung gab, mehrere Inseln vor der Westküste dieses Erdtheils zu entdecken und anzubauen, in Folge dessen endlich Ostindien unter Vasco de Gama 1498 den Portugiesen sich öffnete, wo sie zuerst die reichsten Punkte in Besitz nahmen, so daß Portugal im 16. Jahrh. seine glücklichste Periode verlebte und Lissabon zum Glanzpunkt Europa's für den überseeisch-indischen Handel sich erhob. Dieß ist nicht mehr so. Die meisten seiner Colonien verlor das Land zu Anfange des 17. Jahrh. an die Holländer, was übrigens für den europäischen Handel die günstigsten Folgen hatte, indem diese thätigen und unternehmenden Republikaner, durch Vervielfältigung der wichtigsten indischen Handelsprodukte in großen Plantagen und hauptsächlich durch die von ihnen zuerst versuchten und so sehr gelungenen Ueberpflanzungen derselben nach Amerika, dem Colonialhandel in der Folge die große Erweiterung zu geben wußten.

Portugal besitzt, nachdem es nun auch sein Amerika oder das bis auf die neueste Zeit (1822) besessene große und reiche Brasilien mit seiner Fülle von Colonialwaaren aller Art und seinen unerschöpflichen Gold- und Diamantengruben verloren, jetzt noch:

In Afrika.

Madeira und Porto Santo, Inseln vor der Nordwestküste und dem Lande Marocco, schon 1418 entdeckt und in Besitz genommen. Die erstere ist vorzüglich durch ihren vortrefflichen Wein berühmt, der am stärksten nach England und Amerika geht und dessen edelste Sorte, Dry- (d. i. trockener) Madera, aus den schönsten in der Sonne abgetrockneten Trauben gewonnen wird. Außerdem liefert die Insel Zucker, schöne Südfrüchte, Honig, Wachs und Orseille; auch ist die Cultur des seit einiger Zeit hier eingeführten Kaffeebaumes gut gediehen. Der Hauptthafen Funchal, Sitz eines portugiesischen Gouverneurs, mit 20,000 Ew., dient den nach Südamerika und dem Caplande fahrenden Schiffen als Erfrischungsstation.

Capverdische Inseln oder Inseln des grünen Vorgebirgs, weiter südlich vor dem Cap Verde oder grünen Vorgebirge Senegambiens. Die Hauptinsel ist San Jago mit dem besuchtesten Hafenplatze Porto Praya, und die Ausfuhr besteht in Baumwolle (nach Afrika), Ziegenfellen, viel

Schildkrot, Ambra, die man hier häufig auf dem Meere findet, und Seesalz.

Cacheo und Bissao, kleine feste Plätze und Häfen südlich vom Gambiafluß a. d. Küste von Senegambien.

St. Thomas, die größte und wichtigste der vier Guineainseln im Meerbusen von Guinea, mit dem Hafen gl. N., reich an Zucker und Baumwolle.

Angola und Benguela, Negerreiche in Niederguinea, von welchen die Portugiesen aber nur noch die Seeplätze und Hauptsklavenmärkte Loanda und Benguela nebst einigen Niederlassungen und Forts im Innern besitzen.

Mozambik und Sofala, feste und ehemals wichtige Niederlassungen in den Seestädten und an den Küsten gl. N. im südöstlichen Afrika, wo noch immer ein lebhafter Handel mit Gold, Elfenbein, Gummi, Aloe, Weihrauch, Myrrhen und Ambra, aber auch, aller Verträge und der von Seiten Englands getroffenen Maßregeln ungeachtet, wie in Niederguinea, mit Sklaven nach allen Gegenden, besonders nach Brasilien getrieben wird.

Azoren- oder Habichtsinseln, von 250,000 Menschen bewohnt, liefern jährlich 150—200,000 Kisten Orangen, San Miguel, die reichste der Azoren, hauptsächlich Wein, Branntwein, Mandeln, Getreide, Hülsenfrüchte, Vogelfedern, aus welchen man daselbst kostbare Blumen macht, ferner Schildkrot, Cederkholz, Stroh zu Hüten, so fein wie das florentinische.

In Asien.

Von der Herrschaft und dem Glanze des 16. Jahrh., wo ein Albuquerque und Almeida als Vicekönige von Indien allmächtig herrschten und ebenso durch ihre Großthaten zur See, als durch weise Verwaltung der erworbenen Besitzungen dem portugiesischen Namen Ehre machten, ist Portugal nur ein schwacher Schatten geblieben; denn es besitzt da, wohin es den Weg gezeigt und einst allein gebot, nur noch folgende schwache Reste seiner ehemaligen Größe.

Goa, Stadt und Gebiet südlich vom englischen Bombai a. d. Westküste von Vorderindien. Alt-Goa auf einer Insel des Mandavaflusses und schon zu Anfange des 16. Jahrh. der Mittelpunkt der portugiesischen Herrschaft in Indien, wurde in der neuesten Zeit wegen seiner ungesunden Lage immer mehr verlassen und steht jetzt fast verödet, wogegen sich Neu-Goa oder Villa nova de Goa, Sitz des Generalgouverneurs, mit gutem Hafen a. d. Küste erhoben und bereits 25,000 Einw. zählt, die Geschäfte in Baumwolle, Pfeffer, Reis, Hanf u. a. indischen Produkten, hauptsächlich aber in Arak (Arac de

Goa) machen, der hier in Menge bereitet wird und für den besten in Ostindien gilt.

Damaun oder Daman (1531 erworben) kleine Hafenstadt nördlich von Bombai a. d. Meerbusen von Cambay in Vorderindien, mit gutem Werft, auf welchem man Schiffe aus dem beliebten Tikholz zimmert; außerdem hier starke Fischerei.

Diu, Seestadt mit festem Fort (1536 erbaut), Damaun gegenüber, auf einer kleinen Insel, an der Südspitze der Halbinsel Guzurate, ebenfalls in Vorderindien.

Timor, die größte der kleinen Sundainseln im indischen Archipel, von welcher die Holländer die Südwest- und die Portugiesen die Nordostküste mit der befestigten Hafenstadt Dilli besitzen.

Macao (Makkau), kleine Hafenstadt mit mehreren Forts auf einer Halbinsel am Meerbusen von Canton in China, unter chinesischer Oberhoheit, für welche Niederlassung oder Besitzung Portugal an China einen jährlichen Tribut zu zahlen hat; denn es residirt hier nicht nur ein portugiesischer Gouverneur, sondern auch ein im Namen der chinesischen Regierung die Oberaufsicht oder das Commando führender Mandarin des himmlischen Reiches. Durch die Concurrenz der Holländer, Engländer u. A. in Canton ist der Handel der Portugiesen in Macao gesunken; jedoch wird der Platz dadurch sehr belebt, daß nicht nur mehrere europäische Schiffe, da sie während des Winters in Canton nicht stationiren dürfen, sich nach Macao zurückziehen, sondern auch alle von auswärts ankommende Fahrzeuge, die nach Canton segeln wollen, verpflichtet sind, hier zuerst anzulegen. Seit 1836 soll hier ein großes Entrepot für Waaren aller Art und aller Nationen errichtet worden seyn, was Macao einen Theil seiner frühern Bedeutung wiederzugeben vermöchte.

Uebrigens ist es gewiß ein Beweis von der Schlaffheit und dem Mangel an Unternehmungsgeist der Portugiesen, wenn sie, im Besitz von Macao, sich nicht vor allen andern Nationen in dem vortheilhaften Handel mit China bereicherten, sondern sich sogar bei demselben verdrängen ließen.

Colonien der Dänen.

Frühzeitig schon verkehrten die Dänen durch Handelsschifffahrt nicht nur mit dem übrigen Europa, sondern auch mit Ost- und Westindien, wo sie im 17. Jahrh., zum Theil früher, feste Niederlassungen erwarben als andere Handelsnationen und so seitdem am großen Colonialhandel Antheil nahmen. Ihre auswärtigen Besitzungen sind folgende:

In Nordamerika.

Grönland, seit 1721 gegründete Fischerei-, Handels- und Missions-Niederlassungen auf der Südwestküste dieser nordöstlichen Halbinsel Amerika's, wo mehr als 1000 Dänen und wohl an 6000 Grönländer oder Eskimos zu Godhaab und in mehreren andern Colonien (s. S. 78) in verschiedenen durch die Herrnhut Brüder-Unität gestifteten christlichen Gemeinden leben und wichtigen Wallfisch-, Wallroß- und Narwalfang, sowie Seebären-, Seehunds- und Pelzrobbenschlag treiben, hauptsächlich bei der Insel Disco; sonst und zum Theil auch noch jetzt der Sammelplatz der Wallfischjäger mehrerer Nationen. Außer Fischen, Thran, Wallrath, Fischbein, Wallroßzähnen, Narwalhörnern und Seehundsfellen kommen auch von hier, wie von Island und den Färöern, viel Eiderdunen, wie auch Pelzwerk in den Handel, den hauptsächlich die dänischen Häfen Altona, Flensburg und Frederikshavn treiben.

In Westindien.

St. Croix, St. Thomas u. St. Jean } drei kleine Antillen, zu der Gruppe der virginischen Inseln gehörig, deren Hauptprodukte sind: viel Zucker aus fast 400 Plantagen, Rum, Baumwolle und Tabak. St. Thomas wurde 1671 von England an Dänemark abgetreten, St. Jean 1697 von Dänemark in Besitz genommen und St. Croix, die wichtigste dänische Besitzung, erst 1733 von Frankreich angekauft und in Folge dessen 1734 eine dänisch-westindische Handelscompagnie gegründet, die besonders während des nordamerikanischen Freiheitskrieges (1775—1784) gute Geschäfte gemacht. Der Hauptgeschäftsplatz ist der Freihafen Christiansstadt auf St. Croix.

In Afrika.

Christiansburg oder Friedensburg, Fort an der Goldküste von Guinea. Ausfuhr: Gummi, Schildkrot, Pfeffer und Goldstaub.

In Asien oder Ostindien.

Trankebar, Seestadt von 20,000 Einw. mit Gebiet auf der Ost- oder Coromandelküste in Vorderindien, südlich von dem französischen Pondichery, mit dem Fort Dansborg, das 1820 gegründet wurde, nachdem 1616 schon das erste Schiff einer dänisch-ostindischen Handelscompagnie an dieser Küste angekommen und im Jahre 1620 auch diese Besitzung von den Dänen erworben worden war. Berühmt die dasige große Missionsanstalt.

Serampur, blühende Stadt am Hugli, unweit Calcutta im britischen Bengalen, Sitz des Gouverneurs und einer wichtigen Missionsgesellschaft mit großer Bibeldruckerei.

Beide Niederlassungen blühten besonders während des letzten französisch-englischen Krieges durch den Handel unter neutraler Flagge empor.

Die beiden dänischen Handelscompagnien für Ost- und Westindien lösten sich schon vor dem Ende des vorigen Jahrhunderts (1777) auf und traten ihre Besitzungen dem Könige ab. Im Jahr 1843 wurde die dänisch-asiatische Compagnie sammt ihren Privilegien aufgehoben und der chinesische und ostindische Handel freigegeben.

Colonie der Schweden.

Schweden besitzt als Colonie nur eine einzige Insel, die ihm 1784 von Frankreich abgetreten wurde, nämlich

in Westindien

St. Barthelemy, eine kleine Antille zwischen St. Martin und Barbuda, mit der Hauptst. Gustavia und dem Freihafen Carenage. Ausfuhr: gute Baumwolle, weniger Zucker, Tabak, Salz rc.

Colonien der Russen.

Rußland hat zwar keine Colonien zur Erzeugung von Colonialwaaren, ja nicht einmal für die gewöhnlichen Bodenerzeugnisse; doch hat es, gleich England, überseeische Besitzungen mit Ansiedelungen behufs des Pelzhandels, und zwar

in Nordamerika

Neu-Archangel, Hauptniederlassung auf der Insel Sitka vor der Rußland von der Behringsstraße bis zur Südspitze der Prinz-Wales-Insel oder südlich bis 54° 40′ gehörenden Nordwestküste von Amerika, welche Ländereien unmittelbar von

Die russischen Colonien an der Nordwestküste Amerika's haben in ihrem ganzen Zuschnitt wenig mit den andern Niederlassungen der Europäer in Amerika gemein; man könnte sie allenfalls mit den dänischen Besitzungen an der Westküste von Grönland vergleichen.

der 1799 gestifteten russisch-amerikanischen Pelzhandels-Gesellschaft abhängen, deren Hauptzweck Jagd und Fischfang in diesen Gegenden ist. Dieser zu Irkutsk entstandene Verein von Kaufleuten erhielt von Kaiser Paul das ausschließende Privilegium, auf den von der Halbinsel Kamtschatka in Sibirien bis nach Amerika wie eine Brücke sich hinüber ziehenden Aleuten und Fuchsinseln Pelzhandel zu treiben. Kaiser Alexander dehnte dieses Privilegium auf das ganze russische Amerika aus. Seitdem wurden von dieser Gesellschaft mehrere Niederlassungen und Factoreien gegründet, von denen jetzt die oben genannte auf Sitka der Hauptstapelplatz ist. Die Direction dieser Pelzhandels-Gesellschaft ist in Petersburg; außerdem hat sie Comptoire und Niederlagen in Peter-Paulshafen, Ochotsk, Jakutsk, Irkutsk, Tomsk, Tobolsk, Kasan und Moskau, wodurch der russische Pelzhandel sich sehr erweitert hat.

Einfuhrprodukte Europa's

aus den genannten Colonien sowie überhaupt aus den übrigen Erdtheilen.

Seitdem das Meer die große Straße für den Handel nach allen Gegenden der Erde geworden ist, hat sich die Einfuhr und der Verbrauch überseeischer Produkte, besonders der in großen Massen gewonnenen Colonialwaaren, nach Europa ins Ungeheure vermehrt. Mehrere dieser Produkte sind allen Erdtheilen gemeinschaftlich, oder doch durch Ueberpflanzung aus dem einen in den andern und Acclimatisirung nach und nach auch in andern einheimisch geworden; indessen gibt es doch immer noch Erzeugnisse, die bis heutigen Tages noch der eine oder andere Erdtheil ausschließlich liefert.

Was Asien betrifft, so sind oder waren doch ursprünglich diesem Erdtheile folgende Handelsprodukte ganz eigenthümlich:

Zucker, Kaffee, Thee, Saffran, Sesam, Sago, Arak, Indigo, Reis, Seide, Zimmt, Gewürznelken, Muscat, Ingwer, Cardamomen, Kampfer, Moschus, Rhabarber, tibetanisches Ziegenhaar 2c.

Amerika bot dem Handel folgende früher noch nicht gekannte Waaren:

Tabak (?), Cacao, Vanille, Piment, Ahornzucker, Mais, Rum, Cochenille, Orlean, Chinarinde, Mahagoni- und Campeche- oder Blauholz, mehrere neue Droguen, wie Jalappe, Ipecacuanha, Sassaparille, Sassafras, Cascarille, Guajakharz 2c. aber auch die sehr wohlthätige Kartoffel.

Von Australien erhalten wir, soviel bis jetzt bekannt, nur den neuseeländischen Flachs als eigenthümliches Produkt.

Die wichtigsten Einfuhrprodukte nach Vorkommen, Güte und Menge.

Animalische Produkte.

Seide.

Sie stammt ursprünglich aus Asien, wahrscheinlich aus China, von wo sie um die Mitte des 6. Jahrhunderts schon nach dem südlichen Europa und zwar nach Griechenland kam, und liefert auch jetzt noch Asien die meiste rohe Seide in den Handel. Die Hauptsorten sind:

Chinesische Seide. Man unterscheidet Nanking-Seide als die beste und weißeste, aus den Provinzen Nanking und Tschekiang im östlichen China, und Canton-Seide, welche geringer ist, aus dem südlichen China.

Ostindische Seide. Sie ist ebenfalls schön, und man schätzt vorzüglich die bengalische, deren Hauptmarkt zu Calcutta, Cossimbazar, Surate und Bombai im britischen Indien ist, von wo die Zufuhren (jährlich bereits über 10,000 Centner) mit jedem Jahre beträchtlicher werden. Auch Tattah am Indus im Staate Sind sowie Siam in Hinterindien liefern Seide in den Handel.

Persische Seide. Diese wird am besten in der Provinz Ghilan am caspischen Meer gewonnen, von wo sie meist über Rescht nach Astrachan in den russischen Handel, aber auch durch Karawanen über Eriwan, Erzerum, Smyrna, Aleppo und Damask in den übrigen europäischen Handel kommt.

Levantische Seide. Natolien und Syrien, jenes hauptsächlich um Brußa (4000 Ctr.), dieses um Damask und Beirut, produciren viel gute Seide, welche meist über Smyrna, Constantinopel und Aleppo nach dem westlichen Europa geht; doch kommt unter dieser Benennung auch viel persische und armenische Seide durch Karawanen aus dem innern Asien über Bassora, Bagdad, Damask 2c. nach den levantischen Häfen, und ebenso wird (wie dieß auch bei der Baumwolle und andern Handelsartikeln aus diesen Gegenden der Fall ist) auch alle in der europäischen Türkei, auf Morea und den Inseln des Archipels (Cypern, Chios, Tine 2c.) erzeugte und über Gallipoli, Salonichi, Syra oder Hermopolis in den Handel gebrachte Seide unter obigem Namen begriffen.

Seidenwaaren. Ehedem erhielten wir aus China, Ostindien, Persien und der Levante viele theils ungefärbte, theils bunte und gedruckte Bast-, Seiden- und Halbseidenwaaren sowie Gold- und Silberbrocate; allein in der neuesten Zeit kommen diese Artikel — ebenso wie die ostindischen

Baumwollenwaaren — nur selten noch in den europäischen Handel, da diese Länder hinsichtlich des Preises die Concurrenz mit den eben so schönen europäischen Fabrikaten dieser Art jetzt nicht mehr bestehen können.

Kameelhaar.

Unter der Benennung Kameel- oder Kämelhaar, Angorahaar, persisches, tibetanisches oder Kaschmir-Ziegenhaar 2c. erhält Europa aus der Levante und Persien über Smyrna und Aleppo, sowie über Eriwan, Tiflis, Astrachan, Orenburg und Kasan theils wirkliches rohes Kameelhaar, theils und hauptsächlich das weichere und feinere Haar oder die Wolle von verschiedenen Ziegenarten der genannten Länder, auch von den kirgisischen Steppenziegen, was, zu Kämel- oder Kameelgarn versponnen, in unsern Manufakturen theils rein, theils unter Wolle und Seide zu verschiedenen Zeugen, namentlich zu Shawls und Teppichen, wie in der Levante verwebt wird. Doch hat der Verbrauch in Europa sehr abgenommen, seitdem das aus der edelsten Schafwolle dem Kämelgarn ähnliche sogen. Kammgarn allgemein in Gebrauch gekommen. Das meiste wird daher in der Levante selbst zu schönen Zeugen (Camelott, Serge 2c.), besonders aber zu Teppichen und Shawls, wie in Kaschmir, Angora 2c. verarbeitet und diese auch noch stark auf die europäischen Märkte gebracht. Das edelste Haar dieser Art und das Material zu den echten kostbaren Kaschmir-Shawls ist das Kaschmir- und tibetanische Ziegenhaar, das man über die russischen Häfen oder direkt aus Indien und Persien erhält und, seit dem Aufschwunge der Kaschmirshawlfabriken in Frankreich und England, auch wieder stärker nach diesen Ländern eingeführt worden ist.

Shawls und Teppiche.

Wenn auch Europa gegenwärtig den Orient in kunstreicher Verarbeitung der Baumwolle und Seide erreicht und zum Theil übertroffen hat, so läßt sich doch noch nicht ein Gleiches von der Fabrikation der Shawls und Teppiche sagen, in welcher mehrere Gegenden Indiens, Tibets, Persiens und der Levante noch unerreicht dastehen. Die feinsten und kostbarsten Stoffe dieser Art sind die Kaschmir-Shawls, welcher zu Kaschmir im Kgr. Lahore in Vorderindien und in Tibet, wie auch zu Delhi im britischen Indien, aus der feinen, an Glanz und Zartheit das Biberhaar noch übertreffenden Wolle der in den beiden erstgenannten Ländern einheimischen Bergziegen gefertigt und bis zu 1000 Thaler das Stück verkauft werden. In Frankreich suchten in der neuesten Zeit Paris, Lyon und Serres, in England Norwich, Bristol und Edinburg die echten Kaschmirshawls mit Glück nachzuahmen.

Teppiche von besonderer Schönheit lieferte von jeher und ausschließlich Persien und die Levante, doch hat die europäische Industrie in der neuesten Zeit in diesem Gewerbszweige ebenfalls viel geleistet, so daß jetzt mehrere Orte in Frankreich, England und Deutschland ausgezeichnete Waare liefern. Siehe Fabriken.

Wolle.

Europa hat keinen Mangel an Wolle, denn es besitzt mehr Schafe als alle übrigen Erdtheile zusammengenommen, aber dennoch liefern einige überseeische Länder Wolle in den europäischen Handel, besonders nach England, und zwar vor allen die meiste Australien oder die Colonien Vandiemensland und Neu-Südwales, deren Ausfuhr bisher mit jedem Jahre gestiegen ist; denn wenn die erste Sendung von daher nach England im Jahr 1806 nur erst etwas über 2 Ctr. betrug, so war die Einfuhr im Jahr 1840 auf mehr als 100,000 Ctr. gestiegen. Nächst Australien liefert Südamerika oder Peru und Buenos-Ayres (100,000 Ctr.), Ostindien (30,000 Ctr.) und auch das Capland (20,000 Ctr.) und Marokko in Afrika Wolle zur Ausfuhr.

Alpacca-Wolle, vorzüglich seidenartig, erregt jetzt die allgemeine Aufmerksamkeit. In Schottland ist bereits das Alpacca-Thier, eine Art Lama, zahm, um Panama bis zum Mazellanstrom, besonders stark in Peru gehalten. Die Farbe der Wolle ist bräunlich, aber auch ganz schwarz, so daß keine Farbe nöthig ist. Das Thier heißt auch Paco, Pacolama, oder Zwerglama. — Das Guanuco oder große Lama und das Vicunna oder Vicugna ist wild, das gewöhnliche Lama und das Alpacca sind zahm. Letzteres ist kleiner als das gewöhnliche Lama. In Belgien versucht man diese Thiere ebenfalls zu naturalisiren.

Pelzwerk.

Nächst Rußland (s. S. 103 u. 163) versorgt Nordamerika, namentlich die britischen Besitzungen daselbst, durch die Thätigkeit der seit 1821 vereinigten Nordwest- und Hudsonsbai-Compagnie (s. S. 138—139), [1] aber auch die Vereinigten Staaten einen großen Theil von Europa mit geschätzten Pelzwaaren. Außer den S. 103 genannten russischen Rauchwaaren sind hier noch zu nennen: Bärenfelle (schwarze, braune und weiße), Wasch-

[1] Die Hudsonsbai-Compagnie wurde 1670, die Nordwest-Compagnie 1784 gegründet, und beide traten, unter dem Namen „Vereinigte Nordwest- und Hudsonsbai-Compagnie," im J. 1821 zu einer großen Pelzhandelsgesellschaft zusammen.

bären-, Schuppen- oder Rakunfelle, Biberfelle, Bisam- (Moschus-) oder Muskusrattenfelle, Minx- oder Skunksfelle, Reh- und Rennthierfelle, Seehunds- oder Robbenfelle, Vielfraß- oder Wolverinfelle 2c. — Die Hauptstapelplätze der englischen oder canadischen Rauchwaaren sind, außer London, wohin alle gebracht und jährlich in zwei großen Auktionen verkauft werden, in Obercanada Fort William am Obersee und Montreal am Lorenzstrom in Untercanada.

Die Vereinigten Staaten nehmen durch ihre Südwest-Compagnie, deren Hauptniederlassung zu Michillimakinak im Freistaat Michigan ist, sowie durch ihre Ashley-Compagnie von St. Louis am Missisippi im Freistaat Missouri großen Antheil an dem nordamerikanischen Pelzhandel, und Neuyork, Philadelphia, Boston und Baltimore verschiffen eine Menge Rauchwaaren nicht nur nach Europa, sondern nach allen Gegenden der Erde.

Häute und Hörner.

Obschon mehrere Staaten Europa's durch starke Viehzucht sich auszeichnen und besonders viel rohe getrocknete Rindshäute in den Handel bringen, so ist dieß doch für den Bedarf nicht hinreichend, und es müssen daher jährlich eine große Menge Häute über See, namentlich aus Amerika eingeführt werden. Am meisten schätzt man die südamerikanischen oder Buenos-Ayres- und Mendoza-Häute aus dem Freistaat La Plata, aus welchem allein jährlich über 500,000 Stück und ebenso an 300,000 Stück Pferde- oder Roßhäute und viel Roßhaare sowie große Massen Talg ausgeführt werden. Nächst Buenos-Ayres haben starke Versendung in Ochsenhäuten: Uruguay oder Montevideo, Brasilien (Riogrande-, Rio Janeiro-, Bahia- und Pernambukhäute), Caraccas (Laguaira), Neugranada (Cartagena), Mexico, Westindien (Cuba, Portoricco, Domingo, Veracruz und Jamaica) und Nordamerika (die Vereinigten Staaten und Canada); ferner Nordafrika (Algier, Tunis und Aegypten) und in der neuesten Zeit auch Australien (Neusüdwales und Vandiemensland).

Ochsenhörner kommen ebenfalls am stärksten aus Südamerika oder von Buenos-Ayres und Brasilien, und stehen die brasilianischen sowohl in Hinsicht der Größe als der Güte obenan.

Straußfedern.

Der Strauß ist im nördlichen und mittlern Afrika (Berberei, Wüste Sahara, Nubien 2c.) und in Arabien einheimisch. Die schönsten weißen Schmuckfedern von diesem Vogel kommen von Aleppo in Syrien (sehr seidenartig und von Natur gekräuselt), die meisten von Algier, aber auch von Tunis, Alexandrien und Kairo, geringere vom Senegal und von der Insel Madagascar. Livorno, Marseille, Genua und Venedig bringen sie in den europäischen Handel.

Cochenille.

Diese schönste, nun seit 300 Jahren in Europa bekannte rothe Farbe liefert Amerika, und zwar Mexico in den Provinzen Oaxaca und Tlascala, welche über Veracruz nach Europa kommt, daher im Handel Veracruz-Cochenille genannt; eine zweite ebenfalls sehr gute Sorte ist die Honduras-Cochenille aus Guatimala. Sie besteht, wie der europäische Kermes (s. S. 105), aus einem unsern Wanzen ähnlichen getrockneten Insekt, der Cochenillschildlaus, welche auf Cactus Opuntia, von den Eingeborenen Nopalpfanze genannt, theils im wilden Zustande gefunden, theils in eigenen Plantagen (Nopalerien) mit aller Sorgfalt cultivirt wird. Zu einer Unze (2 Loth) gehören 4080, zu einem Pfund 65,000 Thierchen. Man gibt die jährliche Ausfuhr nach Europa auf 5—6000 Ctr. an. Zaccatilla ist nächst der Veracruz-Cochenille die theuerste.

In der neuesten Zeit haben die Engländer auf dem Capland in Afrika und bei Madras auf der Küste Coromandel in Ostindien, die Spanier auf den canarischen Inseln sowie bei Malaga, Cadix und Sevilla, die Holländer auf Java in Ostindien und die Franzosen in der neuen Colonie Algier die mexicanische Cochenille zum Theil mit Glück einheimisch zu machen angefangen; auf Teneriffa deßgleichen. Java-Cochenille wurde erst 1828 durch einen listigen Holländer, auf Befehl seines Königs, von Cadix nach Java verpflanzt.

Durch die mit Hülfe der Chemie gemachten Fortschritte in den Färbereien, bei welchen man jetzt in vielen Fällen statt der Cochenille andere wohlfeilere Farbenstoffe, wie Lac-dye, Krapp 2c., eben so gut zu benutzen versteht, ist gegenwärtig mit dem verminderten Verbrauch auch der Preis der Cochenille gesunken.

Außer der Anwendung der Cochenille in den Färbereien wird aus derselben auch der Carmin, diese prachtvolle hochrothe Farbe, sowie mehrere theure Lackfarben für die Portrait- u. a. feine Malerei, zur Fabrikation der künstlichen Blumen u. s. w. bereitet, die unter den Namen Pariser, Florentiner und Wiener Lack in den Handel kommen.

Elfenbein.

Elephantenzähne klein und groß, von 2 bis 6, ja bisweilen auch bis 8 und 10 Fuß Länge und von 6 bis 160 Pfd.

Schwere, kommen meist von den West- und Ostküsten Afrika's, aus Senegambien, Guinea, Mozambik und Sofala, aber auch durch Karawanen aus dem Innern Afrika's nach Algier, Tunis, Tripolis, Alexandrien und Kairo; ferner von Ostindien, die man höher schätzt, und zwar aus Bengalen, besonders aber aus den hinterindischen Ländern Birma, Siam, Cochinchina, sowie von den Inseln Ceylon, Sumatra und Java in den Handel.

Im Allgemeinen und in der Technik versteht man unter Elfenbein auch die Wallroß-, Narwal-, und Nil- oder Flußpferdzähne, die wie das Elfenbein zu allerhand feinen Kunstsachen, die sich immer weiß halten, verarbeitet werden. — Das meiste Elfenbein kommt jetzt über England, wo auch, namentlich zu Birmingham, große Massen verarbeitet werden, nach Europa. In Deutschland verarbeitet Nürnberg viel; unerreicht aber in feinen Elfenbeinarbeiten ist noch immer China.

Die Abfälle des Elfenbeins werden zum schönsten Beinschwarz (noir d'ivoire) verwendet, indem man sie in verschlossenen Gefässen verkohlt.

Schildkrot oder Schildpatt.

Diese hornartigen Platten des Rückenschildes der Schildkröten, namentlich der Carett- und Riesenschildkröte, die in allen Meeren der heißen Zone leben, bezieht Europa aus Ost- und Westindien, von den ost- und westafrikanischen Inseln (Mauritius, Sechellen, Amiranten, capverdischen und canarischen Inseln), sowie von den vor der Westküste Südamerika's liegenden Gallopagos- oder Schildkröten-Inseln. Das vorzüglichste Schildkrot soll der östliche Theil des indischen Archipels liefern, für welches das britische Singapore der Hauptmarkt und Versendungsort ist. — In Europa liefern die griechischen Inseln noch brauchbares Schildkrot, das unter dem Namen neapolitanisches in den Handel kommt; es ist schwarz und gelb marmorirt und steht nur $1/3$ so hoch im Preise als das von der am meisten geschätzten Carett-Schildkröte. Die gemeine Fluß- oder kleine europäische Schildkröte, die bis Preußen herauf sich findet, hat keinen Werth, und wird nur des Fleisches wegen gesucht. Berühmt aber wegen ihres gesunden Fleisches und darum für die Seefahrer so wichtig ist die Riesenschildkröte, die bis über 600 Pfund schwer sich finden soll.

Wachs.

Große Massen liefert die Levante (Smyrna), Aegypten und die ganze Berberei, besonders Tripolis und Marokko

(Mogador); ferner Senegambien, Guinea und die ostafrikanischen Inseln Madagascar und Mauritius; in Ostindien Bengalen und der indische Archipel; in Amerika Cuba, Surinam und Brasilien. — Vegetabilisches oder Pflanzenwachs bildet vorzüglich in Brasilien, China und Japan einen Handelsartikel.

Moschus oder Bisam.

Diese starkriechende fettige, vom männlichen Moschus- oder Bisamthier in den gebirgigen Theilen Asiens kommende Substanz liefert China, Tonkin, Cochinchina, Tibet und Kaschmir gut; weniger geschätzt ist der sibirische oder russische Moschus, auch kabardinischer genannt. Der von Cochinchina und Tonkin wird zum Unterschied von dem russischen orientalischer oder tonkinischer genannt. — Er wird zur Parfümerie und in der Medicin als nervenreizendes und kräftiges Linderungsmittel in Krankheiten benutzt, seiner Kostbarkeit wegen aber häufig verfälscht.

Aehnliche stark und wohlriechende fettige Materien, die ebenfalls stark zu Parfümerien und auch in der Medicin angewendet werden, sind der Zibeth vom Zibeththier, das in Ostindien (Festland und Inseln) und durch ganz Afrika (besonders in Abyssinien), auch in Mexico, Guatimala und auf Cuba wild lebt, und das Bibergeil von welchem letztern das aus Rußland kommende sibirische oder moskowitische das vorzüglichste ist, neben welchem aber auch das geringere canadische, englische oder amerikanische aus dem britischen Nordamerika stark in den europäischen Handel kommt. — Auch in Europa liefern Polen, Preußen, Deutschland (Bayern), Norwegen und Schweden zuweilen gute Sorten.

Ambra.

Ebenfalls eine fettartige Materie, die man ihres vortrefflichen Geruchs wegen hochschätzt, und die, weil sie nicht häufig gefunden wird, eine der theuersten Spezereien ist. Sie wird zwischen den Wendekreisen aus dem Meere, wo sie schwimmt, gefischt, aber auch aus den Eingeweiden des Pottfisches geschnitten, und soll eine Gallensecretion dieser Fischart seyn. Man sammelt sie vorzüglich im indischen Ocean bei den Molukken und Philippinen, sowie bei Sumatra, Madagascar und a. d. Coromandelküste, aber auch im atlantischen Ocean bei Brasilien und in Westindien. Sie wird als kostbares Räucherwerk und hauptsächlich zur Parfümerie (namentlich in Frankreich) benutzt. Wie der Moschus wird auch die Ambra ihres hohen Preises wegen (1842 die Unze echte graue Ambra in Leipzig 6 Thlr.) verfälscht oder auch wohl ganz nachgekünstelt.

Stockfisch.

(S. S. 106 u. 139.)

Thran.

Diese aus dem Speck der Wall- und Pottfische, sowie der Wallrosse und der Seehunde oder Robben gewonnene ölige Substanz liefern die Bewohner der Vereinigten Staaten von Nordamerika am stärksten in den Handel, da sie vor allen andern Nationen die meisten Schiffe für diese große Fischerei ausrüsten und und jährlich über 200,000 Fässer Thran und über 150,000 Fässer Wallrath nach Hause bringen. Nächst den Vereinigten Staaten betreiben England (Hull Hauptplatz) mit etwa 200 und Frankreich (Havre Hauptplatz) mit 145 Schiffen, wie jene im nördlichen Eismeer, weit mehr aber jetzt in der Südsee dieses Geschäft am stärksten. Einigen Antheil daran nehmen auch Norwegen, Schweden, Dänemark und die Hanseaten, weniger in der neuern Zeit die Holländer, die am frühesten bedeutend darin waren.

Wie den meisten Thran, ebenso liefern die drei erstgenannten Staaten auch die übrigen bei dieser Fischerei gewonnenen Produkte in größter Menge, nämlich: Wallrath oder Spermaceti vom Pottfisch oder Kaschelot, zu den bekannten Wallrath- oder Spermacetilichtern, die am stärksten in England fabricirt werden, sowie Wallfischbarden, Fischbein und Robben- oder Seehundfelle.

Guano oder Huano,

peruanischer Vogeldünger,

welcher in Peru schon längst angewendet wurde und dessen Ausfuhr und Verbrauch immer mehr zunimmt; namentlich ist derselbe in England von großer Bedeutung. Der meiste kommt von der Insel Iquique, sowie von der Chincha-Insel an der Küste von Peru. Die Insel Itschiboe, 3 englische Meilen von der Südwestküste Afrika's, ist stellenweise 20 Fuß hoch mit Guano bedeckt. Er kommt von einer Art Fettgans.

Perlen.

Die berühmtesten und stärksten Perlenfischereien hat der Orient, namentlich Arabien, Ostindien und Japan, und sind die Hauptgewinnungspunkte die zu Arabien gehörenden Bahrein-Inseln im persischen Meerbusen, sowie die arabische und persische Küste an diesem Busen, welche Fischerei über 4000 Boote und mehr als 30,000 Menschen beschäftigen und einen Ertrag von $2\frac{1}{2}$ Mill. Thlr. geben soll; ferner die britische Insel Ceylon in Ostindien, und zwar die Nordwestküste derselben, in der Bai von Condatschi bei der kleineren Insel Manar in der Ceylon- oder Palksstraße, aber auch die gegenüberliegende Küste des Festlandes Vorderindien bei Tuticorin, welcher letztere Fang Eigenthum der britisch-ostindischen Compagnie, der erstere aber an der Ceylonküste Regal der englischen Krone ist. Ein dritter Punkt sind die Suluh-Inseln zwischen Borneo und den Philippinen, deren Perlen meist nach China gehen. Weniger wichtig ist die Ausbeute a. d. Küste Coromandel, sowie an den Küsten der Insel Java, Borneo, Sumatra, der Philippinen (Manilla) und von Japan.

Die amerikanische Perlenfischerei an den Küsten des mexicanischen Meerbusens und bei einigen Inseln daselbst, sowie in dem Meerbusen von Panama [1] in Neugranada, hat theils ganz aufgehört, wie bei der durch ihren Reichthum an Perlen lange Zeit berühmten Inseln Marguarita ꝛc., theils ist sie sehr unbedeutend geworden, so daß jetzt nur wenige Perlen von hier aus nach Europa kommen und fast alles nach Peru verkauft wird. In der neuesten Zeit sollen an der Halbinsel Californien schöne Perlen gefunden worden seyn.

Der Werth der Perlen hängt von deren Größe, schönen Form, glatten Rundung, Farbe und lebhaftem Glanz oder Wasser ab, und es führen die schönsten überhaupt den Namen orientalische Perlen, während die minder schönen und weniger glänzenden, auch wenn sie aus Ostindien stammen, occidentalische Perlen genannt werden.

Die unechten oder Glas- und Wachsperlen, die schon vor Jahrhunderten in Paris erfunden wurden und den Handel mit echten Perlen sehr vermindert haben, werden auch jetzt noch von Paris aber auch von Venedig, Nürnberg und die erstern vorzüglich auch von Böhmen in großer Menge in den Handel gebracht. Der stärkste Verkehr damit ist nach den Küsten und Inseln Afrika's (Senegambien, Guinea, Congo ꝛc.), wo sie bei dem Handel mit den Negern eine unentbehrliche Waare sind.

Perlmutter, die bekannte innere Schale der Perlenmuschel, welche zu vielen Galanterieartikeln verarbeitet wird, kommt ebenfalls meist aus Ostindien, namentlich häufig von den Philippinen und Suluh-Inseln, und es scheinen diese Schalen nicht bloß von den großen Perlenfischereien zum Verkauf

[1] Die Perlen von Panama sind eine geringe Sorte und werden nach einigen Jahren gelb. Die Perlen aus Rio de la Hache haben eine schönere Farbe, sind aber nicht so groß. An der Küste von Rio de la Hache betreiben die Indianer die Perlenfischerei.

gebracht zu werden, sondern es mag die Fischerei hie und da auch wohl wegen den Schalen allein einträglich seyn.

Vegetabilische Produkte.

Gewürze.

Die feinen ausländischen Gewürze oder aromatischen Vegetabilien, die einen verbreiteten Handelsgegenstand bilden, und meist aus Samen und Früchten, aber auch aus Knospen, Rinden und Wurzeln bestehen, sind Produkte der Tropenländer oder der heißen Zone, und liefert die meisten und besten Ostindien, vorzüglich die den indischen Archipel bildenden Sunda-, Banda- und Gewürzinseln oder Molukken der Holländer, die spanischen Philippinen oder manilischen Inseln, die britische Insel Ceylon, sowie die vor der Ostküste Afrika's liegenden und durch ihre indischen Produkte berühmten Mascarenen-Inseln Bourbon und Mauritius; aber auch Westindien, Mexico und Brasilien in Amerika. Die Hauptgewürze sind:

Zimmt oder Caneel. Die echte feine Zimmtrinde lieferte von jeher nur die Insel Ceylon (jährlich gegen 6000 Ctr.) von Colombo, dem Stapelplatze derselben. Verpflanzt wurde in der neuern Zeit der echte Zimmtbaum nach Java, Mauritius und Brasilien, daher denn jetzt auch von diesen Punkten, namentlich aus den großen Planzungen auf Java, deren jährlichen Ertrag man schon zu 2000 Ctr. anschlägt, Zimmtausfuhr statt findet. — Surrogate des echten Zimmts sind haupsächlich die sogen. Zimmtcassia, die China und Cochinchina in Menge, aber auch Ceylon und Bengalen und in Amerika Brasilien, Cayenne und die Insel Martinique liefert; ferner Nelkenzimmt oder Nelkencassia von Brasilien, Guiana und der Insel Cuba.

Zimmtblüthen liefert ebenfalls Ceylon vom echten Zimmtbaum, doch kommen die meisten aus China und Cochinchina, und zwar vom gewürzhaften Zimmtlorbeerbaum, der die Zimmtcassia liefert.

Gewürznelken oder Nägelein. Sie sind ein Produkt der Amboina-Inseln, einer Gruppe der holländischen Gewürzinseln, und kommen über Batavia (5—6000 Ctr.) nach Europa. Verpflanzt wurde in der neuern Zeit der Gewürznelkenbaum nach Sumatra, Java, Ceylon, Pulo-Pinang, Bourbon, Mauritius und Cayenne, daher denn auch von diesen Punkten, namentlich von der französischen Insel Bourbon (1000 Ctr.) Nelkenausfuhr statt findet, was das lange genossene Monopol der Holländer in diesem Artikel zu schmälern anfängt.

Muscat- oder Macisnüsse und Muscatblüthe oder Macis. Auch in diesem Gewürz hatten die Holländer auf ihren Banda-Inseln, dann auch auf Sumatra, Ceram, Gilolo und Ternate bis auf die neueste Zeit den Alleinhandel; allein die Verpflanzungen dieses Gewürzbaumes nach Ceylon, Bengalen (1819 100,000 Bäume durch die Engländer gepflanzt), Pulo-Pinang (1842 über 18½ Mill. Nüsse geerntet und 4300 Pfd. Macis), Mauritius, Sierra-Leone, Surinam und Trinidad fangen an, ihnen auch in diesem Artikel Abbruch zu thun. — Man schlägt den jährlichen Ertrag der Bandainseln auf 5—6000 Ctr. Nüsse und auf 1500 Ctr. Macis oder Muscatblüthe an. Auf Singapur wurden erst 1818 Macisbäume verpflanzt, 1843 wurden 842,300, 1848 über 4 Mill. Nüsse geerntet. Auf 1 Pfd. Macis sind etwa 430 Nüsse zu rechnen.

Nach Europa verkauft die holländisch-ostindische Gesellschaft jährlich durchschnittlich 250,000 Pfd. Macisnüsse, abgesehen von 100,000 Pfd., welche in Indien abgesetzt werden.

Vanille. Diese aromatische Schote gehört Amerika eigenthümlich an und wächst auf dem festen Lande von Mexico bis Brasilien und Peru herab, sowie auf den Inseln Haiti, Cuba und Jamaica. Die meiste kommt aus Mexico, wo sie wild wächst, über Veracruz in den Handel, nächstdem aus Neugranada, Caraccas und Brasilien, besonders von den Ufern des Orinoco- und Amazonenstromes, weniger und geringere Sorten aus Westindien.

Piment oder Neue Würze. Der Nelkenpfefferbaum, der diese bekannten Beeren liefert, wächst auf allen westindischen Inseln wild, wird aber auf Jamaica und einigen andern britischen Inseln cultivirt und daher meist Jamaica und englischer Piment (jährlich 20—30,000 Ctr.), der dem spanischen aus Mexico weit vorgezogen wird, in den Handel gebracht.

Cardamomen. Diese Samenkörner, die erst in neuerer Zeit als Gewürz in Europa Eingang gefunden, liefert Ostindien (Cochinchina, Siam, die Küste Malabar, Ceylon, Java ꝛc.) und überhaupt das südliche Asien von Japan bis Syrien und auch noch Aegypten.

Pfeffer. Diese getrockneten unreifen Beeren des Pfefferstrauches kommen in ungeheuren Massen (jährlich an 500,000 Ctr.) aus Ostindien, und zwar von der Küste Malabar in Vorderindien, dem ursprünglichen Vaterlande des Pfeffers, aber auch von Siam, Malacca, Pulo-Pinang und Sincapore in Hinterindien, sowie von Borneo, hauptsächlich aber von Sumatra, das allein jährlich gegen 200,000 Ctr. produciren soll, so daß also unter allen Gewürzen des Erdbodens der Pfeffer in Hinsicht auf Quantität bei weitem das wichtigste ist.

Ingber oder Ingwer. Dieß ist die getrocknete braune oder weiße (geschälte) Wurzel der Ingberpflanze, die in Ostindien einheimisch ist und von dort nach Westindien verpflanzt wurde. Man unterscheidet daher im Handel ostindischen aus Malabar, Bengalen, Dekan und Java und westindischen von Jamaica, Cuba, Domingo und Barbados. Auch in China, Tibet und der Tartarei wächst Ingber. Von Ostindien und China wird auch eingemachter oder candirter Ingber in Töpfen nach Europa versandt.

Zucker.

Das Zuckerrohr, eine ursprünglich Asien eigenthümlich angehörende und in Ostindien wild wachsende Pflanze wurde durch die Kreuzzüge bekannter, und kam schon im 12. Jahrh. nach dem südlichen Europa (Cypern, Rhodus, Candia, Malta, Sicilien und Spanien). Zu Anfange des 15. Jahrh. wurde es durch den Prinzen Heinrich von Portugal nach der 1418 entdeckten Insel Madeira, von den Spaniern aber auf die canarischen Inseln gebracht, wo es besser gedieh, und endlich seit der Mitte des 16. Jahrh. von diesen Inseln durch die Portugiesen nach Brasilien und durch die Spanier nach Westindien (Domingo) verpflanzt, wo man es bald in so großer Menge zog, daß der Gebrauch des Zuckers seitdem immer allgemeiner wurde. Man schlägt den jährlichen Verbrauch von Zucker in Europa allein jetzt zu 10 Mill. Ctr. an, wovon auf England, das in Europa den meisten consumirt, allein gegen 4 Mill. Ctr. kommen sollen.

Die größten Massen Zucker liefern die westindischen Inseln, namentlich Jamaica und Cuba, welche beide allein 3 Mill. Ctr. jährlich zur Ausfuhr gewinnen und neben welchen auch Portoricco, und die französischen, holländischen und dänischen Colonien in Westindien bedeutende Quantitäten liefern. Wichtig ist nächstdem die Ausfuhr von Guiana, besonders von dem englischen Demerara und dem holländischen Surinam; doch soll in Folge der Freigebung der Sklaven in den letzten vier Jahren die Zuckergewinnung in dem englischen Guiana sich fast auf die Hälfte vermindert haben und von 1 Mill. Ctr. im J. 1837 im J. 1841 bereits auf ½ Mill. Ctr. gefallen seyn. Ein dritter Hauptpunkt für Zuckerausfuhr in Amerika ist Brasilien mit seinen 900 Zuckerplantagen, deren Produktion auch wenigstens 1 Mill. Ctr. betragen mag. Aber auch Nordamerika oder die Vereinigten Staaten, namentlich die südlichen (Louisiana, Alabama und selbst Neuyork) gewannen im Jahr 1840 nicht weniger als 126 Mill. Pfd. oder fast 1¼ Mill. Ctr., wovon namentlich Louisiana über Neuorleans einen guten Theil ausführen konnte. Außerdem führt Merico

Zucker aus, der aber meist nach dem südwestlichen Amerika geht; ebenso Neugranada, Caraccas, Ecuador, und 1834 kam auch von Lima in Peru bereits die erste Zuckerladung zu Liverpool in England an.

In Ostindien lieferte 1840 das holländische Java (Batavia) über 1 Mill. Ctr., das englische Bengalen (Calcutta) nahe an 1. Mill. Ctr. und das spanische Manilla über 300,000 Ctr. Zucker in den Handel, und außerdem bereiten auch Siam, Cochinchina, Ceylon und Sumatra Zucker zur Ausfuhr. — In Afrika sind die England und Frankreich gehörenden Mascarenen-Inseln Mauritius und Bourbon am stärksten, und liefert die erstere jetzt allein jährlich über 700,000 Ctr. Zucker, und neben diesen gewinnen auch die canarischen Inseln der Spanier (Canarienzucker) sowie die portugiesische Guineainsel St. Thomas und seit einigen Jahren nach Aegypten (siehe S. 120) Zucker zur Ausfuhr.

Ahorn- und Palmzucker. Außer dem Rohrzucker wird in Amerika, namentlich in dem britischen Canada und in den Vereinigten Staaten (Ohio, Vermont, Kentucky, Virginien und Pennsylvanien) auch viel Zucker aus dem Safte des Zuckerahornbaums und noch mehr in Ostindien aus dem Safte der Palmen bereitet, welche Gewinnung weit weniger Mühe und Kosten verursacht.

Der meiste Zucker kommt in weichem Zustande als Rohzucker unter dem Namen Muscovade oder Cassonade nach Europa, wo er erst in den vielen Raffinerien der großen Seestädte seine Festigkeit erhält. Die meisten und besten Anstalten dieser Art auf dem Continente (gegen 60, sonst über 300) hat Hamburg, dessen Raffinade noch immer seinen alten Ruf behauptet.

Syrup oder Melasse. Dieser bei der Bereitung des rohen und raffinirten Zuckers abtröpfelnde unkrystallisirbare Saft wird ebenfalls von den genannten Zuckerländern, hauptsächlich aus dem englischen Westindien oder von Jamaica sowie aus der Havanna (jährlich gegen 1. Mill. Ctr.) in den Handel gebracht; doch hat sich die Einfuhr von fremdem Syrup, wenigstens im deutschen Zollvereine, wo immer mehr Zuckerraffinerien entstanden sind, vermindert.

Rum oder Zuckerbranntwein. Dieser wird, und zwar der feinste, aus reinem Zuckersaft, geringer aus Melasse und allen Abfällen in den Zuckersiedereien destillirt. Der meiste kommt aus dem englischen Westindien, namentlich von Jamaica (Jamaica-Rum der feinste; gegen 3 Mill. Gallons), aber auch aus dem spanischen und französischen Westindien oder von Cuba, Martinique und Guadeloupe; ferner aus dem englischen und holländischen Guiana oder von Demerara (1 Mill. Gallons) und Surinam, sowie hauptsächlich auch aus Brasilien (80—100,000 Pipen à 2 Eimer). Auch in Ostindien, dessen Arak (s. d. Art. Reis S. 190) durch den Rum in Europa sehr verdrängt worden ist, brennt man jetzt Rum zur Ausfuhr in Calcutta (Bengal-Rum), Madras, Batavia und Manilla.

Da in Folge des hohen Eingangszolls auf Rum im deutschen Zollverein (8 Thlr. pr. Ctr.) die Rumpreise sehr in die Höhe gegangen, so hat dieß Veranlassung gegeben, in Deutschland nicht nur aus den Abfällen beim Raffiniren des Rohzuckers, sowie aus Runkelrüben- und Kartoffelsyrup, sondern auch auf chemischen Wege aus gewöhnlichem Spiritus mit Zusetzung von (zum Theil auch schädlichen) Säuren eine Menge wohlfeilen, aber schlechten Rum zu fabriciren.

Kaffee.

Das Vaterland des Kaffeebaumes soll Abyssinien seyn, wo er noch jetzt von den Ufern des Nils bis an die Küsten des rothen Meeres wild wächst, und derselbe erst gegen das Ende des 15. Jahrh. von hier nach Arabien verpflanzt worden seyn, wo er ganz vorzüglich gedieh. Von Arabien brachten ihn die Holländer 1690 nach Batavia, von wo er, nachdem er auf die Inseln Bourbon und Isle de France gewandert, erst zu Anfange des 18. Jahrh. nach Westindien (Martinique), Surinam und endlich nach Brasilien kam, wo er einen eben so ausgebreiteten als glücklichen Anbau gefunden. — Von den verschiedenen im Handel vorkommenden Kaffeesorten werden gewöhnlich folgende drei Hauptgattungen unterschieden:

Arabischer, häufiger noch Mokka- oder Levantischer Kaffee genannt, aus dem südlichen Arabien oder Lande Yemen, welcher den ersten Rang behauptet. Hauptstapelplätze für denselben Beit-el-Fakih, größter Kaffeemarkt im Innern und Mokka und Loheida Ausfuhrhäfen für denselben am rothen Meer, neben welchen nun auch das von England 1838 erworbene Aden ein Hauptversendungshafen werden wird. Durch das rothe Meer kommt der Mokkakaffee nach den ägyptischen Handelsplätzen, wo er dann Kairo und Alexandria heißt, und durch Karawanen nach den levantischen Häfen, daher der Name levantischer Kaffee. — Man schlägt die jährliche Ausfuhr zu 200,000 Ctr. an.

Ostindischer Kaffee, welcher dem Mokkakaffee, in der Güte folgt, bis jetzt nur auf den Inseln gewonnen und daher auch nach ihnen benannt wurde, und dessen Anbau und Ausfuhr außerordentlich im Steigen ist. Den meisten und besten gewinnen die Holländer auf Java, den im Handel sehr beliebten Java-Kaffee, der nach den verschiedenen Versendungsplätzen auch Batavia, Surabaya, Cheribon und Samarang genannt wird, und dessen Ausfuhr jetzt auf 1 Mill. Ctr. jährlich gestiegen ist. Außerdem kennt man von ostindischem Kaffee im Handel noch: Sumatra oder Pandang, Ceylon (sehr im Steigen), Manilla oder Philippinischen (deßgl.), sowie Bourbon und Mauritius, den man ebenfalls zu dem ostindischen rechnet.

Amerikanischer oder westindischer Kaffee, den man im Allgemeinen für den geringsten hält, und zwar Brasil oder Rio, Bahia und Maranhao (1½ Mill. Ctr.), Caraccas oder Laguaira und Columbia aus den Freistaaten Venezuela und Neugranada; dann Cayenne, Surinam (120,000 Ctr.), Essequibo, Demerara und Berbice aus den bekannten Colonien in Guiana, sowie Domingo oder Haiti (400,000 Ctr.), Cuba oder Havanna und St. Jago (½ Mill. Ctr.), Portoricco (200,000 Ctr.), Jamaica (250,000 Ctr.), Martinique (50,000 Ctr.), Guadeloupe, Dominica, Trinidad u. a. aus vielen Plantagen der westindischen Inseln.

Die Handelswichtigkeit des Kaffees läßt sich aus der immer höher gestiegenen Consumtion desselben abnehmen. Zu Anfange dieses Jahrhunderts rechnete man, daß jährlich etwa gegen 1¼ Mill. Ctr. nach Europa in den Handel gebracht wurden, 1825 wurde der Verbrauch auf 2 Mill. Ctr. angegeben, und gegenwärtig soll die Einfuhr sogar nahe an 3 Mill. Ctr. betragen, wovon Deutschland allein gegen 600,000 Ctr. verbrauchen soll.

Wenn man angefangen habe, den Kaffee zu Getränk zu benutzen, läßt sich nicht bestimmen, und nur soviel ist gewiß, daß man in Europa früher als man den Baum selbst kannte, Gebrauch von dem Kaffee machte; denn schon 1652 ward zu London das erste Kaffeehaus errichtet, das noch besteht, worauf um 1670 zu Amsterdam, Marseille und Paris mehrere entstanden. In den übrigen Ländern lernte man ihn erst im 18. Jahrh. kennen. Leipzig soll den Kaffee erst gebrannt von Holland und 1694 den ersten rohen erhalten haben.

Handel. Das größte Geschäft in Kaffee machen gegenwärtig in Europa Hamburg und Amsterdam, welche beide Häfen allein jährlich über 1 Mill. Ctr. einführen; nächst diesen sind wichtige Kaffeemärkte: London, Rotterdam, Antwerpen, Havre und Triest.

Tabak.

Es ist nicht mit Gewißheit anzunehmen, daß der Tabak ursprünglich und eigenthümlich Amerika angehört habe, da das Tabakrauchen schon vor der Entdeckung von Amerika in Asien, namentlich in China allgemein verbreitet gewesen zu seyn scheint;

indessen steht doch soviel fest, daß nicht nur der Name Tabak amerikanischer Abstammung,[1] sondern daß auch sowohl der Gebrauch des Tabaks, als sein Anbau von Amerika aus nach Europa und den meisten Gegenden der Erde gekommen ist, jedoch nirgends so gut als in seinem Vaterlande gedeiht. Er bildet bei dem ungeheuern Verbrauch in der neuesten Zeit einen sehr wichtigen Einfuhrartikel, der ungeachtet des starken Anbaues in vielen Ländern Europa's (s. S. 112) mit jedem Jahre bedeutender geworden ist.

Die Tabakspflanze ward nicht nur in Westindien (Domingo), sondern auch in Süd- und Nordamerika wildwachsend angetroffen, und scheinen die ersten Tabakssendungen um 1585 nach England gekommen zu seyn, und zwar aus Virginien, wo Walter Raleigh um diese Zeit Colonien gründete und die Engländer das Rauchen von den Wilden gelernt hatten. Auch sollen im J. 1586 die Matrosen auf Franz Drake's Flotte, außer Kartoffeln, sowohl Tabak als Thonpfeifen aus Amerika mitgebracht und so in England das Tabakrauchen zuerst eingeführt haben.

Was die Ausfuhr des amerikanischen Tabaks im Allgemeinen und nach den Produktionsgegenden betrifft, so ist zu unterscheiden:

Südamerikanischer Tabak. Von den vielen in großer Menge aus Amerika kommenden Tabakssorten behauptete von jeher der columbische Tabak oder der bekannte Varinas-Canaster aus der Provinz und Stadt Varinas im Orinocogebiet des Freistaates Venezuela oder Caraccas die erste Stelle; er wird nach seinen Versendungspunkten im Innern nach Orinoco- und Thomas d'Angostura-, oder nach den Hafenplätzen Cumana-, Maracaibo- und Caraccas- oder Laguaira-Canaster genannt. — Den Namen Canaster führt dieser Tabak, der nur gesponnen oder in Rollen versandt wird, daher, weil er in Körben von geflochtenem Rohr, Canastras genannt, zum Handel kommt, und es bezeichnet also dieses Wort eigentlich weiter nichts als Korbtabak. In jedem der feinern Varinassorten fand sich sonst immer eine extra feine Rolle, die von den Holländern Muff-Canaster genannt und zu weit höherm Preise als die andern verkauft wurde.

Außerdem kommt von Südamerika noch viel Brasil-Tabak in Blättern und Rollen, von welchem der fette schwarze gut zu Schnupftabak sich eignet. Außerdem gewinnen Guiana oder die Colonien Demerara, Surinam und Cayenne, sowie Neugranada und Ecuador etwas Tabak zur Aus-

[1] Der Name Tabak soll weder von der westindischen Insel Tabago (wo man viel Tabak baut), noch von der Stadt Tabasco in Mexico herzuleiten seyn, sondern seine Benennung von dem Rohre herrühren, woraus die Eingebornen auf Domingo rauchten und welches sie Tabaco nannten.

fuhr, und ebenso hat Peru seinen Tabak, versendet aber noch nicht viel nach Europa, sondern meist nur nach den Nachbarstaaten.

Westindischer Tabak. Der vorzüglichste ist der bekannte Havanna- und Cuba-Tabak aus den großen Plantagen der spanischen Insel Cuba, berühmt besonders als Cigarrenblatt, und zwar die erstere Sorte aus der Havanna von noch weit besserer Qualität als die letztere, welche in der Nähe von St. Jago gebaut und von diesem Platze versandt wird, und deren ausgesuchte feinste Blätter Cabannas heißen. — Der Anbau des Tabaks auf Cuba hob sich seit 1821, wo die Cultur und der Verkauf desselben, die bis dahin Monopol der spanischen Regierung gewesen waren, freigegeben wurden. Man versendet jetzt, außer ca. 150,000 Kisten Cigarren, jährlich über 100,000 Centner Tabak in Blättern, wovon das Meiste nach Spanien (für die großen Cigarrenfabriken in Cadix, Sevilla und Malaga), aber auch viel nach Amsterdam, Bremen und Hamburg geht.

Andere wichtige Tabakssorten Westindiens sind: Portoricco von der gleichnamigen spanischen Insel und Domingo von der Insel Haiti, neben welchen Jamaica, Tabago, Martinique und fast alle westindischen Inseln Tabak zur Ausfuhr bringen.

Nordamerikanischer Tabak. Dieser bildet die Hauptmasse für den großen europäischen Bedarf und einen der bedeutendsten Ausfuhrartikel der Vereinigten Staaten, wo man vor 50 Jahren noch nicht 1 Mill., 1840 aber fast 2½ Mill. Ctr. erbaute. Die Hauptsorten waren von jeher Virginien und Maryland aus den gleichnam. Freistaaten, welche früher allein den Tabaksbau betrieben, doch sind jetzt Kentucky, Ohio, Tennessee und Nordcarolina eben so wichtig geworden, neben welchen auch Pennsylvanien, Indiana, Missouri und Louisiana viel produciren. — Nur für den eigenen Bedarf bauen Mexico und Guatimala Tabak.

Asiatischer Tabak. Asien liefert zwar ein ziemlich gutes Blatt, doch meist nur für den eigenen Bedarf, daher nur geringe Quantitäten in den europäischen Handel kommen. Von Wichtigkeit ist der Tabaksbau auf der spanisch-ostindischen Insel Manilla und Manilla-Tabak allgemein geschätzt, doch wird derselbe größtentheils auf Manilla selbst zu feinen Cigarren für die Ausfuhr verarbeitet. Aus Vorderindien und von der Insel Ceylon kommen ferner durch die Engländer und von den Inseln Java und Sumatra durch die Holländer jährlich einige Partien Tabak nach Europa. Ausgezeichnet wird endlich der feine gelbe Persische und Levantische, besonders Syrische, aber auch der Aegyptische Tabak, mit welchem, wie mit dem gleichartigen türkischen oder macedonischen, ein nicht unbedeutender Verkehr im südlichen Europa getrieben wird.

Nächst Amerika ist Europa für den Tabaksbau am wichtigsten (s. S. 112). — Die Hauptstapelplätze für Tabak sind Bremen und Amsterdam.

Cigarren.[1] Dieser mit jedem Jahre wichtiger gewordene Handelsartikel, der von den Spaniern nach Europa gebracht

Cigarren sind zusammengelegte, durch ein darum gewundenes und unten zugedrehtes Deckblatt verbundene Tabaksblätter, aus denen die stärkeren Rippen herausgenommen sind. Die vorzüglichsten Cigarren kommen aus der Havanna, wo nicht nur der beste Tabak dazu wächst, sondern auch noch auf den Anbau der zu Cigarren bestimmten Blätter besondere Sorgfalt verwendet wird. Man nennt die von dort kommenden Cigarren vorzugsweise Havanna-Cigarren oder besser ächte Havanna-Cigarren, zum Unterschiede von denen aus Havannatabak anderwärts verfertigten Cigarren. Diese originalen Havanna-Cigarren werden wieder nach den verschiedenen Fabriken benannt, z. B. Cabannos, Woodville, Perrossier, Silva, Dos Amigos, La Fama etc., wozu sich jährlich neue Namen gesellen. Jede dieser Fabriken macht aus ihrem Fabrikate gewöhnlich drei Sorten und bezeichnet die erste mit yellow (gelb), die zweite mit light brown (hellbraun) und die dritte mit brown (braun), wovon die erste, als besonders leicht, am besten bezahlt wird, obschon die letztere für den stärkern Raucher vorzuziehen ist, indem sie stets mehr Geschmack und einen durchdringenderen, feinern Geruch hat. Manche Fabriken versenden als etwas Vorzügliches Cigarren mit der Bezeichnung spotted (gefleckt) und es sind diese auch von besonders reinem Wohlgeschmack, indem die hellen Flecken, besonders beim Havannatabak, das unter den günstigsten Umständen vollkommen gereifte Gewächs beurkunden. Außer diesen Bezeichnungen ist jedes Kistchen meistens mit einem eingebrannten Fabrikstempel und einer, inwendig beigelegten Etiquette versehen, wodurch die Aechtheit beurkundet werden soll. Allein alle diese Sorten Havanna-Cigarren werden in Bremen und Hamburg, sowohl im äußeren Ansehen der Waare, als auch rücksichtlich der Verpackung, täuschend nachgemacht und wandern vielfältig als originale Havanna-Cigarren in die Welt, von welchen sie oft der geübte Kenner kaum zu unterscheiden vermag. Die hauptsächlichsten Erkennungszeichen der ächten Havanna-Cigarren muß man durchaus nur an der Waare selbst, nie an der Packung oder Ausschmückung suchen und sie möchten für diejenigen, die nicht Tabakskenner sind, ungefähr in Folgendem anzugeben seyn. Die ächten Havanna-Cigarren sind, vermöge der dazu verwendeten feinen Blätter, die nur so weit getrocknet werden, daß sie sich gut zusammenrollen lassen, äußerlich besonders glatt und eben, an dem untern Ende in eine feine Spitze und oben in ein kleines, fein zusammengedrehtes Knöpfchen auslaufend. Das Deckblatt und die Einlage sind ein und dasselbe Gewächs, daher kein wesentlicher Unterschied, sowohl in Farbe, als Dicke zwischen ihnen zu bemerken. Sie geben beim Rauchen, auch wenn das Ende im Munde sehr naß wird, keinen braunen auf der Zunge oder den Lippen beißenden Saft, und der Geruch bleibt, wenn er sich im kalten Zimmer ausgebreitet hat, immer noch aromatisch. Die Asche ist ziemlich weiß und zusammenhaltend, und nur selten kommt davon ein Blatt vor, welches kohlt und ungleichmäßig verbrennt. In Deutschland hat Bremen und neuerdings auch Hamburg bedeutende Cigarrenfabriken, und vorzüglich versendet erstgenannte Stadt ihr Fabrikat fast durch ganz Europa. Diese Cigarren werden für den Handel nach dem Tabak benannt, woraus sie gemacht sind, und zerfallen darnach in folgende Hauptsorten: Kentucky-, Maryland-, Domingo-, Portoricco- oder Canaster-, Cuba-, Havanna- und Cabannos-Cigarren. Ist Havannatabak mit einer andern Sorte gemischt, so wird das Fabrikat Halbhavanna genannt. Das wurde, und vor 30 Jahren wenigstens in Deutschland noch ganz unbekannt war, jetzt aber allgemein verbreitet ist und in immer größern Quantitäten consumirt wird, kommt verhältnißmäßig nur in geringerer Menge, aber von vorzüglicher Güte aus überseeischen Ländern zu uns, sondern wird meist in Europa selbst in den großen spanischen, englischen, holländischen, besonders aber deutschen Fabriken (s. unten) bereitet. Weltbekannt sind jedoch die Havanna-Cigarren oder Original-Havanna-Cigarren von Westindien (s. vorher), die in immer größeren Partien (1840: 160,000 Kisten), sowie die eben so berühmten Manilla-Cigarren von Ostindien (s. vorher), welche ebenfalls in immer stärkern Sendungen (1840: 80,000 Kisten) nach Europa (letztere besonders nach Spanien) kommen.

Baumwolle.

Der Strauch, welcher die Samenwolle, dieses für unsere Manufakturen so wichtige Produkt liefert, gedeiht in allen wärmern Ländern, und daher auch noch in den südlichsten Theilen von Europa (s. S. 112); doch scheint seine eigentliche Heimath Ostindien (Bengalen, die Küste Coromandel ꝛc.) zu

Mischen geschieht entweder, um die Cigarren bei dem feinen Geruch des Havannatabaks etwas leichter zum Rauchen zu machen, oder durch ein helleres und zarteres Deckblatt ihnen ein feineres und glatteres Ansehen zu geben. Jede der genannten Sorten Cigarren ist in sich selbst wieder sehr verschieden, je nachdem eine mehr oder weniger gute Auswahl der Blätter getroffen worden ist; denn abgesehen davon, daß bei allen Tabaken nicht ein Jahrgang wie der andere ausfällt, gibt ein und dieselbe Pflanze schon ganz verschiedene Blätter, und ein nicht vollkommen ausgewachsenes Blatt schmeckt und riecht schlecht, auch wenn es von der besten Pflanze ist. Allein auch die feinsten Havannablätter liefern in Deutschland eine bedeutend geringere Cigarre, als wenn sie in der Havanna gleich frisch zu Cigarren verarbeitet werden; denn der zur Versendung auch noch so vorsichtig zusammengepackte Tabak unterliegt auf der Reise einer Fermentation, die einen bedeutenden Theil des aromatischen Geruchs wegnimmt, was noch dadurch vermehrt wird, daß die Blätter bei der Cigarrenfabrikation wieder angefeuchtet werden müssen, um nur einigermaßen glatt gearbeitet werden zu können. Dennoch behält eine rein aus Havannatabak gefertigte Cigarre vor andern in Deutschland fabricirten den Vorzug, und es ist stets gerathener, weniger auf ein glattes Aeußere, als auf eine gute Einlage zu sehen; da doch der reine Geschmack und der feine Geruch die Haupttugenden einer guten Cigarre bleiben. Daß man dem Geschmacke oder Geruche der Cigarren bei der Fabrikation durch eine Sauce zu Hülfe komme, ist eine sehr gewöhnliche, aber grundfalsche Idee, welche ohne Zweifel daraus entsprungen ist, daß viel Cigarren, besonders rein Havanna, wenn sie im Inlande verarbeitet werden, auf den Lippen einen braunen beißenden Saft absondern. Die Ursache davon liegt aber einzig und allein darin, daß der zu diesen Cigarren verwendete Tabak auf sehr geilem Boden gewachsen ist, und von den in allen Tabaken befindlichen Salzen unverhältnißmäßig große Quantitäten enthält, die aber durchaus nicht entfernt werden können, weil man dem Tabak zugleich seine feinen aromatischen Bestandtheile mit entziehen würde (s. Hauslexikon, 10. Heft, Leipzig, Breitkopf und Härtel 1835).

seyn; weit mehr aber als dieses und ganz Asien und weit bessere Baumwolle liefert jetzt Amerika, wo die Cultur dieser Pflanze durch den Fleiß der Europäer seit 50 Jahren so außerordentlich gedieh, in den europäischen Handel. Der durch Verbreitung der englischen Spinnmaschine seit dem Anfange dieses Jahrhunderts mit jedem Jahre höher gestiegene Manufakturbetrieb in Europa hat den Baumwollenhandel zu einem der wichtigsten Zweige des auswärtigen Verkehrs erhoben, indem jetzt jährlich gegen 6 Mill. Ctr. Baumwolle nach Europa kommen, von welchen England allein 4 Mill. Ctr. einführt und mehr als 3 Mill. Ctr. verarbeitet.

Im Geschäftsverkehr wird die außereuropäische Baumwolle in folgende Hauptgattungen unterschieden:

Nordamerikanische Baumwolle. Sie kommt aus den Vereinigten Staaten, wo die Ausfuhr mit Riesenschritten zugenommen; denn wenn vor 60 Jahren der Anbau hier noch so neu war, daß 1784 die ersten 8 Ballen Baumwolle nach England (Liverpool) kamen, so beträgt die Ernte in diesem Artikel gegenwärtig mehr als die Hälfte der Baumwollenernte der ganzen Welt, und belief sich im J. 1840 auf 578 Mill. Pfd., wovon über 400 Mill. Pfd. zu einem Werthe von mehr als 60 Mill. Dollars nach Europa ausgeführt wurden. Die meiste produciren die südlichen Freistaaten Georgia, Südcarolina, Alabama, Missisippi und Louisiana, weniger die nördlichen: Nordcarolina, Tennessee, Virginien, Pennsylvanien, Neuyork, Ohio u. a.; auch kommt schon Florida-Baumwolle in den Handel. Die vorzüglichste im Handel bekannte Baumwollsorte ist die sogen. Sea-Island-Baumwolle oder Seeinselwolle aus Georgia, welche auf der vor der Küste dieses Landes sich hinziehenden Inselreihe gebaut wird. Die Hauptstapelplätze für die nordamerikanische Baumwolle sind: Charleston in Südcarolina und Neuorleans in Louisiana; nächst diesem aber Savannah in Georgien und Mobile in Alabama.

Der ehedem nicht unbedeutende Baumwollenbau in Mexico, dessen Molinos-Baumwolle im Handel bekannt ist, hat sich seit dem Frieden nur langsam wieder etwas gehoben.

Südamerikanische Baumwolle. Als Hauptsorten sind auszuzeichnen: Brasilianische oder Pernambuco-, Bahia-, Rio-, Maranhao- und Para-Baumwolle; ferner die von Ceara, Alagoas, Maçeio, Paraiba, Minas-Novas, Sertaro, Minas-Geraes und Santos; Guiana- oder Surinam-, Demerara-, Essequibo-, Berbice-, Newkerry- und Cayenne-Baumwolle; Columbische oder Varinas-, Caraccas-, Laguaira-, Porto Cabello- und Cumana-Baumwolle, auch noch von Barcelona, Valencia, Injura, Giroe, aus Venezuela und Cartagena- und Sta. Martha-Baumwolle aus Neugranada; Peruanische oder Lima- und Piura- oder Payta-Baumwolle aus Peru.

Westindische Baumwolle. Fast alle westindischen Inseln erzeugen Baumwolle, und zwar sehr gute, die der brasilianischen vorgezogen wird. Die bekanntesten sind: Domingo- oder Haiti-, Portoricco-, Cuba-, Jamaica-, Trinidad-, St. Vincent-, Barbados-, Tortola-, Grenada-, Cariacou-, sowie Curaçao-, St. Martins- und vorzüglich auch St. Barthelemy-Baumwolle.

Ostindische Baumwolle. Ostindien ist in seiner Baumwollencultur zurückgeblieben und hat sich von Amerika überflügeln lassen. Denn obschon das Land ebenfalls viel und nächst Amerika die meiste Baumwolle für den Handel liefert, so geschah dieß in der letzten Zeit doch meist nur zur Ausfuhr nach China, indem Europa die geringere ostindische Kurzwolle bei seinen Maschinen weniger gut brauchen kann und daher meist die feinere amerikanische Langwolle verarbeitet. Daher hat man denn seit einigen Jahren im britischen Ostindien angefangen, aus amerikanischem Samen die bessere Qualität zu gewinnen und in den letzten Jahren bereits ansehnliche Partien Baumwolle nach England ausgeführt, die der guten amerikanischen gleichgeschätzt werden soll.

Die im Handel bekannten Baumwollensorten Ostindiens sind: Bengal-, Madras-, Bombai- oder Surate-, Siam- und Manilla-Baumwolle. — Man gewinnt hier, wie in China, außer weißer auch gelbe und röthliche oder Nanking-Baumwolle.

Levantische Baumwolle. Unter dieser Benennung begreift man überhaupt sowohl die aus den europäisch- als asiatisch-türkischen Häfen, sowie von den Inseln des Archipels und von Morea in den Handel kommende Baumwolle, und von ihr gilt dasselbe, was in Betreff der Qualität von der ostindischen gesagt wurde; denn es ist ebenfalls Kurzwolle. Als Hauptsorten kennt man im Handel: Smyrnische, Syrische oder Acrische, Cyprische und Macedonische, wozu auch noch die Persische gerechnet wird, die jedoch wenig in den Handel kommt, sondern meist in Persien selbst verarbeitet wird und nur in geringen Quantitäten über das caspische Meer nach Rußland (Astrachan) geht.

Afrikanische Baumwolle. Afrika hat nur wenig Baumwolle für den Handel, und es beschränken sich die Sorten hier auf Bourbon-Baumwolle von vorzüglicher Güte von der französischen Maskarenen-Insel dieses Namens, sowie auf Aegyptische Baumwolle. Diese letztere wurde bisher gleich der ordinären smyrnischen mit unter der levantischen Baumwolle begriffen; seitdem aber der jetzige Regent von Aegypten durch die

Cultur besserer Sorten aus amerikanischem Samen, der sogen. Mako- oder Jumel- und der Sea-Island-Mako-Baumwolle,[1] die geringere einheimische immer mehr verdrängt, seitdem hat Aegypten, dessen Ausfuhr mit jedem Jahre höher steigt und jetzt schon über 200,000 Ctr. beträgt, auch in diesem Artikel einen Namen erhalten.

Reis.

Diese wichtige Getreideart, das Hauptnahrungsmittel für die Bewohner der wärmern Länder, namentlich in Asien (Ostindien, China und Japan) und im nördlichen Afrika, wurde durch Cultur in der ganzen heißen Zone und selbst tief in die nördliche gemäßigte hinein verbreitet, und gedeiht jetzt auch in Amerika und im wärmeren Europa (s. S. 109) in Menge. Die Hauptsorten im Handel sind, in Asien: Ostindischer- oder Bengal- und Java-Reis (2 Mill. Ctr.) von Calcutta und Batavia; aber auch Reis aus Siam und Malacca und von Pulo Pinang, Sumatra, Borneo und den Philippinen (Manilla); in Amerika: Carolina- und Louisiana-Reis aus den Vereinigten Staaten von Nordamerika, welche jetzt jährlich gegen 800,000 Ctr. produciren und davon gegen 300,000 Ctr. über Charleston und Neuorleans ausführen; außerdem kommt auch Brasilianischer Reis von Rio Janeiro in den Handel; in Afrika: Aegyptischer Reis aus dem Nildelta (500,000 Ctr.), der über Damiette und Rosette nach Europa geht; auch ebenso Reis von den Inseln Madagascar und Bourbon.

Arak oder Rak.[2] Aus Reis sowie aus Zucker, Cocosnuß- und Palmensaft wird in Ostindien dieser bekannte feine Branntwein bereitet, den die Holländer von Batavia, die Portugiesen von Goa und die Engländer von Calcutta, Madras und Ceylon, jedoch bei weitem nicht mehr so stark als früher in den europäischen Handel bringen, indem in der neuern Zeit der billigere Rum und Cognac seine Stelle häufig vertritt.

[1] Sie hat ihren Namen von Mako Bey und dem Franzosen Jumel, unter dessen Leitung 1820 der erste Anbau aus Pernambuco-Samen besorgt wurde. Im Jahr 1828 wurde die zweite, noch bessere Qualität aus dem Samen der Sea-Island- oder feinsten Georgia-Baumwolle von Nordamerika (s. vorher) erzielt. Die Benennung Jumel-Baumwolle hat sie in Frankreich, in Italien heißt sie Mako (von Mako Bey) und in England common Egyptian.

[2] Arrak (eigentlich Al Rak) ist der seit uralter Zeit in China und Indien aus Reis, den man malzt und in Gährung versetzt, bereitete Weingeist. Der beste wird aus dem Zuckersaft der Blüthenkolbe der Kokospalme, der Dattelpalme mit Zugabe von Zucker, Reis und Palmbaumrinde bereitet.

Sago.

Der echte Sago wird aus dem Satzmehl (Sagomehl) bereitet, das man aus dem Mark der Sagopalme in Menge gewinnt, und es kam derselbe erst im 18. Jahrh. nach Europa. Diese Palmenart, die, wie der Reis, ebenfalls ein Hauptnahrungsmittel für Millionen liefert, indem das Sagomehl allgemein auch zu Bród benutzt wird, findet sich in ganz Ostindien, auch noch im südlichen China und Japan, hauptsächlich aber auf den Inseln des indischen Archipels. Den meisten Sago für den Handel bereiten die Engländer in ihren großen Raffinerien auf der Insel Singapur in Hinterindien, wohin von mehreren Inseln, hauptsächlich aber von Sumatra das rohe Sagomehl in ganzen Schiffsladungen gebracht wird. Große Massen werden auch von den Holländern auf Java, Borneo, Sumatra und den Molukken, auf der spanischen Philippineninsel Manilla, sowie in Cochinchina und Tonkin im östlichen Hinterindien bereitet und ausgeführt.

Im Handel findet sich weißer und brauner Sago, und es enthält der erstere durch öfteres Waschen und Bleichen der Masse vor dem Körnen, so wie durch sorgfältiges Trocknen an der Luft seine weiße Farbe. Den feinen Perlsago, der jetzt am stärksten nach Europa kommt, liefern die Engländer von der Insel Singapur, den ganz weißen, Sagoblume genannt, bringen die Holländer aus Japan.

Theils aus andern Palmenarten, aber auch aus andern Gewächsen, wie in Amerika aus der Batatenwurzel, zieht man auch in den übrigen Erdtheilen Sago, und außer dem echten ostindischen kommt in Europa namentlich viel deutscher oder Kartoffelsago aus den Fabriken von Wien, Nürnberg, Schweinfurt, Erfurt, Halle ꝛc. in den Handel, der von jenem schwer zu unterscheiden ist.

Cacao.

Die Cacaobohnen sind die Samenkerne der Frucht des schönen in den Tropenländern Amerika's oder in Westindien und Südamerika sonst ohne Cultur wachsenden, jetzt aber meist in großen Plantagen gezogenen Cacaobaumes (Theobroma), und sie waren von jeher eines der vorzüglichsten Nahrungsmittel der Bewohner dieser Länder. Von ihnen lernten die Spanier aus diesen Bohnen, mit Beimischung von Zucker, Vanille oder andern Gewürzen Chocolade bereiten, deren Verbrauch in Europa, besonders in Spanien, Portugal, Frankreich und Italien sich so vermehrt hat, daß der Cacao ebenfalls ein wichtiger Handelsartikel geworden ist. Folgende Hauptsorten, nach ihrer Güte geordnet, werden nach Europa gebracht:

Soconusco, beste Sorte, aus dem Districte gl. N. im Freistaat Guatimala, die aber selten in den Handel kommt;

Caraccas, von dem Handelshafen gl. N. im Freistaat Venezuela, dem östlichen Theile des ehemaligen Columbien; sie ist nächst dem Soconusco die vorzüglichste Sorte und kommt am stärksten in den Handel; dasselbe Land liefert auch Maracaibo-Cacao über den Hafen gl. N.;

Guayaquil, von dem Hafenplatze gl. N. im Freistaat Ecuador, wo auch die Gegend von Esmeraldas eine ausgezeichnete Sorte liefert;

Demerara, Essequibo, Berbice, Surinam und Cayenne, aus dem englischen, holländischen und französischen Guiana;

Maranhao und Para, von den Handelshäfen gl. N. in Brasilien;

Westindischer Cacao, der nach den Inseln benannt wird, von welchen er stammt, wie Jamaica-, Haiti-, Martinique-, Dominica-, Grenada-, Trinidad-Cacao rc., seines scharfen und bittern Geschmacks wegen aber weniger geschätzt ist. Den meisten und besten hat die englische Antille Trinidad.

In Afrika liefert in der neuern Zeit nur die französische Insel Bourbon und in Asien, und zwar in Ostindien, nur die spanische Philippineninsel Manilla etwas Cacao.

Thee.

Die getrockneten Blätter des Theestrauchs sind für China und Japan, welche Länder allein den echten sogen. grünen Thee liefern, ein Gegenstand von großer Wichtigkeit, da der Verbrauch desselben in Europa, namentlich in England (aber auch in Nordamerika), in der neuern Zeit auf eine außerordentliche Höhe gestiegen ist. Die im Handel vorkommenden (nur durch verschiedene Zubereitung der Blätter entstehenden) Hauptsorten sind:

Grüner Thee in mehreren Sorten, von welchen der Heysan- oder Hysanthee, als eine der vorzüglichsten, häufig in Deutschland verbraucht wird, und einen grünlich-gelben, nach Veilchen duftenden Aufguß gibt; Kugel-, Perlen- und Schießpulverthee ist ebenfalls grüner Thee, dessen Blätter nur nicht länglich, sondern in Kügelchen zusammengerollt sind.

Brauner oder schwarzer Thee, ebenfalls in mehreren Sorten, von welchen der Bohea oder sogen. Thee Bou, sowie der Pekkothee die bekanntesten sind. Der braune Thee gibt einen dunkeln, mehr rosenartig riechenden Aufguß und ist besonders in England beliebt. — Backstein- oder Ziegelthee ist eine der geringsten Sorten, bestehend aus Abgang, verdorbenen Blättern und Stengeln, die man mit einer klebrigen Substanz (Schafblut) zusammenbäckt und in ziegelförmigen

Tafeln meist nach Sibirien und der Mongolei verschickt, wo man den Thee leidenschaftlich trinkt.

Kaiser- oder Blumenthee ist die feinste grüne Theesorte, bestehend aus den kleinsten und zartesten, nicht gerollten, sondern bloß zusammengedrehten hellgrünen Blättchen der ersten Lese; er kommt nicht leicht echt nach Europa, da er bloß für den Kaiser von China und die Großen des Reichs bestimmt ist.

Karawanen- oder Russischen Thee nennt man den Thee, welchen die Kaufleute der jährlich nach China gehenden russischen Karawane zu Land von Kjächta mitbringen (siehe S. 55). Man zieht ihn dem in Canton zu Schiffe verladenen Thee, der durch die Seeluft verlieren und nicht selten auch durch den langen Transport in den engen dumpfen Schiffsräumen leiden soll, bei weitem vor.

Paraguaythee. Diese Art Thee, von einer ganz andern Pflanze, welche in Südamerika, besonders in den Freistaaten Paraguay und Uruguay so wie in Brasilien wächst, kommt bei uns nicht in Gebrauch, wird aber im südlichen Amerika sehr geliebt.

Der chinesische Thee kam zuerst (i. J. 1610) durch die Holländer nach Europa, und sie waren es auch, welche lange das Hauptgeschäft in diesem Artikel besaßen. Später gelang es der britisch-ostindischen Compagnie, die Holländer immer mehr aus diesem Handel zu verdrängen und die größten Massen Thee, für welchen sie bis 1834 das ausschließliche Monopol in England hatte, nach Europa zu bringen. Indessen bezieht Amsterdam noch immer viel Thee direct aus Canton, dem Hauptstapelplatz des Theehandels in China, und seit mehreren Jahren thun Hamburg und noch mehr Neuyork, welche durch directe Beziehungen in Canton mit in Concurrenz getreten sind, den Engländern keinen geringen Abbruch in diesem gewinnvollen Verkehr.

Man berechnet den jährlichen Theeverbrauch in Europa und Nordamerika auf mehr als 500,000 Ctr., wovon auf England allein über 300,000, auf Rußland 60,000, auf die Vereinigten Staaten 30,000, auf Holland 25,000 und auf Deutschland 20,000 Ctr. kommen sollen.

Wenn bis auf die neueste Zeit diese Menge Thee bloß China verkaufte, so haben nun auch andere Länder bereits mit glücklichem Erfolg den chinesischen Theebaum zu pflanzen angefangen und in den letzten Jahren schon ansehnliche Ernten erzielt. Von großer Bedeutung in dieser Beziehung ist die Insel Java in Ostindien, wo die Holländer 1834 aus ihren Pflanzungen schon die ersten Kisten und 1840 bereits 1000 Ctr. Javathee nach Amsterdam ausführen konnten. Ein zweiter wichtiger Punkt ist

Brasilien in Südamerika, das seit 1829 ebenfalls sehr glückliche Fortschritte im Anbau gemacht und bereits seinen Bedarf an chinesischem Thee sich selbst erzeugt. Aehnliche Versuche wurden auf Jamaica, sowie auf dem Vorgebirg der guten Hoffnung und in den letzten Jahren selbst in Frankreich gemacht. Am wichtigsten in dieser Hinsicht scheint aber das Land Assam im britischen Hinterindien zu werden, wo man erst 1844 den Theebaum in den dortigen Wäldern in Menge gefunden, für die Cultur desselben eine Assam-Compagnie und in der Provinz Sudy daselbst große Etablissements für Theebereitung gegründet, aus welchen 1839 die erste kleine Sendung und 1841 bereits 400 Ctr. Assamthee in London ankamen, welche Ausfuhr bei den ausgedehnten Anpflanzungen von jetzt an mit jedem Jahre beträchtlich steigen muß.

Indigo.

Diesen wichtigen blauen Farbestoff, der aus den Blättern der Anil- oder Indigopflanze, die ursprünglich und am besten in Ostindien gedeiht, durch Gährung gewonnen wird, brachten zuerst die Holländer um die Mitte des 17. Jahrhunderts nach Europa, wo derselbe, nachdem er in immer größern Quantitäten und nicht bloß aus Ostindien, sondern auch aus Amerika, wohin man ihn verpflanzt, in den Färbereien der Woll-, Leinen-, Baumwollen- und Seidenmanufakturen Eingang fand, endlich in der neuern Zeit unsern an dessen Stelle sonst allgemein gebrauchten Waid (s. S. 115) immer mehr verdrängte und daher ein Handelsgegenstand von großer Wichtigkeit wurde. Ostindien hat fast das Monopol des Indigohandels und die Engländer das Hauptgeschäft.

Die am meisten im Handel vorkommenden Indigosorten sind folgende:

Bengal und Oude, aus dem britischen Bengalen, die feinste Sorte, welche über Calcutta, dem ersten Stapelplatz für diesen Artikel in der Welt (jährlich gegen 100,000 Ctr.) nach Europa kommt;

Madras, von der britischen Coromandelküste, geringer als jener; kommt über Madras und Pondichery (etwa 10,000 Ctr.) nach Europa;

Java, von der berühmten holländischen Sundainsel, eine feine und gehaltreiche Sorte, welche in den letzten fünf Jahren wieder stärker über Batavia (1840: 20,000 Ctr.) in den Handel kam (s. S. 153);

Manilla, von der spanischen Philippineninsel gl. N., wo in der neuesten Zeit der Anbau des Indigo sich sehr erweitert und 1840 bereits 8000 Ctr. ausgeführt wurden; er ist geringer als Java und mehr dem Madras ähnlich;

Bourbon, ziemlich gut, von der französischen Insel d. N. vor der Südostküste Afrika's im indischen Ocean;

Vom amerikanischen Indigo[1] werden folgende Sorten ausgezeichnet:

Guatimala, aus dem Freistaat gl. N.; erste Sorte Amerika's, dem Bengal nahe kommend;

Caraccas von dem Handelsplatze gl. N. im Freistaat Venezuela, fast eben so gut;

Brasil, eine ganz geringe Sorte, die selten oder gar nicht in dem europäischen Handel vorkommt;

Domingo oder Haiti, ebenfalls gering, jedoch die wichtigste Sorte Westindiens, da auf den übrigen Inseln der Indigobau in der neuesten Zeit fast ganz aufgegeben wurde;

Carolina und Louisiana, wenig und gering, aus den Vereinigten Staaten von Nordamerika, wo, wie auf den westindischen Inseln, die Cultur dieser Pflanze in den meisten Gegenden ganz aufgehört hat.

Noch ist aber eine gute Sorte zu nennen:

Aegyptischer Indigo, welcher seit Kurzem in immer größern Quantitäten über Marseille, Livorno und Triest nach Europa kommt. Die ausgedehnten Anpflanzungen im fruchtbaren Nildelta und die unter Leitung von Indianern stehenden großen Indigofabriken Mehmed Ali's lassen von diesem Lande bald noch größere Ausfuhr erwarten. — Außerdem gewinnt man in Afrika am Senegal, auf der Insel Madeira ꝛc., sowie seit einigen Jahren auch auf der englischen Sierra-Leoneküste etwas Indigo.

Aus Indigo wird auch ein blauer Carmin oder das Wunderblau, eine sehr geschätzte Malerfarbe, sowie das Wasch- oder Neublau bereitet.

Orlean oder Roucou.

Es ist dieß ein fast auf ähnliche Weise wie der Indigo, aus der rothen klebrigen Masse, welche mit einer Haut die Samenkerne in den Früchten des Orleanbaumes umgibt, durch Gährung bereitetes hochrothes und orangegelbes Farbematerial, das als getrockneter Teig aus Westindien (von St. Domingo oder Haiti), noch mehr aber aus dem französischen Guiana oder Cayenne (die beste Sorte hier), aus dem Freistaat Venezuela und jetzt auch aus Brasilien in Menge in den Handel kommt. Er wird in den Seiden- und Baumwollenfärbereien auf Ponceau, Orange, Goldgelb ꝛc. benutzt, und ist nur zu bedauern, daß

[1] Viele sind der Meinung, daß die Spanier den Indigobau in Amerika eingeführt haben, was aber ein Irrthum ist, indem einige Gattungen der Indigofera der neuen Welt eigenthümlich angehören, und die Spanier sich deren bald nach der Entdeckung als Farbe bedienten.

das schöne Colorit des Orlean so wenig Dauer hat und an der Sonne verschießt. — Auch Ostindien bereitet aus einer andern Pflanze eine Art Orlean, der gehaltvoller seyn soll als der amerikanische, doch kommt derselbe weit seltener nach Europa.

Curcume.

Diese ostindische, dem Ingber ähnliche gelbe Wurzel (Gilbwurz) kommt in größter Menge von Java, Bengalen und Malacca, aber auch von Cochinchina und China nach Europa, und sie würde, bei der schönen Goldfarbe, die sie den Zeugen gibt, ein weit mehr geschätzter Artikel seyn, wenn ihr Farbestoff nicht, wie der des Orlean, so schnell verbliche. Zum Gelbfärben braucht man sie nur in der Seidenfärberei, übrigens zu zusammengesetzten Farben, aber auch zu Anstrich auf Papier, Leder, Holz 2c., auch zur Bereitung von Schüttgelb, sowie zu Goldlackfirniß.

Quercitron.

Die gemahlene Rinde der gelben Färbereiche (Quercus citrina, woraus der verstümmelte Name Quercitron), welche in großer Menge in den Vereinigten Staaten von Nordamerika, vorzüglich in Pennsylvanien, den beiden Carolina's und in Georgien wächst, und erst in der neuern Zeit nach Europa gekommen ist, gibt eine ziemlich dauerhafte gelbe Farbe für die Manufakturen, namentlich für Cattunfabriken zum Tafeldruck, und ersetzt den Wau und das Gelbholz oder den Schmack (s. d. S. 114 u. 196), die sie daher auch, namentlich den erstern, der weit weniger gehaltreich ist, immer mehr verdrängt. — Sortennamen des Quercitron sind: Philadelphia (erste Sorte), Neuyork und Baltimore.

Gelbholz.

Unter diesem Namen kommen im Handel verschiedene Holzarten zum Gelb-, Grün- und Braunfärben vor, von denen zwei die gangbarsten sind: 1) westindisches Gelbholz, von den Engländern Fustik genannt, vom Färber-Maulbeerbaum, welcher in ganzen Waldungen auf den Antillen, besonders auf Jamaica, Cuba, Portoricco, Tabago 2c. sowie in Brasilien wächst und in Scheiten oder Blöcken in den Handel kommt. Das schön gelbe und rothgeaderte ist das beste. 2) Sumach oder europäisches Gelbholz (s. S. 114).

Campeche- oder Blauholz.

Dieses bekannte amerikanische Farbholz kommt in großer Menge von der Campeche- und Hondurasbay, aus Mexico und Guatimala sowie aus Westindien (Jamaica, Haiti, Cuba ꝛc.) und Südamerika (Brasilien), meist in geschälten und von ihrem farblosen Splint befreiten Scheiten oder Blöcken von dunkel blaurother Farbe nach Europa. Es ist hart und so schwer, daß es im Wasser untersinkt, und dient hauptsächlich zum Blau- und Schwarzfärben. Die Engländer bringen das meiste in den Handel (s. S. 143 Colonie Honduras); doch kommt auch nach Spanien, Frankreich und Deutschland viel, und sind die Hauptbezugsorte London, Cadix, Bordeaux und Hamburg. — Wie alle Farbhölzer wird auch das Blauholz, zum bequemern Gebrauch, sowohl geschnitten als auch geraspelt oder gemahlen verkauft, ist aber dann mehr der Verfälschung unterworfen.

Rothholz.

Unter diesem Namen erhält Europa aus Brasilien und Westindien in Amerika, von Ober- und Niederguinea und der Insel Mauritius in Afrika und von Siam, Cochinchina, Ceylon, Java, Manilla u. a. Inseln in Asien mehrere eigentlich wenig von einander verschiedene braunrothe Farbhölzer, unter welchen das Brasilienholz das bekannteste und von diesem das Fernambukholz, das seinen Namen von der Provinz und Stadt Pernambuco in Brasilien hat, wo es häufig wächst und zur Ausfuhr gebracht wird, die beste und theuerste Sorte Rothholz ist. Das meiste echte Fernambukholz kommt über Lissabon, Oporto, London, Amsterdam und Hamburg in den Handel. Außer der Färberei wird es auch zu Kunstsachen, namentlich häufig zu Violinbogen verarbeitet.

Das ostindische Rothholz kommt unter dem Namen Sapanholz nach Europa.

Sandelholz.

Vorderindien und die Inseln Ceylon, Sumatra, Timor, Sandelbosch ꝛc. liefern drei Sorten: 1) rothes, auch Caliatur- und ostindisches Brasilienholz genannt, welches seine Hauptanwendung in der Färberei auf Wolle findet; 2) gelbes und 3) weißes Sandelholz, wegen ihres angenehmen Geruchs auch Ambraholz genannt, das man bei uns unter Räucherpulver, in großer Menge aber bei den Hindus als Räucherwerk und Heilmittel, und am stärksten in China verbraucht, wo man es zu einer Menge von kleinen Geräthschaften und Kunstgegenständen wie das Elfenbein verarbeitet.

Auch vom Archipel der Neu-Hebriden in Australien aus soll mit dem im Orient so hoch geschätzten, aber immer seltener und theuerer gewordenen gelben Sandel- oder Ambraholz seit mehreren Jahren ein gewinnvoller Handel nach Ostindien getrieben werden.

Ebenholz.

Das echte rabenschwarze Ebenholz, das schwerste und härteste aller Hölzer, das in äußerst feiner Textur dem Elfenbein sehr ähnlich ist, liefert die berühmte britisch-ostindische Insel Ceylon (von Trincomale) am schönsten, streifiges die Inseln Java, Sumatra und Manilla; doch kommt auch aus Afrika, zum Theil über Aegypten und von den Inseln Madagascar und Mauritius viel ganz schwarzes, von der Insel Bourbon aber meist streifiges Ebenholz in den Handel. Wie bei dem Blauholz so ist bei dem Ebenholz der Splint des Baumes weiß und nur der Kern schwarz und dicht. Es wird vielfältig von Drechslern und Ebenisten, auch zu Blasinstrumenten, Claviertasten ꝛc. verarbeitet. — Dem Ebenholz sehr ähnlich soll das aus der Gegend von Astrachan kommende Adamsholz seyn.

Amerika, namentlich Brasilien und Westindien, liefert ähnliche harte Hölzer von grüner, rother, blauer und gelber Farbe, die unter dem Namen Aspalat-, Grenadill-, Purpur- oder Luftholz und Guajak- oder Franzosen-, Pocken- oder Heiligenholz (Lignum sanctum) nach Europa kommen.

Mahagoniholz.

Dieses vortreffliche und bekannte, zu feinen Meubles allgemein in Gebrauch gekommene rothbraune Holz liefern in großer Menge die westindischen Inseln Jamaica (das beste),. Brasilien, Cuba und St. Domingo oder Haiti sowie die Bahamainseln, das meiste aber kommt jetzt durch die Engländer aus der Hondurasbai in Mexico (s. S. 143); doch soll dieses letztere wegen des feuchten Bodens, auf dem es wächst, weicher, gröber und sehr schwammig seyn. Farbe, schöne Politur, die es annimmt, und Festigkeit geben dem Mahagoni einen großen Werth. Wegen seiner vorzüglichen Eigenschaften eignet es sich ganz besonders auch zum Schiffsbau, indem es vor Würmern ganz sicher und im Wasser von ungewöhnlicher Dauerhaftigkeit ist, auch durch Kanonenkugeln weniger als alle andern Hölzer leidet, da sie meist in dem Gebälk stecken bleiben, ohne es zu zersplittern. Bei der spanischen und portugiesischen Marine soll es mehrfach schon zu diesem Zwecke benutzt worden seyn.

Es gibt auch afrikanisches Mahagoniholz vom Senegal und von der Insel Madeira, wie auch neuholländisches, das dem echten ziemlich ähnlich, nur etwas gelblich und schwerer zu bearbeiten ist.

Wie ausgebreitet und wichtig übrigens auch der Handel mit Mahagoniholz ist, so hat demselben doch in den letzten Jahren die starke Einfuhr von dem so beliebt gewordenen schwarzen oder weiß geaderten Jacarandaholz aus Brasilien und von den Inseln des grünen Vorgebirges, das bisher meist über Lissabon und Oporto in den Handel kam, großen Abbruch gethan.

Spanisches oder Indianisches Rohr.

Dieses ursprünglich in Ostindien einheimische schilfartige Gewächs, der Riese aller Rohrarten in der ganzen Welt, deren Stengel bis zu hundert Fuß in die Höhe schießt, liefert uns in seinen stärkern Stücken die bekannten, neuerdings wieder sehr in Gebrauch gekommenen elastischen Stockröhre, von denen England und Holland jährlich mehrere Millionen Stück einführen. Die langen, dünnen und biegsamen Ranken kommen in Bündel zusammengeschnürt unter dem Namen Stuhlrohr nach Europa, wo man sie gespalten zu Flechtwerk für Rohrstühle ꝛc. gebraucht. In Indien verfertigt man aus diesen zähen Stengeln ebenfalls Flechtwerk aller Art, Körbe, Matten ꝛc., aber auch sehr dauerhafte Stricke, Schiffsthaue u. s. w. Bengalen, Arrakan und besonders die Sundainseln liefern das meiste, und man bezieht es besonders über London, Amsterdam und Rotterdam.

Eine ähnliche, nicht nur in Ostindien, sondern auch in China und Japan weit verbreitete und ungemein nützliche Schilfart ist das Bambusrohr, das baumartig wächst und dessen dickes Holz in seinem Vaterland allgemein zum Bauen dient, dessen junge Sprossen aber bei uns ebenfalls zu Spazierstöcken sowie zu Flechtarbeit gebraucht werden. Die Chinesen verfertigen aus der innern bastartigen Rinde ein geringes Papier. Durch seine knotigen Glieder oder runden Ansätze von Zweigen oder Knospen unterscheidet sich das Bambusrohr vom eigentlichen spanischen Rohre.

China-, Fieber- oder Peruvianische Rinde.

Der Baum, von welchem die echte Chinarinde kommt (eigentlich Quinquina, woraus die unpassende deutsche Benennung Chinarinde entstanden), findet sich auf den hohen Gebirgen Südamerika's, namentlich in den Freistaaten Peru, Ecuador und Bolivia, und es kommt diese als Heilmittel bei Wechselfiebern berühmte und eben so häufig zu stärkenden Decocten verwendete Rinde seit der Mitte des 17ten Jahrhunderts nach Europa. Es ist aber nicht bloß die Rinde, sondern auch der Splint des Baumes, welche diese Kraft besitzen und benutzt werden. Man hat braune, rothe, graue, gelbe und weißliche Rinde, von welcher die braune Huanuco von der gleichnamigen Stadt nordöstl. von Lima und Peru und die graue Lora von der Stadt gleiches Namens, nahe an der Grenze von Peru in Ecuador, als erste Sorten gelten. Die wesentlich wirksamen Bestandtheile der Chinarinde werden in chemischen Fabriken als Chinin (von der gelben) und Cinchonin (von der braunen) abgeschieden und wie die Rinde als wirksames Heilmittel in der Pharmacie angewendet.

Rhabarber.

Die echte Rhabarberwurzel kommt aus Asien, und zwar aus der Tartarei und aus China, und man unterscheidet im Handel hauptsächlich drei Sorten: 1) moskowitische oder russische (die geschätzteste), welche größtentheils von den Chinesen nach Kjachta gebracht und von da gereinigt nach Moskau und Petersburg verladen wird; 2) ostindische oder chinesische, welche theils über den chinesischen Seehandelsplatz Canton, theils aber auch vom Himalayagebirge aus dem nördlichen Indien und Tibet über Ostindien nach Europa geht; 3) levantische, persische oder türkische, die in Persien und Syrien wächst und über Aleppo und Alexandrette in den Handel kommt.

Sternanis.

Diese sternförmigen Samenkapseln erhalten wir von einem in der Tartarei, in China und auf den Philippinen wachsenden Baume, und es enthalten dieselben, sowie alle Theile des Baumes, einen stark gewürzhaften, dem gewöhnlichen Anis (s. S. 110) ähnlichen, aber noch mildern und angenehmern Geruch und Geschmack, die von dem in ihnen enthaltenen sehr heilsamen ätherischen Oele herrühren; daher denn auch der Sternanis, seiner vortrefflichen Eigenschaften wegen, wie der europäische Anis häufig in der Medicin verwendet, aber auch stark in der Liqueurfabrikation und Parfümerie verbraucht wird.

Gummi.

Unter Gummi versteht man, wie unter Harz und Gummiharz, theils freiwillig, theils durch gemachte Einschnitte aus Bäumen ausfließende und an der Luft erhärtende gallertartige Säfte, nur mit dem Unterschied, daß Gummi sich durch Wasser völlig, Harz durch Wasser gar nicht, wohl aber durch ätherische Oele, und Gummiharz, das zum Theil aus Gummi, zum Theil aus Harz besteht, auch nur zum Theil durch Wasser und zum Theil durch ätherische Oele auflösen läßt.

Von den im Handel vorkommenden, meist von Bäumen

aus der Mimosen- und Akaziengattung gewonnenen echten Gummisorten, die in den Manufakturen sowohl als in der Pharmacie häufige Anwendung finden, sind besonders folgende zu bezeichnen:

Arabisches Gummi, aus Arabien und von den Küsten des rothen Meeres und den Nilufern in Nubien und Aegypten (Aden, Mokka, Suez, Kairo und Alexandrien Hauptmärkte) sowie überhaupt von dem ganzen nördlichen Afrika und auch noch von Persien und Ostindien.

Die vorzüglichste, aber auch theuerste Sorte des arabischen Gummi ist das Senegalgummi von der Nordwest- oder Gummiküste Afrika's und von den Ufern des Senegal und Gambia daselbst, von woher es besonders die Franzosen und Engländer über Portendik, St. Louis und Jellifrey, aber auch die Marokkaner über Mogador und Tanger in großer Menge in den Handel bringen. Es unterscheidet sich von dem gewöhnlichen arabischen Gummi hauptsächlich durch seine Reinheit, indem es nur aus ausgelesenen, ganz weißen, glasglänzenden Tropfen, Körnern oder Stücken besteht und daher im Handel auch gereinigtes Senegalgummi genannt wird.

Gummi Tragant aus Vorderasien und auch noch aus Griechenland; Hauptversendung von Smyrna. An seiner Stelle gebraucht man in England jetzt häufig das aus Vorderindien kommende Gummi Kutira.

Andere theils zu Lackfirnissen und Farben, theils in der Pharmacie in Anwendung kommende Gummiharze sind:

Gummigutt, Benzoe oder wohlriechender Asand und Asa foetida (Teufelsdreck) oder stinkender Asand aus Ostindien; Copal von Oberguinea und auch aus West- und Ostindien; Drachenblut von Ostindien, den canarischen Inseln und Madeira sowie von Südamerika; Sandarak aus der Berberei und der wohlriechende Storax aus der Levante (von Candia und Cypern), aber auch von Bogota in Südamerika.

Kautschuk oder Federharz.

(Gummi elasticum.)

Diese bekannte eigenthümliche Gummiart, die man sonst nur in der Chirurgie und zum Auslöschen der Bleistiftzeichnungen

[1] Findet von Tag zu Tag neue Anwendung. Der Baum, Seranga oder india rubber, ist an der nördlichen Küste von Brasilien und der der Provinz Para sehr häufig, 60 Fuß hoch. Gewöhnlich beschäftigt man die Indianer mit Ausziehung der Milch oder des Saftes dieses Baumes, und jedes Jahr widmen sich 10—12,000 Personen dieser Arbeit. Die erste Spur der Anwendung des Kautschuks geht bis 1770 zurück. Gegenwärtig führt man jährlich nur aus der Provinz Para nicht weniger als 1500 Tonnen (à 20 Ctr.) aus. Man löst ihn in Weingeist oder Terpentinöl auf.

brauchte, hat jetzt, nachdem man sie in ätherischen Oelen, oder, weit billiger, in Steinkohlentheer auflösen und zweckmäßig verarbeiten gelernt, eine sehr vermehrte und vielfache Anwendung, wie zu Ueberschuhen, Luftkissen, wasserdichten Zeugen rc.; ja man hat jetzt das Kautschuk sogar gesponnen, und verwebt diese Fäden mit andern zu elastischen Gürteln u. dergl. — Amerika, von Mexico bis Brasilien herab, liefert das meiste in den Handel, viel namentlich das französische Guiana oder Cayenne sowie Brasilien von Para; doch kommen jetzt auch große Quantitäten von mehr röthlicher und gelbbrauner Farbe als das amerikanische, aus Ostindien, namentlich aus Assam und von den Inseln Pulo Pinang und Java, weniger von Mauritius und aus Guinea und Senegambien in Afrika.

Mastix.

Dieses Harz von der Mastixpistazie in Vorderasien und auch noch im griechischen Archipel und in Aegypten liefert am stärksten die vor der Küste von Kleinasien gelegene asiatisch-türkische Insel Chios oder Scio in den Handel, auf welcher 21 Ortschaften, die sogen. Mastixdörfer, als dazu berechtigt, sich mit der Cultur des Mastixbaumes und dem Einsammeln des Harzes beschäftigen. Man kaut den Mastix im Orient zur Erhaltung des Zahnfleisches und der Zähne, und verwendet ihn auch bei uns unter Zahnpulver, zu Zahnkitt u. a. Zahnmedicamenten, wie auch vorzüglich zum Räuchern, zu Lackfirnissen rc.

Gummilack.

Diese rothe, mehr dem Wachse ähnliche Gummiart kommt hauptsächlich vom ostindischen Feigenbaume und verdankt seine rothe Farbe der auf seinen Zweigen sich aufhaltenden Lackschildlaus, welche Insektengattung in dem aus denselben dringenden und gerinnenden Milchsafte, was eigentlich der Gummilack ist, ihre Zellen baut. — Man unterscheidet je nach der Reinigung und Zubereitung desselben im Handel 4 Sorten: 1) Stocklack (auch Stangen-, Stab- oder Holzlack, d. i. der Gummilack in seinem natürlichen Zustande, oder die abgebrochenen Zweige der Lackbäume selbst, die mit einer dicken Lacklage wie mit rothem Sand bedeckt sind. Aus diesem werden die andern Sorten bereitet, nämlich: 2) Körnerlack (granulirter oder Samenlack), 3) Klumpenlack (oder Knollenlack) und 4) Schelllack (oder Tafellack).

Aus der ersten Sorte, dem Stocklack, gewann man in der neuesten Zeit die für unsere Färbereien so wichtigen rothen Farbestoffe, den Lacklack und später den noch schönern Färberlack oder den beliebten englischen Lack-dye, der beste aus Assam und Siam (Ostindien), mit welchem man jetzt so schön und so dauerhaft wie mit der amerikanischen Cochenille (s. S. 173) roth zu färben versteht; daher denn auch dieser neue Farbestoff immer mehr in Aufnahme gekommen und die Cochenille immer mehr im Preise gesunken ist. — Eine ähnliche schönrothe Farbe ist das seit 1815 von den Gebrüdern Ofenheimer in Wien ebenfalls aus dem Stocklack bereitete Ofenheimer Roth.

Aloë.

Es ist dieß ebenfalls ein an der Luft erhärteter harz- oder gummiartiger und äußerst bitterer Saft, der aus den durchschnittenen Blättern der Aloëpflanzen gewonnen und hauptsächlich in der Medicin verwendet wird. Man unterscheidet 4 Hauptsorten: 1) Socotrinische Aloë, die kostbarste von allen, von der Insel Socotra oder Socotora vor der Südküste Arabiens im indischen Ocean (s. S. 149); 2) Leber- oder Barbados-Aloë von der englischen Insel Barbados und auch von Jamaica in Westindien, sowie von Arabien und der Ostküste Afrika's; 3) Cap-Aloë, welche das Vorgebirg der guten Hoffnung in Menge liefert, und 4) Roß- oder Caball-Aloë, die geringste und meist sehr unreine Sorte der Barbados-Aloë, welche nur in der Thierarznei ihre Anwendung findet. — Uebrigens wird die Aloë auch häufig in mehreren Gegenden des südlichen Asiens angetroffen.

Kampfer.

Vor allen wichtig ist diese eigenthümliche harzähnliche oder mehr aus verdichtetem flüchtigem Oele bestehende Substanz, welche aus allen Theilen des Kampfer-Lorbeerbaumes in Japan und China durch Auskochen derselben ꝛc., weit reiner und edler aber auf den ostindischen Inseln Sumatra und Borneo (jährlich gegen 50 Ctr. Ausfuhr) von dem nur hier wachsenden kampfergebenden Lorbeerbaume natürlich, theils durch Hervorbringen dieser weißen Masse aus dem Stamme, theils als schon gebildete Klümpchen aus dem Innern oder dem Mark des Baumes gewonnen wird. Die erstere oder geringere Sorte, welche am stärksten nach Europa kommt, wurde lange Zeit nur in Venedig und Amsterdam, wird aber jetzt auch in Hamburg, Berlin und anderwärts raffinirt; und wenn der letztere oder der feine natürliche Kampfer von Sumatra und Borneo im Austausch gegen geringen japanischen, sonst meist nach Japan ging, wo er in hohem Werthe stand, so bringen die Holländer jetzt doch auch viel davon nach Europa, indem die Japaner nicht mehr so begierig darauf zu seyn scheinen.

[1] Kampfer wurde zuerst durch die Araber in Europa bekannt. Die Holländer haben das Hauptgeschäft.

Opium.

So nennt man den ausgeflossenen, ausgepreßten oder ausgekochten und an der Sonne oder über Feuer eingedickten Milchsaft der unreifen Mohnköpfe im Orient, in welchem Artikel von jeher ein wichtiger Handelsverkehr in Kleinasien, Aegypten, Arabien, Persien und Ostindien getrieben wurde, indem die Morgenländer den Genuß desselben leidenschaftlich lieben, und das Opium entweder mit ihrem Tabak vermischt rauchen, oder auch rein mit Zucker versetzt genießen, um sich dadurch auf ähnliche Art zu erheitern oder zu berauschen, wie andere Völker durch spirituöse Getränke. Bei uns wird dasselbe als schmerzstillendes Arzneimittel häufig in der Medicin angewandt. — Das meiste und beste Opium liefert jetzt das britische Vorderindien von Patna, Bahar, Benares und Malwa, und es nahm die Cultur desselben in den letzten Jahren hier wie nun auch im britischen Hinterindien und auf den Inseln Pulo Pinang und Singapore erst durch den großen Absatz, den es, ungeachtet des Verbots, in China fand, so außerordentlich zu. Denn wenn die Opiumausfuhr nach diesem Lande vor 20 Jahren nur etwa auf 3000 Kisten sich belaufen hatte, so war dieselbe in den letzten Jahren vor dem, wie bekannt, deßhalb zwischen England und China ausgebrochenen offenen Kriege bis auf 30,000 Kisten, zu einem Werthe von 60 Mill. Dollars gestiegen. In der neuesten Zeit führt auch Aegypten viel aus und Smyrna war von jeher ein Hauptplatz für dasselbe.

Sesamöl.

Noch weniger als das Opium berührt dieser Artikel den europäischen Handel, wenigstens nicht im Norden; denn es gehört der reiche Oelsame Sesam dem Orient, und zwar dem ganzen südlichen Asien von Japan und China bis zum Mittelmeere sowie Aegypten an, und es wird in diesen Ländern das Sesamöl als Speise- und Brennöl stark benutzt, daher denn Same und Oel dort erhebliche Handelsartikel bilden. Doch gedeiht der Sesam auch noch häufig in Südeuropa, besonders auf Sicilien, in Griechenland, der Türkei und im südlichen Rußland. — Da das Sesamöl geruchlos ist und nicht leicht ranzig wird, so verwendet man es auch häufig zur Verfälschung der Balsame und ätherischen Oele. — Aegypten hat starke Ausfuhr von Samen.

Palmöl oder Palmfett.

Das in der neuesten Zeit in so großen Quantitäten in den Handel gekommene orangefarbige Palmöl liefern die olivenähnlichen Früchte einer in den Tropenländern, besonders in

[1] Palmöl, aus den Nußkernen der Cocospalme bereitet, wird jetzt wegen seines im Verhältniß zum Thiertalg wohlfeileren Preises in immer größeren Quantitäten nach Europa gebracht.

Guiana, Brasilien, Westindien, Guinea, auf Ceylon ꝛc. wachsenden Palmenart und es wurde dasselbe zuerst in England, aber nun auch in Frankreich und Deutschland (Hamburg, Magdeburg ꝛc.) im Großen hauptsächlich zu Palmseife (Palm soap) verwendet, wodurch die Einfuhr desselben in England gegenwärtig bereits auf mehr als 600,000 Ctr. gestiegen ist, während man vor 20 Jahren mit den ersten kleinen Zufuhren Versuche anstellte. In Folge dessen wurden in mehreren Colonien der heißen Zone große Anpflanzungen dieser Oelpalme vorgenommen und durch diese neue Industrie die Rhederei sowie im Austausch gegen diese Massen Oel, das man jetzt zu raffiniren versteht, wodurch es sich nun auch zum Brennen verwenden läßt, die Ausfuhr von Fabrikwaaren nach diesen Punkten, namentlich in England, noch mehr belebt. — Auch das edlere weiße Cocosnußöl von der Butter-Cocospalme (Cocos butyracea), das in den oben genannten Ländern statt der Butter gebraucht wird, und hell und ohne Rauch und Geruch brennt, kommt unter dem Namen weißes Palmöl oder Palmfett zu feiner Seife jetzt häufiger in den Handel. — Vielleicht wird unser Rüb- und Repsöl mit dem Cocosöl bald nicht mehr concurriren können und Tausende von Aeckern Landes, welche bis jetzt zur Erzeugung des Repses benutzt worden, werden dann Nahrungsmittel für die steigende Menschenmenge hergeben.

Rosenöl.

Dieses kostbare Parfüm gewinnt Ostindien, wo es namentlich in den Rosengärten bei der Stadt Ghazibur am Ganges in der englischen Präsidentschaft Allahabad, auch zu Kaschmir im Königreich Lahore bereitet wird, noch mehr aber und das geschätzteste, das überhaupt weit mehr als das ostindische in den Handel kommt, liefert Persien von Schiras und Firuzabad; weniger Fayum in Aegypten, Tunis in der Berberei, Damask in Syrien, Smyrna in Natolien; in Europa: Selimnia und Adrianopel in Rumelien und das geringste Genua und Livorno in Italien. Die überaus spärliche Gewinnung und der hohe Preis dieser Rosenessenz macht, daß sie selten rein oder echt, sondern meist stark mit Rosenholz- oder Sandelholzöl und Sesamöl versetzt, oder häufig auch nur das dem Rosenöl ähnlich aber schwächer riechende und weit billigere Rosenholzöl dafür in den Handel kommt. In der englischen Niederlage in Ostindien soll 1 Siccagewicht oder noch nicht ganz 1 Loth echtes Rosenöl 100 Siccarupien oder 10 Pfd. St. kosten, während man in unsern Drogueriehandlungen die Unze nur mit 5 Thlr. bezahlt.

Rosenwasser, dessen Verbrauch schon in Europa mannigfach, im Orient aber viel stärker ist und dort ganz unser Kölner Wasser ersetzt, und als Hauptmittel gegen alle Uebel gilt, liefern dieselben Gegenden, viel besonders Aegypten von Fayum.

Mineralische Produkte.

Gold und Silber.

Man kann wohl annehmen, daß Amerika das Hauptland für diese edlen Metalle ist, da sonst keine Gegend der Erde so reiche Ausbeute darbietet, und namentlich in Beziehung auf Gold, nur etwa einzelne Punkte in den übrigen Erdtheilen, wie vielleicht die Goldküste in Afrika, einige Inseln des indischen Archipels und in der neuesten Zeit der Ural in Rußland verglichen werden könnten.

Seit der Entdeckung jenes Erdtheils bis zu Anfange des 19. Jahrh., also in den ersten 300 Jahren soll das spanische Amerika allein über 3 Mill. und das portugiesische oder Brasilien das Doppelte oder über 6 Mill. Mark Gold gegeben haben. Noch größer wird die Ausbeute an Silber in den spanischen Besitzungen angegeben; denn sie soll in demselben Zeitraume nicht weniger als 500 Mill. Mark (5000 Mill. Piaster an Werth) betragen haben. — Dieser Zustand der Dinge hatte sich nun freilich, wenigstens in dem spanischen Amerika, während des letzten Unabhängigkeitskrieges daselbst sehr geändert; indessen hat sich gegenwärtig der Bergbau, besonders in Mexico und Brasilien, wieder sehr belebt, und zwar durch englische, nordamerikanische und deutsche Bergbaugesellschaften, die mit großen Capitalien arbeiten und die verfallenen Minen wieder in Betrieb gesetzt haben, so daß in Mexico, hauptsächlich durch die großen Anstalten der hier thätigen 7 englischen Compagnien, seit 1834 der Ertrag an Gold und Silber seine vor der Revolution gehabte Höhe (jährlich gegen 7000 Mark Gold und über 2¼ Mill. Mark Silber) bereits wieder erreicht haben soll.

Gold aus Amerika. Das meiste liefern folgende Staaten: Californien, Brasilien, namentlich in der auch an Diamanten so reichen Provinz Minas Geraes; ferner Neugranada oder Columbien,[1] Chili, Mexico, Peru, Bolivia und Buenos Ayres, und in Nordamerika die Vereinigten Staaten, hauptsächlich Nordcarolina, Georgia und Virginien. Im Ganzen wohl noch gegen 50,000 Mark.

Gold aus Afrika. Das meiste wird hier in den Niederlassungen der Europäer an den Küsten von Senegambien, Ober- und Niederguinea und Mozambik und Sofala als Goldstaub oder Goldsand, welchen die Neger aus dem Innern bringen, gegen europäische Waaren eingetauscht. Als goldreiche Länder im Innern werden vorzüglich genannt das Bergland Bambuk in Senegambien und das Reich der Aschantis in Oberguinea, dessen Küste daher auch die Goldküste heißt.

[1] Hier, in den berühmten Goldgruben von Santa Fé de Bogota, wurde 1736 auch das erste Platin oder die seit 1822 auch im russischen Ural häufig vorkommende Platina gefunden.

Gold aus Asien. Asien hat in allen Ländern und auf den meisten Inseln Gold, und zwar weit mehr als Silber, doch steht der Bergbau meist noch auf sehr niederer Stufe und wird in vielen Gegenden ganz vernachlässigt. Die größten Schätze mögen Japan, Anam oder Cochinchina, Malacca und hauptsächlich die Inseln Borneo und Sumatra haben, auf welchen die Holländer Tausende von Menschen in mehr als 50 Schachten beschäftigen und daher auch die meisten Goldbarren nach Europa bringen.

Silber aus Amerika. Wie früher, so liefert auch jetzt wieder Mexico (s. vorher), hauptsächlich in und um Guanaxuato und Zacatecas, das meiste Silber nicht nur in Amerika, sondern in der ganzen Welt, und es sollen jetzt allein die englischen Bergbaucompagnien hier in ihrer eigenen Münze zu Zacatecas jährlich 5 bis 6 Mill. Piaster schlagen lassen. Nächst Mexico liefern ebenfalls sehr große Quantitäten Silber: Peru aus den berühmten Bergwerken von Pasco und Cusco, Bolivia aus den alten reichen Minen von Potosi und La Paz, Chili aus den neuen Werken von Copiapo und Huasco in der Provinz Coquimbo, weniger jetzt La Plata von Santos de Rioja und Mendoza.

Die übrigen Erdtheile, mit Ausnahme des russischen Altai in Sibirien (s. S. 128), liefern nur wenig Silber in den Handel.

Edelsteine oder Juwelen.

Wie für die meisten und schönsten Perlen, so war von jeher auch für die meisten und schönsten Edelsteine der Orient, namentlich das reiche Ostindien das Hauptland, neben welchem nur Brasilien in Amerika ausgezeichnet ist. Uebrigens ist, wie bei den Perlen, ebenso bei den Edelsteinen, die sehr dürftige und schwankende Unterscheidung derselben nach ihrer Schönheit, in orientalische und occidentalische, nicht eigentlich zu nehmen.

Diamanten. Unter den Edelsteinen der genannten Länder bilden diese den wichtigsten Handelsartikel. Ostindien liefert die meisten und größten aus dem britischen Indien, und zwar aus dem ehemaligen Königreiche Golkonda in der Präsidentschaft Madras, wo nicht allzu weit von der Stadt gl. N. sonst die wichtigsten Diamantengruben sich fanden und wo, sowie in dem nahen Hydrabad, das auch wichtige Diamantenschleifereien hat, noch jetzt ein lebhafter Handel mit diesen Edelsteinen getrieben wird. Andere berühmte Punkte sind bei Pannah im Distrikt Bundelkund und bei Sumbhulpur in Allahabad, und von den Inseln liefern Ceylon und Borneo die meisten; auch soll 1841 von den Holländern auf Sumatra ein Diamantenlager aufgefunden worden seyn. — Brasilien hat seine berühmten erst 1729 entdeckten Diamantenlager im Distrikt

Serro Frio der reichen Bergprovinz Minas Geraes, und seit ihrer Entdeckung bis 1818 soll allein die portugiesische Regierung ziemlich 3 Mill. Karat oder 1300 Pfd. Diamanten zu einem Werthe von etwa 70 Mill. Gulden erhalten haben. — Seit 1843 auch Mexico in der Sierra Madre in der Richtung nach Acapulco.

Diamantenschleifereien. Die berühmtesten in Europa waren von jeher zu Amsterdam und Antwerpen, wo überhaupt sonst der Handel mit rohen Diamanten im größten Schwunge war; doch beschäftigt man sich jetzt auch in London und Paris mit der Verarbeitung dieser Edelsteine.

Andere wichtige Edelsteine sind: Rubine oder rothe Diamanten aus Pegu im Reiche Birma und von Ceylon, berühmte Gruben in Badakschan bei der Hauptstadt dieser Provinz, Fyzabad in der freien Tartarei, hier auch viel Lasursteine (Lapis Lazuli); Smaragde aus Birma, Neugranada, zu Mezo und Somoniboco, nördlich Bogota, Peru und Aegypten; Sapphire aus Pegu und von Ceylon; Hyacinthe, Amethyste und Granaten (Karfunkel), die schönsten, von Ceylon; Topase ebendaher und aus Brasilien; Chrysolithe aus Brasilien und Aegypten; Türkise aus Persien und der Bucharei; Bergkrystalle von Sibirien und der Insel Madagascar.

Andere überseeische Mineralien, die in großen Quantitäten nach Europa kommen, sind: Zinn, das feinste bis jetzt bekannte, von der holländisch-ostindischen Insel Banca bei Sumatra (jährlich 60 bis 80,000 Ctr.), auch von Malacca; Zink, aus China und Ostindien (Bengalen und Malacca); ferner: Kupfer, aus Japan (das feinste auf der Erde, 11,000 Pikuls), Marocco in der Berberei, Natolien (Tokatkupfer) und Armenien (Erzerum), reiche Kupferminen wurden in Canada entdeckt, China und Siberien (Altai), jetzt aber auch aus Chili (Coquimbo) und Peru in Süd- und aus den Vereinigten Staaten (Connecticut, Missouri und Wisconsin) in Nordamerika und aus Australien; Blei (gegen 100,000 Ctr.) aus dem eben genannten Gebiet Wisconsin, Galena in Illinois (Ausbeute 300,000 Ctr., Ausfuhr 200,000 Ctr.) in den Vereinigten Staaten; Quecksilber seit 1843 aus Mexico (Depart. Chalisco), das meiste aus Ostindien, Peru, China und Japan; Salpeter (gegen 200,000 Ctr.) aus dem britischen Bengalen in Ostindien und aus Aegypten; aus Peru viel Soda; Borax aus Tibet und Japan; Erdöl oder Bergnaphta aus dem russischen Kaukasien (von Baku); Erdpech oder Asphalt und Bergtheer aus Aegypten, Syrien, Westindien und Nordamerika; Bergkrystall aus Ceylon, Sumatra, Madagascar und Sibirien.

Gewerbsindustrie Europa's.

Groß und mannigfaltig ist die Menge der Produkte, welche die Natur zum gegenseitigen Austausch dem Handelsverkehr darbietet, aber unendlich vermehrt, angenehmer und werthvoller werden dieselben erst durch die industrielle Thätigkeit des Menschen oder durch ihre Verarbeitung zu besondern Zwecken. Wenn eine solche Betriebsamkeit schon bei jeder nicht ganz rohen Nation sichtbar ist, so sehen wir mit Bewunderung, wie hoch dieselbe gegenwärtig gestiegen, und wie theils Hang nach Bequemlichkeit des Lebens und Genuß, theils Gewinnsucht den Fleiß und Erfindungsgeist weckten und die sonst einfache Beschäftigung nur einzelner Personen stufenweise immer höher bis zur Kunst und zu Kunstwerkstätten oder Manufakturen und Fabriken erhoben, in denen die Arbeit getheilt und vielfältig durch Maschinen erleichtert wird.

Dieser Gewerbs- und Kunstfleiß hat sich besonders über die meisten Länder Europa's, wo schon früh der Handwerkstand durch die Zünfte oder Innungen zu einer eigenthümlichen Ausbildung gelangte, verbreitet und, begünstigt durch die glücklichen Fortschritte in Wissenschaft und Kunst, namentlich durch die vielen und höchst sinnreichen Erfindungen im Maschinenwesen,[1] sowie durch polytechnische, Handels- und Gewerbsschulen, Gewerbsvereine und Ausstellungen von Industrieartikeln, in der neuesten Zeit einen hohen Grad der Vollendung erreicht, so daß in keinem Erdtheile Manufakturen und Fabriken so ausgezeichnet blühen als in vielen europäischen Ländern, besonders in England, Frankreich, den Niederlanden, Deutschland und der Schweiz, wo man alle Produkte der Erde verarbeitet und alle Bedürfnisse eines bequemen Lebens und selbst des Luxus in großer Menge und von ausgezeichneter Schönheit liefert.

[1] Einen großen Aufschwung erhielt das Fabrikwesen besonders durch die von dem Engländer James Watt im J. 1775 zu Soho bei Birmingham erfundene Dampfmaschine.

Manufaktur- und Fabrikwaaren,

mit Angabe der Länder und Plätze, welche sie in größter Menge und am besten liefern.

Baumwollenwaaren.

Erst die neueste Zeit hat die Baumwollenmanufaktur in Europa zu einem der wichtigsten Industriezweige erhoben. Nachdem der Engländer Arkwright[1] im Jahr 1775 die Spinnmaschine erfunden, entwickelte sie sich großartig in England und seit dem Anfange unseres Jahrhunderts auch in andern Ländern. Wichtig für Baumwollverarbeitung und namentlich für Cattune oder Callicos und Indiennes sind

England: Manchester, Blackburn, Preston und Ashton[2] (Grafschaft Lancaster), sowie Nottingham, Cromford und Bakewell (Grafschaft Derby), Derby und Leicester; — Schottland: Glasgow, Paisley, Perth, Dundee, Dumbarton und New-Aberdeen; — Irland: Belfast und Downpatrick. — Man verspinnt in den vielen großen Spinnereien, mit 15 Mill. Spindeln, jährlich mehr als 3 Mill. Ctr. Baumwolle und führt, mit Inbegriff von 1 Mill. Ctr. Twist oder Maschinengarn, für mehr als 30 Mill. Pfd. Sterl. Baumwollenwaaren aller Art nach allen Ländern der Erde aus.

Frankreich: Rouen, Louviers und Caen in der Normandie; Mühlhausen und Markirch im Elsaß (hier ausgezeichnete Callicos und Indiennes); St. Quentin in der Picardie; Valenciennes, Lille und Cambray in Flandern; Troyes in der Champagne; Jouy an der Bièvre bei Paris, Departement Seine-Oise; Tarare bei Lyon, Paris (Jouy, St. Denis rc.). — Man zählt in den hiesigen Spinnereien über 3½ Mill. Spindeln.

Belgien und Holland: in ersterem Gent und Lokeren in Ostflandern; Brügge und Courtray in Westflandern; Brüssel (viel Indiennes), Löwen und Anderlecht in Südbrabant; Antwerpen und Westerloo in der Provinz Antwerpen, und Tournay und Mons in Hennegau; — in Holland, das sich seit der Trennung von dem bis 1830

[1] Arkwright, Barbier zu Wirksworth in Derbyshire, 5 Stunden nordnordwestlich von Derby, ließ zu Cromford in derselben Grafschaft seine erste Spinnmaschine gehen. Er starb 1792 und hinterließ ein Vermögen von 6 Mill. Thalern.

[2] Fabrikstadt, von den Gebrüdern Ashton gegründet. Sie erbauten 300 Häuser für die Arbeiter in ihren Spinnereien und Webereien und besorgten die wirthschaftlichen Angelegenheiten ihrer Leute. Sie geben wöchentlich 5775 Pfd. Sterl. Lohn an ihre Arbeiter, also jährlich nahe an 2 Mill. Thaler.

besessenen Fabrikland Belgien nothgedrungen in der Baumwollenmanufaktur immer mehr entwickelt: Amsterdam und Haarlem in Nord-, Dortrecht in Südholland; Eindhoven in Nordbrabant, und Almelo, Hengelo und Enschede in Oberyssel. Zusammen 800,000 Spindeln; Cattundruckerei zu Nieuwer-Amstel und Bewerwyk bei Harlem.

Die Schweiz: Zürich, Winterthur und Wädenschwyl im Canton Zürich; Aarau, Aarburg, Lenzburg und Zofingen im C. Aargau; St. Gallen, Rorschach und Rapperswyl im C. St. Gallen; Appenzell, Herisau und Gais im C. Appenzell; Glarus und Mollis im C. Glarus, und vorzüglich auch, für schöne Schweizer-Cattune, Neufchatel, Biel und Bern. — Im Ganzen 600,000 Spindeln.

Oestreich: Wien, Pottendorf, Alt- und Neu-Kettenhof, Neunkirchen, auch Linz und Hallein; — Böhmen: Reichenberg, Cosmanos, Friedland und Reichstadt im Bunzlauer, Rumburg, Leipa und Warnsdorf im Leitmeritzer Kreise, Leibitschgrund (große Baumwollspinnerei mit 20,000 Spindeln und Dampfmaschine) im Bunzlauer, Schlaggenwald und Schönbach im Ellnboger, Asch im Egerschen Kreise, und vorzüglich auch Prag; — Mähren: Sternberg im Olmützer Kreise, Brünn und Leetowitz; Tyrol (Vorarlberg): Bregenz, Dornbirn und Hohenems; — die Lombardei: Como und Mailand. — Im Ganzen $1\frac{1}{2}$ Mill. Spindeln, davon Böhmen allein über 600,000.

Sachsen: Chemnitz, Harthau, Scharfenstein, Zschoppau, Aue, Frankenberg, Mittweida, Limbach, Hohenstein, Ernstthal, Langenlungwitz, Mülzen ꝛc. im Erzgebirge oder Zwickauer Kreise; Plauen, Oelsnitz, Auerbach, Falkenstein, Lengenfeld, Mylau, Reichenbach ꝛc. im Voigtlande und in demselben Kreise; Großenhain und Sebnitz im Dresdner; Burgstädt, Penig und Mühlau im Leipziger Kreise, und Zittau und Bautzen in der Lausitz oder im Bautzner Kreise. — Im Ganzen 500,000 Spindeln.

Preußen und zwar Rheinpreußen: Elberfeld, Barmen, Düsseldorf, Vorbis und Mühlheim a. d. Ruhr; — Westphalen: Bielefeld und Warendorf; — Schlesien: Breslau, Reichenbach, Langenbielau und Glatz im Rgsbz. Breslau, und Hirschberg, Schmiedeberg und Marklissa im Rgsbz. Liegnitz; — Brandenburg: Berlin und Potsdam; — Sachsen: Zeitz, Eilenburg und Langensalza. — Im Ganzen 130,000 Spindeln.

Baden: Constanz am Bodensee, Lörrach im Ober-, und Ettlingen im Mittelrheinkreise. — Im Ganzen 50,000 Spindeln.

Württemberg: Stuttgart, Berg, Cannstatt und Eßlingen im Neckar-, Nürtingen im Schwarzwald-, und Ehingen (Spinnerei und Türkischrothfärberei) im Donaukreise.

Außerdem noch große Cattunfabriken zu Barmbeck und Wandsbeck bei Hamburg; zu Altona im Holsteinischen; Agathof bei Cassel; in Barcelona in der spanischen Provinz Catalonien; auf der Insel Malta, und neuerdings auch zu Moskau und Umgegend in Rußland.

Strumpfwaaren werden in Menge zu Nottingham, Manchester, Derby und Leicester in England; zu Paris, Alençon, St. Quentin, Rouen, Caen, Troyes und Mühlhausen in Frankreich; Gent in Ostflandern; Schönlinde, Leipa, Schlinkenau und Dux im Leitmeritzer Kreise, und hauptsächlich in und um Chemnitz, Zschoppau, Auma Apolda, Hohenstein (20,000 Stühle), Oelsnitz und Bautzen in Sachsen; Erlangen in Bayern; Reutlingen und Ebingen im württemb. Schwarzwaldkreise fabricirt. Julius Borchert ist der Erfinder eines rotirenden Maschinenstrumpfwirkerstuhls.

Musseline und Schleier liefern Manchester, Nottingham, Glasgow und Paisley in England; Rouen, Tarare und Lyon, auch Lille und Valenciennes (Prov. Flandern) in Frankreich; St. Gallen, Appenzell, Herisau, Gais und Winterthur in der Schweiz; Mailand in der Lombardei; Dornbirn in Tyrol; Hirschberg und Schmiedeberg in Schlesien; Hof in Bayern; Arnau und Hohenelbe in Böhmen, und vorzüglich auch Plauen und die Umgegend in Sachsen.

Leinenwaaren.

Seit der großen und allgemeinen Entwickelung der Baumwollenindustrie und bei der Wohlfeilheit der Baumwollen- gegen

[1] Die Zukunft der deutschen Leinenindustrie. Unter dieser Ueberschrift enthält das „Buch für Winterabende von M. Honek, Jahrg. 1846," einen Aufsatz von Karl Karmarsch, aus dem nachstehend ein kurzer Auszug gegeben werden mag. Die Leinenmanufaktur — ein Industriezweig, seit Jahrhunderten in Deutschland einheimisch, in vielen Theilen unsers Vaterlandes auf das Innigste mit den Beschäftigungen des Landmannes verknüpft, eine Nahrungsquelle für Hunderttausende, ein von jeher mit Stolz angeblickter Glanzpunkt des deutschen Ausfuhrhandels nach entfernten Weltgegenden — ist in einer Krisis befangen, deren endlicher Entwickelung gar mancher Blick mit ängstlicher Besorgniß entgegensieht. Wir haben es hier mit einer Angelegenheit von höchster Wichtigkeit zu thun; mit einer Angelegenheit, welche das Wohl einer großen Anzahl von Familien betrifft, und hierdurch allein schon die lebhafteste Theilnahme des Vaterlandsfreundes erwecken müßte, wenn sie auch nicht überdieß, als ein merkwürdiges Zeichen der Zeit, für jeden Denkenden von Interesse wäre. Die Erhebung der Leinenspinnerei und Weberei in Großbritannien ist seit dem Anfange des 19. Jahrh. mit enormer Schnelligkeit erfolgt und britische Leinen überschwemmen jetzt die Märkte beinahe aller der Orte, wohin früher das deutsche Produkt so reichlichen Absatz fand. Hiervon kann man sich einen Begriff machen, wenn wir anführen, daß in der schottischen Fabrikstadt Dundee (einem Hauptsitze der Leinenmanufaktur) 1745 nur erst 74 Tonnen Flachs, 1814 aber schon 3000 und 1830 gar 15,000 Tonnen Flachs eingeführt und von dort im Jahre

die Leinenwaaren mußte in der neuesten Zeit das von jeher so allgemein verbreitete Leinengeschäft in allen Ländern sich ver-

1814 etwa 1 Million Ellen, dagegen im Jahre 1830 nicht weniger als 50 Millionen Ellen Leinwand ausgeführt wurden. Die Ausfuhr aus dem gesammten britischen Reiche betrug 1840 über 3 Millionen Pf. St. für Leinwand und 820,000 Pf. St. für Garn. Die Menge des ausgeführten, auf Maschinen gesponnenen Leinengarns stieg vom Jahre 1828, wo sie etwa 50,000 Pf. betrug, bis 1836 auf 6 Millionen und bis 1843 auf 24 Millionen Pf. — Während so die britische Fabrikation mehr und mehr der deutschen als furchtbare Nebenbuhlerin gegenüber trat, erhoben sich in andern Gegenden, wohin früher deutsche Leinen gingen, auch direkte Hindernisse oder Schwierigkeiten gegen diesen Handel. So ging die spanische Kundschaft durch die Umwälzungen im spanischen Amerika größtentheils verloren, und Frankreich schränkte durch Begünstigungen, welche es der britischen Leinenmanufaktur angedeihen ließ, den Bezug von deutscher Leinwand sehr ein. Nicht minder litt der (zu Anfang des 19. Jahrhunderts bedeutende) Absatz deutscher, insbesondere schlesischer Leinen nach Rußland, indem dieses Reich durch Auflegung hoher Eingangssteuern seine eigene Weberei zu befördern bemüht war. Diese und andere Verhältnisse haben nach und nach den deutschen Ausfuhrhandel mit Leinen in einem höchst beunruhigenden Grade geschmälert. Einen Maßstab für diese Verminderung, namentlich was den Hauptabsatz über See anlangt, erhält man durch die Ausfuhrlisten von Bremen, wonach die Ausfuhr von 1833 bis 1844 um beinahe $2^1/_2$ Millionen Reichsthaler oder um 70 Procent abgenommen hat. Insbesondere sind von sächsischer Leinwand 1838 über Bremen zur See ausgeführt worden für 587,500 Thlr., 1844 dagegen nur für 159,425 Thlr., was eine Abnahme von nahe an 73 Procent ergibt. Können wir nun gleich dieses betrübende Resultat theilweise unabwendbaren Zeitereignissen zuschreiben, so gestattet doch die Wahrheitsliebe nicht, zu verhehlen, daß Deutschland in bedeutendem Maaße selbst daran Schuld ist, indem es weit davon entfernt blieb, alles das zu thun, was den Credit seiner Leinen unter so schwierigen Umständen hätte erhalten und hegen können. Das jetzige Uebergewicht der Engländer auf dem, trotz seiner durch die Baumwollenstoffe bewirkten Schmälerung noch immer ungeheuer großen Felde der Leinenindustrie rührt her von ihrem unermüdeten Voraneilen in Verbesserung der Fabrikation und von dem dagegen stark abstechenden Beharren Deutschlands bei dem hergebrachten unvollkommenen Zustande des Gewerbes, ja zum Theil von großen Mißgriffen, welche das deutsche Gewerbe sich hat zu Schulden kommen lassen. Die britischen Leinen zeichnen sich zuvörderst aus durch den schönen, gleichförmigen Faden des dazu verwendeten Garns, und durch sorgfältige, regelmäßige Weberei; sie enthalten ferner durchgehends richtiges und zuverlässiges Maß in Länge sowohl als Breite; sie empfehlen sich endlich durch vorzüglich schöne Bleiche und Appretur. Auch in Wohlfeilheit würden sie einen Vorrang gewonnen haben, wenn es nicht naturgemäß sich gefügt hätte, daß durch ihre Concurrenz die Preise der deutschen Leinen entsprechend herabgedrückt wurden. Ein Hauptpunkt ist jedenfalls die Schönheit des Gespinnstes, welche von den Engländern, mittelst ihrer höchst vervollkommneten Maschinen, verbunden mit einer sehr sorgsamen Reinigung des Materials, zu einem ganz vorzüglichen Grade bereits gesteigert ist. Deutschland dagegen hat im Allgemeinen die Verbesserung seiner Flachscultur und Flachszubereitung beinahe ganz versäumt; es hat seine Handspinnerei fast durchgehends auf dem alten, unvollkommenen Standpunkte gelassen, und sich die Maschinenspinnerei nur erst in höchst beschränktem Maße angeeignet; es hat in vielen Gegenden bis auf die neueste Zeit häufig (in Folge theils von Unaufmerksamkeit, theils von betrüglicher Absicht) Leinen von ungleichem, fehlerhaftem Gewebe, von ungenauem Längen- und Breitenmaße geliefert; es ist schließlich in Vervollkommnung der Bleiche und Appretur nur langsam fortgeschritten.

mindern; indessen ist dasselbe noch immer ein Hauptindustriezweig in mehreren, namentlich in den meisten deutschen Ländern,

Den schlesischen feinen Leinen ist theilweise sogar, wenigstens in einer gewissen Periode, die Verfälschung mit eingemengtem Baumwollgarn häufig vorgeworfen worden. Es ist hier nicht unser Zweck, alle diese Uebelstände einzeln gründlich zu beleuchten; wir wollen nur die Leistungen der Handspinnerei und der Maschinenspinnerei einander gegenüberstellen, und den wahrscheinlichen Ausgang des Wettkampfs, in welchem beide mit einander begriffen sind, aus der Natur der Verhältnisse zu erschließen suchen. Von diesem Ausgange wird wesentlich die Zukunft des deutschen Leinengewerbes abhängen; denn nur, wenn sich zeigen sollte, daß die Handspinnerei innerhalb gewisser Grenzen neben der Maschinenspinnerei bestehen kann, möchte — wenigstens in den nordwestlichen Theilen Deutschlands — auf eine dauernde, kräftige Concurrenz unserer Leinenindustrie mit jener Großbritanniens, und auf die Beibehaltung der bisherigen, so tief in das Volksleben eingreifenden Betriebsmethode derselben zu rechnen seyn. (Nachdem nun die Eigenthümlichkeiten des einen und des andern Gewebes auseinander gesetzt sind und insbesondere in Ansehung der Schönheit dem Maschinengarn der Vorzug vor dem Handgespinnst, in Ansehung der Güte und Haltbarkeit aber umgekehrt der Vorzug dem letzteren zugesprochen, endlich dargethan ist, daß die Preise beide sich desto näher kommen, je feiner beide Garngattungen sind, heißt es weiter:) Wenn durch das Bisherige mit ziemlicher Sicherheit dargethan seyn möchte, daß die Handspinnerei sich im Bereiche der gröberen und zum Theil der mittleren Sorten neben der Maschinenspinnerei auch für die Zukunft halten könne, so muß zugleich auf das Dringendste wiederholt ausgesprochen werden, daß diese Hoffnung nur in sofern sich verwirklichen werde, als man ernstliche Bemühungen darauf richtet, in unsern deutschen Ländern die Cultur der Leinpflanze zu verbessern, damit der Flachs dem russischen und belgischen an Güte gleich wird; den Flachs beim Brechen und Hecheln angemessen zu behandeln, um ein gehörig reines Material ohne zu großen Verlust zu erzielen; endlich den Betrieb der Handspinnerei so viel möglich zu vervollkommnen, damit die Garne in ihrer Art das Beste werden, was diese Methode des Spinnens zu liefern vermag. Was die fernere Verarbeitung betrifft, so wird es von höchster Wichtigkeit seyn, dem Sortiren der Garne für die Weberei große Sorgfalt zu widmen, im Weben selbst allen Fleiß anzuwenden, jedes unreelle Verfahren gewissenhaft zu vermeiden und demnach eine Waare zu liefern, welche ihren Credit auf den großen Märkten in jeder Beziehung zu behaupten im Stande ist. Sofern, unserer Voraussetzung zufolge, den Handspinnern die Bestehung der Concurrenz mit den Maschinenspinnereien hinsichtlich der feinen Garne nicht möglich seyn wird, entsteht natürlich die Frage, ob Deutschland mit Erfolg sich den Betrieb dieser letztern Art werde aneignen können? Bis jetzt ist die Maschinenspinnerei in unserm Vaterlande noch von sehr geringer Ausdehnung, und sie findet, den Britten gegenüber, alle die Schwierigkeiten, welche unvermeidlich daraus entstehen, daß in Großbritannien durch den höhern Standpunkt des Maschinenbaues, den Ueberfluß von Capitalien und die vielen directen Absatzkanäle die Fabrikation ungemein befördert wird; nicht zu gedenken des ungeheuren Vorsprungs, den uns jenes Land bereits abgewonnen hat, so daß wir viel zu thun haben, um es einigermaßen einzuholen. Gleichwohl sind wir der Meinung, daß Deutschland in seinem eigenen wohlverstandenen Interesse nicht unterlassen dürfe, die Leinenspinnerei mittelst Maschinen bald möglichst und auf das Eifrigste bei sich zu heben und auszubreiten, um das von der Natur ihm verliehene kostbare Material nicht unverarbeitet dem Auslande zuzuführen. Zu dieser Ansicht führt nicht nur der Umstand, daß wir ohne eigene umfangreiche Maschinenspinnerei sehr bald mit unserem ganzen Bedarfe an feiner und halbfeiner Leinwand dem Auslande als und ist für denselben, in Folge der von dem Engländer Marshall in Leeds 1825 verbesserten und in England bereits im Großen in Anwendung gebrachten Flachsspinnmaschine, bald auch hier und anderwärts eine große Erweiterung und Vervollkommnung zu erwarten.[1] — Wichtig für Leinwand sind

Irland und Schottland: in Ersterem Belfast, Lisburn, Armagh, Antrim, Monaghan, Londonderry, Sligo, Galway, Downpatrick, Dundalk und Drogheda, überhaupt alle nördlichen Grafschaften; — in Schottland: die Grafschaften Forfar, Lanark und Fife und die Städte Dundee, Perth, Glasgow, Paisley, Dunfermline und Aberdeen.

Holland: Haarlem (hier die berühmtesten Bleichen in Europa), Herzogenbusch, Helmond und Eindhoven; Almelo, Henzelo und Enschede; Gröningen und auch die Insel Tholen in der Provinz Zeeland.

Belgien: Flandern und Brabant zu Courtray, Brügge, Gent, Lokeren und Brüssel, wie auch zu Mecheln und Tournay.

Frankreich: Flandern, die Normandie und Bretagne zu Valenciennes (die schönsten Batiste), Lille, Cambray und Douay; zu Rouen, Lisieux, Bolbec, Yvetot und Caen; zu Rennes und Laval, vorzüglich aber auch zu St. Quentin in der Picardie.

Die Schweiz: die Cantone St. Gallen, Appenzell (hier Herisau durch Tafelzeug und Schleier ausgezeichnet), Thurgau (Frauenfeld) und Bern (das Emmenthal); aber auch alle Cantone, die jetzt Baumwollenweberei stark treiben, deren Stelle sonst die Leinweberei einnahm.

Schlesien (am wichtigsten): Hirschberg, Schmiedeberg, Friedersdorf, Greifenberg, Landshut, Lauban, Bolkenhain, Jauer 2c., sowie Reichenbach, Langen-

Kunden verfallen seyn würden, sondern auch die Beobachtung, daß ohne Maschinenspinnerei ein ungeheurer und ansehnlicher Verwerthung fähiger Theil des Materials, nämlich die große Mehrheit des Wergs, im Inlande gar nicht zur Verarbeitung gelangt, wie denn z. B. allein aus dem Königreich Hannover im Jahre 1843 12,000 Centner Werg, 50,000 Thlr. am Werth, ausgeführt worden sind, und zwar zumeist nach Großbritannien, für die dortigen Maschinenspinnereien. Es ist — zumal wenn man die verwandten Erfahrungen in Betreff der Baumwollenspinnerei vor Augen hat — nicht wahrscheinlich, daß Deutschland es bald in der Flachsmaschinenspinnerei weit genug bringen werde, um auf auswärtigen Plätzen, oder ohne alle Unterstützung durch Eingangssteuern, im Inlande mit den britischen Garnen concurriren zu können; allein solche Steuern sind im vorliegenden Falle gewiß zu rechtfertigen, wo es sich um Erhebung eines Industriezweigs handelt, der sein Material ganz aus dem Inlande nehmen kann und dadurch vortheilhaft auf den Landbau zurückwirkt.

[1] John Madden, der eigentliche Erfinder der Flachsspinnmaschinen, erhielt 1807 in Frankreich ein Patent. Bis jetzt sind große Verbesserungen an derselben von ihm angebracht.

bielau, Schweidnitz, Glatz und Waldenburg (s. vorher), Freiburg, Friedland.

Böhmen: Rumburg, Warnsdorf und Georgswalde, sowie Reichenberg und Friedland (s. vorher); vorzüglich aber auch Trautenau im Königgrätzer und Arnau und Hohenelbe im Bidschower Kreise. — Auch in Mähren und Oestr. Schlesien, so wie in der ungarischen Gesp. Zips ist die Leinweberei allgemein verbreitet.

Sachsen: die Zittauer Pflege in der Lausitz mit Zittau, Groß- und Neuschönau (hier die berühmtesten Damast- und Tafeltuchwebereien), Oberwitz, Waltersdorf, Löbau, Eibau, Johnsdorf, Ebersbach und Seifhennersdorf; auch liefert Sebnitz im Dresdner Kreise viel Zwillich.

Westphalen: die Grafschaften Ravensberg und Tecklenburg und die Orte Bielefeld, Herford, Warendorf u. a.

Hannover: hier allgemein verbreitet, am stärksten in den Provinzen Osnabrück, Hildesheim, Hannover und Lüneburg und den Städten gl. N.

Schwaben: um Augsburg und Gmünd bei Tegernsee, Kempten, Memmingen und Kaufbeuren in Bayern und auf der Alp und im Schwarzwald, um Ulm, vorzüglich aber zu Reutlingen, Ehningen, Tuttlingen, Tübingen, Laichingen, Münsingen, Blaubeuren und Urach in Württemberg.

Drell (Drillich, Zwillich). Schöne Waaren liefern die Dörfer Tautewalde, Steinigwelmensdorf, Waltersdorf, überhaupt die Umgegend von Bautzen in Sachsen, ferner die Fabrik von Kremsta und Söhne in Freiburg in Schlesien, welche seit einigen Jahren in ihren Tisch- und Handtuchzeugen großen Ruf erlangt hat.

Damaste und Tafelzeug liefern Groß- nnd Neuschönau in Sachsen; Hirschberg und Schmiedeberg in Schlesien; Bielefeld in Westphalen; Warnsdorf in Böhmen; Münsingen in Württemberg; Herisau in der Schweiz; St. Quentin in Frankreich; Helmond in Holland; Dunfermline und Paisley in Schottland, und Lisburn in Irland.

Spitzen und Blonden: Brüssel und Mecheln (Brabanter) in Belgien; Valenciennes, besonders in dem Dorfe Le Cateau, Lille (Flandern), Caen, Alençon (Normandie) und Mirecourt (Lothringen) in Frankreich; Nottingham, Bedford und Buckingham in England; Limerick in der irischen Provinz gl. N.; Val Travers und Locle im Canton Neufchatel in der Schweiz, Sachsen[1] und Böhmen im Erzgebirge; Tyroler aus dem Grödner Thale im Etschkreise.

[1] Die Spitzenfabrikation, dieser alte Industriezweig des sächsischen Obererzgebirges, wo periodisch schon 20 — 25,000 Personen beschäftigt

Zwirn. Man kennt im Handel besonders schottischen (von New-Aberdeen und Dundee), böhmischen (von Schönlinde, Rumburg und Nixdorf) und schlesischen (von Schmiedeberg und Schweidnitz); außerdem liefern solchen Sachsen, Westphalen, Belgien (Brabant und Flandern).

Wollenwaaren.

Fast gleichzeitig mit der Anwendung der Spinn- und Dampfmaschine begünstigte ein anderer wichtiger Umstand in der neuesten Zeit die Wollenmanufakturen in Europa. Es war dieß die seit dem Anfange dieses Jahrhunderts allgemeiner sich verbreitende Schafveredlung durch spanische Zucht oder sogenannte Merino's, womit Sachsen den Anfang gemacht hatte,

wurden, ist durch die Einführung der Bobbinetmaschine in Sachsen gänzlich gefährdet. Es trat dieselbe, ganz ähnlich wie die heutigen Maschinenspitzen, mit ihren Erzeugnissen der älteren Art der Verfertigung der Spitzen entgegen, die mittelst der Nadel auf Kissen, wie die noch in Frankreich und Belgien betriebene sogenannte Pultarbeit geschah. Daß sich diese vervollkommnete Herstellung spitzenartiger Gewebe rasch verbreitete, erhellt z. B. mit daraus, daß in dem Pestjahre 1568 in und um Annaburg allein „800 Klöppelmägdlein" hingerafft wurden. Der Vertrieb der sächsischen Spitzen erhielt im 17ten Jahrhundert zuerst durch einige Schottländer Bedeutung, deren viele damals als Hausirer umherzogen, und einige in Annaberg sich niederließen. Von jenen hießen früher die Spitzenhändler gemeinhin Spitzen- oder Bortenschotten. In neuerer Zeit sind besonders die im Nothjahr 1817 gegründeten Klöppelschulen der Vervollkommnung der Spitzenfabrikation günstig gewesen. Die neuesten Schwankungen im Spitzengeschäft datiren von der gelungenen Herstellung eines baumwollenen Zwirnes und von der Verfertigung des einfachen Spitzengrundes durch die Bobbinetmaschine. Da jedoch die Arbeiter mit der Näh- und Tambournadel ebenfalls vertraut sind, so wurde nun in Spitzengrund gestickt und die uralte Spitzenstickerei kam neuerdings in Ansehen. Man klöppelt fast nur noch schmale Spitzen, und als die englische Industrie auch diese auf Maschinen zu produciren lernte, gab die bisher vernachlässigte schwarz- und weißseidene Blondenklöppelei und die Stickerei in seidenen Bobbinet neue Beschäftigung, wogegen die gestickte baumwollene Bobbinet immer weniger Nachfrage fand. Hier nun scheint es die höchste Zeit gewesen zu seyn, daß den Fortschritten der Engländer und den Forderungen des Modegeschmackes von Seiten der sächsischen Spitzenfabrikation die größte, wenigstens nacheifernde, wo möglich vorauseilende Aufmerksamkeit gewidmet werden mußte, wenn die jetzige Calamität von der dabei betheiligten Bevölkerung des Gebirges überhaupt abzuwenden war. Aber während es England durch unermüdliche Vervollkommnung seiner, aus Verbindung des Kettenpetinetstuhles der Bobbinet- und Jaquardmaschine hervorgegangenen neuen Maschinen dahin brachte, Spitzen zu produciren, die von Ansehen den geklöppelten ganz gleichen und zugleich der Geschmacksrichtung, sowie unserer wichtigsten auswärtigen Märkte sich bemächtigte, scheint man in Sachsen die Wichtigkeit der Umstände nicht genug oder nicht richtig aufgefaßt zu haben. Die sächsische Spitzenfabrikation ist also, was Billigkeit und Geschmack anlangt, leider hinter ihren Concurrenten zurückgeblieben. Wer für den Welthandel produciren will, muß sich demgemäß rüsten. Kein noch so hoher Zoll kann dieser Noth abhelfen. Die freigebigste Unterstützung ist nur ein Palliativ. Die Einführung von Maschinen ist unerläßlich. (S. Leipz. Deutsche Allgem. Ztg. 1843, Nr. 25, Beil. vom 25. April.)

und wodurch besonders mehrere deutsche Länder eine zum Theil der spanischen noch vorzuziehende überaus feine Wolle erlangten, deren kunstvolle Verarbeitung diesen zu allen Zeiten und fast in allen Ländern wichtigen Fabrikationszweig außerordentlich hob. Von wichtigem Einfluß auf denselben waren in dieser Beziehung besonders auch die in der neuesten Zeit (seit 1825) von England aus sich verbreitenden Kammwoll-Maschinenspinnereien, (durch John Cockerill und Douglas im Jahr 1809 eingeführt) welche das schöne Garn zu Merino's, Thibets, Cassinets u. a. glatten Zeugen liefern, in deren Fabrikation Sachsen es in Deutschland am weitesten gebracht und seit mehreren Jahren bekanntlich selbst Frankreich und England übertroffen hat. — Ausgezeichnet in Tuchen und Casimiren ist:

England, dessen Hauptindustriezweig von jeher die Tuch- und Zeugwebereien waren: zu Leeds (Hauptstapelplatz für Tuch und Wollenzeuge in Europa), Halifax und Huddersfield in York; zu Bradford, Trowbridge, Salisbury und Wilton in Wilt; Rochdale in Lancaster (wichtige Tuchf.); zu Frome und Taunton in Somerset, besonders auch zu Stroud in Gloucester und zu Warwik in der Grafschaft gl. N.

Holland, welches ehedem das stärkste und berühmteste Tuchgeschäft in Europa hatte: jetzt bedeutend schwächer noch zu Leyden und Delft in Südholland; zu Tilburg in Nordbrabant; zu Utrecht in der Provinz gl. N., und zu Mastricht, Roermonde und Vaels in der Provinz Limburg.

Belgien, dessen Niederländer Tuche jetzt den höchsten Ruf in Europa genießen: zu Verviers (erster Platz auf dem Continent), Hodimont, Francomont, Ensival, sowie zu Limburg, Dison und Lüttich in der Provinz Lüttich; aber auch zu Brüssel, Antwerpen, Löwen, Gent und Brügge.

Frankreich, das von jeher viele und gute Tuche lieferte: zu Elbeuf, Louviers, Lisieux, Andely und Vire in der Normandie; zu Roubaix, Depart. Nord; zu Sedan und Rheims in der Champagne, zu Abbeville und Amiens in der Picardie; zu Beauvais in Isle de France, zu Nancy in Lothringen; zu Mühlhausen und Markirch im Ober- und zu Bischweiler im Niederelsaß; zu Vienne in der Dauphiné; zu Lodèves, Castres, Clermont, Carcassonne und Toulouse in Languedoc, sowie in und um Paris.

Preußen und zwar Rheinpreußen, das in der Fabrikation der feinen Tuche, die ihrer Güte wegen im Handel zu den niederländischen gerechnet werden, in Deutschland am höchsten steht. Wichtig hier: Aachen (jährlich 60 bis 70,000 Stück), Burtscheid, Eupen, Montjoie, Düren, Malmedy rc. im Rgsbz. Aachen, und Lennep, Duisburg,

Mühlheim am Rhein, Mettmann und Crefeld, Elberfeld und Barmen im Rgsbz. Düsseldorf; Imgenbruch, Hückeswagen, Cornelymünster, Wupperfurth, Geldern, Keltwig und Werden an der Ruhr; — Westphalen: Herbecke und Hagen; — Brandenburg: Berlin, Brandenburg, Potsdam, Neu-Ruppin, Templin, Treuenbrietzen und Luckenwalde im Rgsbz. Potsdam, und Züllichau, Schwiebus und besonders (in der ehemaligen sächsischen Niederlausitz) Cottbus, Guben, Sommerfeld, Spremberg, Sorau, Finsterwalde, Crossen rc. im Rgsbz. Frankfurt a. d. O.; Schlesien: Goldberg, Grünberg, Liegnitz, Sagan, sowie Breslau, Schweidnitz und Brieg, vor allen aber Görlitz in der ehemaligen sächsischen Oberlausitz, das in den letzten Jahren sich außerordentlich gehoben und das Höchste zu erreichen strebte; — Sachsen: Burg bei Magdeburg, dessen Fabrikation sich mit jedem Jahre mehr erweitert und das jetzt in 73 Fabriken jährlich an 35,000 Stücke meist Lieferungstuch für die Armee fertigt, ferner Salzwedel, Quedlinburg, Calbe; Bitterfeld bei Merseburg und Langensalza bei Erfurt. — Außerdem lieferten stets auch Köslin in Pommern und Bromberg in Posen ansehnliche Quantitäten Tuch; vor der russisch-polnischen Grenzsperre jedoch noch weit mehr als jetzt.

Oestreich: Linz und Wien; Mähren (hier am stärksten): Brünn (sehr bedeutend), Iglau, Neutitschein und Namiest; Freiburg (Kr. Prerau); Fulneck, Groß- und Wallachisch Meseritz, Weißkirchen, Zwittau; Skalitz in Ungarn (Neutraer Gesp.); Oestr. Schlesien: Troppau, Teschen und Bielitz; Böhmen: Reichenberg (über 50,000 Stück), Gablonz und Friedland im Bunzlauer, Oberleitensdorf im Leitmeritzer, Braunau und Reichenau im Königgrätzer, Klattau und Neigedein im Klattauer und Pilsen und Manetin im Pilsener Kreise.

Sachsen: Bischofswerda, Zittau, Bautzen, Camenz und Bernstadt in der Lausitz oder im Bautzner; Großenhain und Hainichen im Dresdner; Oederan, Kirchberg, Werdau und Crimmitzschau im Erzgebirge oder Zwickauer Kreise; Reichenbach, Oelsnitz und Lengenfeld im Voigtland desselben Kreises, und Roßwein, Oschatz, Döbeln, Grimma und Leißnig im Leipziger Kreise.

In Sachsen-Weimar liefert Neustadt a. d. Orla und die Umgegend viel ordinäre Wollenwaaren, namentlich Kalmucks u. dergl. in den Handel.

Hannover: Osterode in der Lddr. Hildesheim, Scharmbeck in der Lddr. Stade, Hameln in der Lddr. Hannover und Osnabrück in der Lddr. gl. N.

Württemberg: Stuttgart, Ludwigsburg und

Eßlingen im Neckar- und Calw und Nagold im Schwarzwaldkreise.

Außerdem sind etwa noch folgende Orte zu nennen: München und Erlangen in Bayern; Pforzheim in Baden; Hersfeld in Kurhessen; Raguhn in Dessau; Norköping in Schweden, Moskau und Umgegend (Tomaszow, Ozockow, Alexandrow ꝛc.) in Rußland; Arpino im Kirchenstaat.

Merinos, Thibets u. a. glatte Modewaaren oder Nouveautès liefern:

England und Schottland: Leeds, Bradford, Halifax, Norwich und Wilton in England und Glasgow und Edinburg in Schottland;

Belgien: Verviers, Limburg und Brüssel;

Frankreich: Rheims, Chalons, Beauvais, Abbeville, Amiens, Roubaix und Tourcoing (Dep. Nord), Nancy, Mühlhausen und Paris;

Sachsen (am stärksten in Deutschland): Rochlitz (ausgezeichnet), Lunzenau, Penig, Mühlau und Burgstädt im Leipziger, und Merane, Crimmitzschau, Glauchau, Zwickau, Reichenbach, Mylau, Lengenfeld, Chemnitz und Hohenstein im Zwickauer Kreise;

Reuß: Gera (erster Platz für diese Fabrikation in Deutschland), Greiz, Schleiz und Zeulenröda;

Preußen: Aachen, Elberfeld, Barmen, Berlin, Zeitz, Mühlhausen, Effelder, Langensalza und Großbartloff im Eichsfeld;

Oesterreich: Wien und Linz; Böhmen: Reichenberg und Friedland im Bunzlauer und Neugebein im Klattauer Kreise.

Teppiche: berühmt in England: Norwich, Bristol, Wilton, Kidderminster, Leeds, Durham und Nottingham; in Schottland: Glasgow, Kilmarnock und Edinburg; in Holland: Deventer in Oberyssel; in Belgien: Brüssel, Antwerpen und Tournay; in Frankreich: Paris, Aubusson (Dep. Creuse), Lyon, Nimes, Rheims, Beauvais, Abbeville, Amiens, Nancy, Turcoing und Lille; in Deutschland: Wien, Linz, Breslau, Berlin, Elberfeld, Aachen, Mühlhausen, Hanau, Frankfurt, Eßlingen, Dresden und Großschönau; ganz ördinäre: Nördlingen in Mittelfranken und Tyrol (Lienz) im Pusterthale, namentlich das Thal Tefferaggen; in Rußland: Petersburg, Moskau und Smolensk, und in der Türkei alle größeren Städte.

Shawls:[1] ausgezeichnet Norwich und Bristol in

[1] Die Bezeichnung Shawl (Kaschmirshawl) galt ursprünglich einem eigenthümlich gewebten Stoffe, welcher aus Mittelasien nach Europa eingeführt wurde. Gegenwärtig werden jedoch unter dieser Bezeichnung eine mannigfache Anzahl Stoffe, vorzüglich zu Damentüchern, verstanden, die in der Ausführung der Muster, überhaupt dem äußern Ansehen nach mehr oder

England; Edinburg und Paisley in Schottland; Paris, Lyon, Serres (Dep. Oberalpen in der Dauphiné), Nimes, Verviers und Rheims in Frankreich; Wien, Berlin, Gera, Rochlitz, Lunzenau, Chemnitz, Crefeld, München und Augsburg in Deutschland, und Moskau in Rußland.

Seidenwaaren.

Wie die Seidenzucht, ebenso scheint, zwar langsam, jedoch immer merklicher in der neuesten Zeit auch die Seidenweberei nach dem nördlichen Europa sich auszubreiten. Von Italien, wo sie am früheſten blühte und auch jetzt noch den ersten Fabrikzweig bildet, kam sie um die Mitte des 16. Jahrh. nach Frankreich und gedieh hier am meisten. Ebenfalls großartig entwickelte sie sich in der neuern Zeit in der Schweiz wie in England, und bedeutend muß genannt werden, was in den letzten Jahren Spanien und Deutschland, wie auch Schweden und

weniger den eigentlichen orientalischen Shawls ähnlich sind und hauptsächlich in Frankreich, aber auch zum Theil in England und Deutschland in verschiedener Vollkommenheit dargestellt werden. Die Shawlfabrikation wurde in Europa seit dem ägyptischen Feldzug der Franzosen eingeführt. Zuerst gelang es in Paris Bellanger, die Fabrikation der orientalischen Shawls zu ergründen, und sie ziemlich vollkommen nachzuahmen. Nach ihm war es Ternaux, der diesem Industriezweig eine größere Vollkommenheit gab und der die unter dem Namen Ternaux-Shawls bekannten Fabrikate einführte. In Frankreich beschäftigen sich die drei Städte Paris, Lyon und Nimes vorzüglich mit der Fabrikation der Shawls, von denen jede Stadt ihre eigenthümlichen Arten macht. Paris liefert vorzugweise die sogenannten reinen Kaschmire, deren Aufzug und ganze Musterung aus reiner Kaschmirwolle ist. Lyon stellt die sogenannten Hindu-Kaschmirshawls dar, deren Aufzug aus Seide und deren Musterung aus Kaschmirwolle oder der Aufzug und Musterung aus einer ganz feinen Wolle besteht. Nimes fabricirt die sogenannten Hindusshawls aus Wolle, bei denen theilweise der Aufzug aus Floretseide, theilweise aus Baumwolle besteht und die Musterung aus mehr oder weniger feinerer Wolle. In Deutschland ist die Shawlfabrikation bis jetzt noch nicht zu einer besondern Ausdehnung gelangt. Wien ist es vorzugsweise, das sich seit dem Anfang dieses Jahrhunderts mit der Darstellung dieser Stoffe beschäftigt und eine ziemliche Vollkommenheit erreicht hat. Die Fabrikation dieser Stoffe wurde daselbst durch Privilegien, sowie insbesondere durch das österreichische Zollsystem begünstigt und die dortigen Fabriken haben in den ganz billigen Sorten die französischen vom deutschen Markte verdrängt: Wien fertigt Shawls mit orientalischen Mustern und zu einem Werthe von 3 bis 50 Rthlr. In den billigen Sorten besteht sowohl der Aufzug als die Musterung aus Baumwollengarn, in den feineren ist der Aufzug Floretseide; die Musterung wird durchgehends aus mehr oder weniger feinem Kamm- oder Strichgarn, oder auch theilweise aus diesen Materialien, und theilweise Baumwolle eingewebt. An die Kaschmirshawls reihen sich die sogenannten Kabyl- oder Tartarshawls mit schottischen und lancirten Mustern an. Diese haben in Berlin seit den letzten 15 Jahren einen bedeutenden Fabrikzweig gebildet und werden in den mannigfachsten Abwechslungen und Zusammensetzungen, aus reiner Wolle oder aus Baumwolle in Verbindung mit Wolle und Seide, erzeugt. Wir sehen jetzt deutsche Kaschmirerzeugnisse, die den Ausstellern viel Ehre machen.

Rußland in diesem Punkte geleistet. — Gefördert im Allgemeinen und sehr erleichtert wird dieser Industriezweig gegenwärtig durch die neue, von dem Franzosen Jacquard i. J. 1801 in Paris erfundene überaus kunstvolle und sinnreiche Webemaschine oder den nach ihm benannten Jacquardstuhl zum Weben bunter façonnirter oder gemusterter Stoffe. — Berühmte Seidenfabriken sind in

Italien: zu Mailand, Mantua, Como, Bergamo, Brescia, Vicenza, Verona, Udine ꝛc. in der Lombardei und im Venetianischen; zu Genua und Turin in Sardinien; zu Florenz in Toscana; zu Lucca; zu Bologna und Ancona im Kirchenstaat, auch zu Neapel, sowie zu Palermo, Messina und Catanea auf Sicilien. — Die Ausfuhr von Seidenwaaren allein aus dem österreichischen Italien wird jährlich zu mehr als 12 Mill. Gulden angeschlagen.

Frankreich: Lyon am Rhone (Hauptplatz Europa's mit 40,000 Webstühlen), St. Etienne (mit 25,000 Seidenbandstühlen) und St. Chamond in Lyonnais; zu Valence in der Dauphiné; zu Avignon in der Provence; zu Nimes und Alais in Languedoc, aber auch zu Paris, Tours und Amiens. — Man rechnet im Ganzen gegen 100,000 Webstühle, welche jährlich 50,000 Ctr. Seide verarbeiten, den Werth der gefertigten Seidenwaaren zu 300 Mill. Franken, die Ausfuhr davon zu fast 200 Mill. Fr., wovon auf Lyon allein mehr als 100 Mill. Fr. kommen.

Die Schweiz: zu Zürich (12,000 Webstühle), Basel (5000 Seidenbandstühle) und Bern, auch zu Aarau und Zofingen, weniger zu Luzern und Solothurn.

Spanien: zu Valencia (4000 Stühle), dann zu Barcelona, Requena (Prov. Cuença in Neucastilien) und Granada, Reus und Mataro in Catalonien (6000 Stühle) sowie zu Sevilla in Andalusien. Im Ganzen 25,000 Stühle.

England: zu London (Spitalsfield), Macclesfield in Chester, Coventry in Warwick, Norwich in Norfolk, sowie zu Manchester, Nottingham und Derby.

Oesterreich: außer dem obengenannten österreichischen Italien, hauptsächlich zu Wien, das nach Lyon mit den ersten Plätzen Europa's sich messen kann; auch zu Penzing und Wienerisch-Neustadt, weniger in Tyrol: zu Trient, Roveredo und Ala.

Preußen: zu Crefeld,[1] Elberfeld, Barmen, Cöln, Düsseldorf und Mühlheim am Rhein; zu Berlin und

[1] Der bedeutendste Industriezweig Crefelds ist die Seidenmanufaktur; sie beschäftigt die größte Zahl von Kaufleuten und gibt wenigstens zwei Drittheilen der arbeitenden Klasse Nahrung und Verdienst. Mit Recht wird sie als die Schöpferin des raschen Emporblühens und des wachsenden Wohlstandes der Stadt betrachtet, da sie in den mannigfachen Verzweigungen viele

Potsdam, wie auch zu Langensalza in Thüringen. — Im Ganzen gegen 15,000 Webstühle in Zeugen, davon allein im Rgsbz. Düsseldorf nahe an 12,000 und etwa 1800 in Berlin.

Sachsen, wo erst seit Kurzem auch in der Seidenmanufaktur gute Fortschritte gemacht wurden: zu Annaberg, Frankenberg, Penig und Oelsnitz; für Seidendamast: zu Großschönau; für Halbseidenwaaren: zu Chemnitz und Glauchau.

Einzelne durch Seidenweberei ausgezeichnete Plätze sind noch Hanau (Kurhessen), Altona (Holstein), Stockholm und Moskau.

Seidenband u. a. Posamentirwaaren liefern: St. Etienne, St. Chamond, Lyon und Paris in Frankreich;

Gewerbe umschließt und mit ihren vielseitigen Beschäftigungen jedem Alter und jeder Kraft lohnende Arbeit zu bieten vermag. Durch den Wettkampf der Betheiligten hat die Fabrikation in den letzen 10 Jahren eine große Vervollkommnung erfahren, in der Geschicklichkeit der Weberei, in der Verbesserung der Maschinen und ganz besonders in den Fortschritten der Färberei. Die Seidenmanufaktur Crefelds theilt sich in die Fabrikation von Stoff, Sammt und Bändern. Auch in Westen, Halsbinden und Damenshawls wird viel schönes geboten. Sammt und Plüsch werden zwar noch in großen Massen angefertigt, aber die billigen Löhne haben die Anfertigung aus der Stadt mehr und mehr verdrängt und zu den ländlichen Bewohnern in der Umgegend gebracht. In der Stadt werden hauptsächlich nur difficile couleurte Sammte, schwere schwarze Köpersammte und Sammtwesten, bunt, gestreift und gemustert angefertigt. Die Fabrikation von Seidenbändern hat durch Concurrenz des Auslandes, namentlich der Schweiz, sehr abgenommen, so daß sie kaum zu erwähnen seyn würde, wenn nicht die Mode vor einigen Jahren einen wichtigen Artikel in dem Sammtbande in Aufnahme gebracht hätte. Für den Continentalabsatz der Crefelder Seidenfabrikate ist Leipzig der wichtigste Platz; hier nimmt ein großer Theil des Zollvereins seinen Bedarf an Seidenwaaren, und werden die meisten Geschäfte mit Rußland Polen, der Moldau und Wallachei und der Levante abgeschlossen. Hamburg und Bremen nehmen eine ähnliche Stellung in Bezug auf den Absatz der Crefelder Fabrikate nach Dänemark, Norwegen, Schweden und den transatlantischen Gegenden ein. Frankfurt a. M. führt dieselben hauptsächlich für die südlichen Zollvereinsstaaten. Außer diesen Verkehrsvermittelungen wird von Crefeld aus mit fast allen Continentalländern, die österreichischen Staaten ausgenommen, eine direkte Geschäftsverbindung durch regelmäßige Reisende unterhalten. Unter den überseeischen Ländern behaupten unstreitig die Vereinigten Staaten von Nordamerika den ersten Rang für den Debit der Crefelder Fabrikate. In Ländern, wo fast jeder Einwohner gut gekleidet ist, weil der tägliche Erwerb weit über den eigentlichen Nahrungsbedarf hinausgeht, ist der Begehr nach Luxuswaaren in weit größerem Verhältniß zur Bevölkerung; man muß über Quantum und Werth der Importation erstaunen. Halbseidenwaaren werden in Crefeld sehr wenig und Baumwollenwaaren gar nicht fabricirt. Zur Kette wird bei Sammt jetzt häufig ganz feiner englischer Twist genommen, zu dem Poile bei Sammt aber nur Seide. Auch die Wollenmanufaktur hat in Crefeld in Vergleich zur Seidenfabrikation keinen bedeutenden Umfang. Es besteht nur eine Tuchfabrik, welche ordinäre und Mitteltücher und auch sonstige Wollenstoffe zur Bekleidung der weniger bemittelten Stände und für die Militärverwaltung liefert. Sie hat 1500 Spindeln in Betrieb.

Mailand, Genua und Bologna in Italien; Basel und Aarau in der Schweiz; Coventry, Manchester und Nottingham in England; Haarlem in Holland; Crefeld, Elberfeld, Barmen und Ronsdorf in Rheinpreußen; Iserlohn in Westphalen, und Berlin; ferner Wien, Penzing und Wienerisch-Neustadt in Oesterreich; Nixdorf und Taus in Böhmen, und Annaberg, Oberwiesenthal, Buchholz, Herrnhut, Radeberg, Elstra und Pulsnitz in Sachsen.

Wachstuch.

Auch dieser Fabrikationszweig ist, bei den fortwährend gemachten Verbesserungen in der zweckmäßigen und geschmackvollen Bereitung dieses Artikels, in den letzten 20 Jahren immer allgemeiner und der Verbrauch von Wachstuch, namentlich auch zu dauerhaften Fußtapeten, immer stärker geworden. — Viel schöne Waare liefert, neben Frankreich (Paris, Rouen, Lyon, Amiens, Straßburg ꝛc.) und England, jetzt hauptsächlich Deutschland von Berlin, Breslau, Wien, Leipzig, Aachen, Frankfurt a. M., Offenbach, Cassel, Hamburg, Altona, Wandsbeck, Rendsburg, Nürnberg, Gera, Grimma, Chemnitz u. m. a. Orten in den Handel.

Leder.

Auch die Gerbereien erlangten in der neuesten Zeit mit Hülfe der Chemie eine große Vervollkommnung und Erweiterung, indem die von dem Irländer Macbride im J. 1775 zuerst versuchte und also erfundene, und von dem Franzosen Seguin 1792 ausgeführte neue Methode der Schnellgerberei das Geschäft außerordentlich abkürzt und daher immer mehr in Anwendung kommt. — Das meiste und beste Leder liefern folgende Länder und Orte:

England: zu London (Southwark), Bristol, Birmingham und aller Orten, da die Lederbereitung hier einen der wichtigsten Gewerbszweige bildet.

Frankreich: zu Paris und in dem nahen, durch den besten Maroquin berühmten Choisy; ferner: zu Pont-Audemer in der Normandie; zu Nantes und Rennes in der Bretagne; zu Niort in Poitou; zu Amiens in der Picardie; zu Straßburg und Mühlhausen im Elsaß; zu Marseille in der Provence; zu Thionville in Lothringen; zu Troyes in der Prov. Champagne; Toulouse, Dep. Charonne; Vendome, Dep. Loire-Cher.

Die Niederlande: hier das beste Sohlenleder in Europa und zwar zu Mastricht (limburgisch), Amsterdam und Luxemburg in Holland, und zu Lüttich (berühmt wie das holländische Mastricht) und Stablo, Namur und Dinant, sowie zu Brüssel, Gent, Courtray, Brügge und Arlon (luxemburgisch) in Belgien, Breda und Eindhofen in Nordbrabant.

Rheinpreußen: zu Malmedy (berühmt wie Mastricht) im Rgsbz. Aachen; zu Prüm im R. Trier; zu Duisburg, Elberfeld, Harkorden und Essen im R. Düsseldorf; zu Cöln und Mühlheim a. Rheine im R. Cöln, und zu Coblenz, Andernach, Vallendar, St. Goar und Kreuznach im R. Coblenz. — Auch zu Siegen und Hagen in Westphalen.

Wichtige Gerbereien und zum Theil auch Fabriken in Saffian und Maroquin haben außerdem noch folgende Städte: Hamburg, Altona, Lübeck, Danzig, Berlin und Breslau; ferner: Mainz und Offenbach im Großh. Hessen; Eschwege, Hersfeld und Hanau in Kurhessen; Idstein in Nassau, Würzburg und Erlangen in Bayern; Reutlingen in Württemberg; Mühlhausen in Thüringen; Leipzig und Döbeln in Sachsen; Prag und Pilsen in Böhmen; Insbruck in Tyrol; Linz, Salzburg und Wien in Oesterreich; Brünn, Sokolnitz und Znaim in Mähren; Lemberg, Brody und Kuty in Galizien; Preßburg, Pesth, Kaschau und Debreczin in Ungarn; Genf, Lausanne, Nyon, Vevay (Waadtland), Wädenschwyl und Basel in der Schweiz; Genua, Mailand, Verona und Rom in Italien; fast alle Städte im innern Rußland und (die vorzüglichsten Saffianfabriken) Gallipoli, Larissa, Salonik u. m. a. Städte in der Türkei.

Juften oder Juchten liefert echt nur Rußland, vorzüglich zu Jaroslaw, Kostroma, Moskau, Petersburg, Pskow oder Pleskow, Tula, Wologda, Kasan rc., geringere Polen.

Lederarbeiten. Die gewöhnlichen Lederwaaren werden in größter Menge, Wohlfeilheit und Güte von England in den Handel gebracht, während Paris mehr in den mannigfaltigen Galanteriewaaren von gepreßtem und geglättetem Leder die reichste und geschmackvollste Auswahl bietet; doch liefern die deutschen Fabriken in Berlin, Wien, Nürnberg, Offenbach, Coblenz rc. ebenfalls sehr schöne Waare, die im In- und Ausland Absatz findet.

Sattler- und Riemerzeug. Das schöne feste englische von London, Bristol, Birmingham und Walsall (in Stafford) wird immer noch am höchsten geschätzt und am theuersten bezahlt; doch ist jetzt auch das von Paris, Genf und Wien ausgezeichnet.

Handschuhe. Frankreich, das in der Weiß- und Sämischgerberei vor allen Ländern am höchsten steht, betreibt auch diesen Fabrikationszweig seit mehreren Jahren wirklich großartig, indem es jährlich für mehr als 30 Mill. Franken Handschuhe liefert, von welchen mehrere Millionen Paar nach allen Ländern ausgeführt werden. Wichtige Fabrikorte für dieselben sind in

Frankreich: Paris und Lyon; Lüneville in Lothringen; Vendôme in Orleanais; Chaumont in der Champagne; Grenoble in der Dauphiné; Annonay und Montpellier in Languedoc; Avignon in der Provence, und Bischweiler, Dep. Niederrhein.

Deutschland, das nächst Frankreich die meisten Handschuhe, und zwar immer vollkommner liefert: Wien (ausgezeichnet), Prag, Berlin, Hamburg, Magdeburg, Halberstadt, Cassel, Hanau, Erlangen, Schweidnitz, Mühlhausen, Altenburg, Dresden, Herrnhut und viele andere Orte, wie auch Insbruck und das Puster- und Zillerthal in Tyrol.

Dänemark: Randers, Aalborg und Aarhuus in Jütland; Odense auf der Insel Fünen, und Kopenhagen und Altona. — Die dänischen Handschuhe, von eigenthümlich zubereitetem Leder, sind ihres billigen Preises wegen sehr beliebt und gesucht.

England, das jährlich noch an 2 Mill. Paar von Frankreich erhält: Worcester, London, Woodstock in Oxford, Leominster in Hereford und Yeovil in Somerset.

Schweiz: Basel, Liestal und Genf.

Italien: Genua, Mailand, Rom und Neapel.

Papier.

Das laufende Jahrhundert, das durch so viele Fortschritte und Verbesserungen aller Art im Technischen ausgezeichnet ist, gab, gerade zu dem Zeitpunkte, wo das Bedürfniß am größten geworden, auch der Papierfabrikation einen gewaltigen Aufschwung, indem die viele Jahrhunderte alte Weise, Papier zu bereiten, plötzlich eine totale Umwandlung erlitt, nachdem in Folge der von dem Franzosen Robert von Essonne im Jahr 1799 zuerst gefaßten Idee, endloses Papier zu fertigen, im J. 1811 in England die erste Fabrik für Maschinenpapier oder Papier ohne Ende nach Roberts Plan, 1815 eine zweite in Frankreich und schon 1819 ein großartiges Werk dieser Art in Deutschland (zu Berlin) errichtet worden war, durch welchen Mechanismus, wie bekannt, die ganze Operation unendlich abgekürzt, das mühsame Schöpfen und Trocknen der einzelnen Papierbogen erspart und wie durch ein Wunder in wenigen Stunden große Massen Papier sogleich zum Gebrauch vollkommen fertig hergestellt werden. Wenn daher bis auf diese neueste Zeit Holland und die Schweiz in diesem Fabrikationszweige an der Spitze gestanden hatten, so ist nun England, wo der Erfindungsgeist den mechanischen Vorrichtungen dieser Patentmaschinen fortwährend zugewendet blieb, in der Papierfabrikation in Europa am stärksten geworden. — Viel Papier bereitet

England (in 7—800 Fabriken): zu London, Maidstone (in Kent), Bath, Bristol, Newcastle, Edinburg u. a. O., das meiste in der Grafschaft Hereford und im Fürstenthum Wales.

Holland (noch immer wichtig, besonders für schönes Briefpapier): zu Amsterdam, Luxemburg, Zaandam (hier allein 30 Mühlen) und Hoorn in Nord-, zu Leyden und Gouda in Südholland; zu Arnheim in Geldern; zu Zwoll in Oberyssel, und zu Gröningen in der Provinz gl. N.

Belgien: um Namur, Lüttich und Brüssel.

Frankreich (in 200 Fabriken, namentlich gutes Velin-, Kupferdruck-, Zeichnen- und Tapetenpapier): zu Annonay in Languedoc; zu Paris, Jouy sur Marne, Courtalin und Essonne in Isle de France; zu Angoulème in Angoumois (in 25 Fabriken); zu Limoges und St. Leonard in Limousin; zu Amiens in der Picardie (in 16 Fabriken), und zu Mühlhausen im Elsaß.

Die Schweiz (in 50 Fabriken, die noch immer durch feine und große Formate zu Kupferdruck, Landkarten und Tapeten sich auszeichnen): zu Basel, Zürich, Solothurn und Luzern.

Italien (starke Ausfuhr nach der Levante): zu Genua, Lucca und Florenz, besonders aber im lombard.-venet. Königreiche zu Mailand und Vaprio, zu Toscolano (Prov. Brescia) und Varese (Prov. Como), sowie zu Venedig und Pordenone (Prov. Udine).

Spanien (in 400 Fabriken mit starker Ausfuhr): hauptsächlich in den Provinzen Catalonien und Valencia, zu Barcelona und Alcoy.

Oesterreich (in 430 Fabriken): bei Wien (zu Ebergassing u. a. O.) und St. Pölten, das meiste aber Böhmen (in 139 Mühlen mit starker Ausfuhr): in und um Prag (Wran) und Reichenberg, zu Hohenelbe im Bidschower, zu Krumau im Budweiser, zu Ledetsch im Czaslauer, zu Trautenau im Königgrätzer Kreise u. a. O.; Langendorf in Mähren (Maschinenpapierfabrik); auch hat Tyrol eine Maschinenpapierfabrik zu Imst. Ueber Lombardei-Venedig sehe man vorher Italien.

Preußen (in 449 Fabriken): zu Berlin und Pankow, zu Spechthausen bei Neustadt-Eberswalde, zu Blankenberg bei Lobenstein, zu Belzig u. a. O. in Brandenburg; weit mehr aber in Rheinpreußen: zu Aachen, Burtscheid, Düren und Malmedy; zu Langenberg bei Elberfeld und zu

Gladbach und Werden: ferner in Westphalen: zu Menden bei Iserlohn, Iserlohn und Hagen; Schmarse bei Oels (Maschinenpapierfabrik), auch in Schlesien: Arnsdorf, Schmiedeberg (Maschinenpapierfabrik) und Goschütz, und in Sachsen: bei Magdeburg, Halle und bei Halle und Hasserode.

Sachsen[1] (in 70 Fabriken): zu Dresden, zu Sebnitz, zu Bautzen, Dorbetschan bei Bautzen und Obergurik, zu Penig und neuerdings auch zu Hainsberg bei Tharand im Plauenschen Grunde (sämmtlich ausgezeichnete Maschinenpapierfabriken); außerdem die meisten Mühlen im Erzgebirge (bei Zwickau) und Voigtlande.

Baden: zu Ettlingen und Pforzheim (Niefern) im Mittel- und zu Schriesheim und Schönau im Unterrheinkreise (große Maschinenpapierfabriken mit starker Ausfuhr, namentlich von Druckpapier nach Sachsen).

Württemberg (in 60 Fabriken): zu Heilbronn im Neckar-, zu Reutlingen, Pfullingen und Wildbad im Schwarzwald-, und zu Heidenheim und Ellwangen im Jartkreise (sämmtlich bedeutende Maschinenpapierfabriken, ebenfalls mit starkem Absatz von Druckpapier nach Sachsen); außerdem viele Mühlen bei Ravensburg im Donaukreise.

Bayern (in 155 Fabriken): zu Schwarzach (früher zu Oberzell) oberhalb Würzburg am Main, so wie zu Aschaffenburg in Unter- und zu Nürnberg und Fürth in Mittelfranken; außerdem die meisten Mühlen um Augsburg in Schwaben und um Regensburg in der Oberpfalz.

Hannover (in 54 Fabriken): zu Wertheim bei Hameln und zu Hannover, zu Osnabrück (3 Werke) und Oesete (zusammen 6 Maschinenpapierfabriken); außerdem die meisten Mühlen (22) in der Landdrostei Hildesheim.

Kurhessen: zu Hanau (große Maschinenpapierfabrik).

Den bedeutendsten Handel mit Papier betreiben in Deutschland: Leipzig, Frankfurt a. M., Nürnberg, Wien, Hamburg und Bremen.

Rußland: Peterhof.

Papiertapeten.

Schönes Ansehen und wohlfeiler Preis haben diese ursprünglich aus China stammenden und in Frankreich mit so viel

[1] Für die Papierfabrikation sind hier in 70 Werken gegen 100 Bütten und Holländer im Gange; obschon jedoch die Menge des in Sachsen erzeugten Papiers, namentlich in Folge der fünf im Lande vorhandenen Maschinenpapierfabriken nicht unansehnlich ist, so wird doch der bedeutende Bedarf der in Sachsen befindlichen Buchdruckereien, von denen die 26 allein in Leipzig befindlichen 210 Pressen mit Einschluß von 24 Druckmaschinen in Gang setzen, bei weitem hiedurch nicht befriedigt.

Glück nachgeahmten Wandbekleidungen zu einem ziemlich bedeutenden Handelsartikel erhoben und in neuester Zeit das endlose Maschinenpapier ihre Fabrikation ungemein erleichtert.

Frankreich, das bis jetzt immer noch die schönsten Tapeten, namentlich die schönsten decorirten liefert, hat gegen 100 Fabriken, davon allein in Paris über 70, außerdem einige in Lyon, Marseille, Metz, Straßburg und zu Nixheim bei Mühlhausen.

Deutschland, das sich von Jahr zu Jahr auch in diesem Artikel vervollkommnet, besitzt schon viele Fabriken für sehr geschätzte mittlere Sorten, wie zu Darmstadt, Mainz, Mannheim, Frankenthal (Rheinpfalz), Stuttgart, Heilbronn, Constanz, Augsburg, Frankfurt a. M., Hanau, Schweinfurt, Cöln, Aachen, Hannover, Cassel, Luxemburg, Dresden, Berlin, München, Wien ꝛc.

Eisen- und Stahlwaaren, auch Eisenguß und Maschinen.

Der große Umfang, den dieser Fabrikationszweig in der neuesten Zeit erlangt hat, erlaubt uns nur das Wichtigste zu berühren. Groß in diesen Artikeln sind

England: Birmingham und Soho in Warwick; Sheffield und Rotherham in York; Bradley und Wolverhampton in Stafford; Colebrokdale in Shrop; Merthyr-Tydvil, Brecknock und Swansea in Wales; Woodstock in Oxford; Carron und Clydeworks bei Glasgow.

Schweden und Norwegen: Löffta und Oesterby unweit Danemora sowie Stockholm in Upland und Eskilstuna in Södermanland in Schweden; Moß, Laurvig und Christiania im Stift Christiania in Norwegen.

Belgien: Lüttich (in der Nähe, zu Seraing, Cockerills große Maschinenfabrik) und Marche en Famine, sowie Namur und Couillet (Hennegau).

Frankreich: Creusot und Montcenis in Burgund (ein zweites Seraing); Charenton bei Paris; Guerigny und Cosne in Nivernais; Indret, Loireinsel vor Nantes in der Bretagne; Chatellerault und Vienne in Poitou; St. Etienne in Lyonnais; Vienne in der Dauphiné; Thann und Bitschweiler im Ober- und Molsheim im Niederelsaß.

Spanien: Bilbao in Biscaya und Segovia in Altcastilien.

Italien: Mailand, Brescia (Brescianer Stahl berühmt) und das ganze Trompiathal in der Lombardei.

Rußland: Katharinenburg am Ural im Gouv. Perm. Petersburg (Alexandrowsk und Sestrabeck), Moskau, Tula, Slatust (Gouv. Orenburg) und Kasan.

Polen: Kielce (Gouv. Krakau) sowie Warschau und Solez (Gouv. Sandomir) an der Weichsel.

Oesterreich: Grätz, Mariazell, Leoben und ganz Steiermark (Steierscher Stahl der beste in Europa); Steier in Ober- und Waidhofen und St. Aegid in Niederösterreich (die meisten dieser Fabrikorte sind vorzüglich auch durch die besten Sensen und Sicheln berühmt); Ferlach und Bellach in Kärnthen; Horzowicz im Berauner, Neu-Joachimsthal im Rakonitzer, Schlackenwerth im Elbogener, Gratzen im Budweiser, Nixdorf im Leitmeritzer Kreise, sowie Prag in Böhmen, und Blansko in Mähren. Italien s. vorher.

Preußen: Berlin; Lauchhammer bei Mückenberg a. d. schwarzen Elster in der Prov. Sachsen; Königshütte, Friedrichshütte, Laurahütte, Tarnowitz, Gleiwitz und Malapane in Oberschlesien; vorzüglich aber Rheinpreußen (im Bergischen): Solingen, Remscheid [1], Rade v. d. W., Essen, Sterkrade, Ruhrort und Mühlheim a. d. Ruhr, und Westphalen (im Märkischen): Iserlohn (die Stadt selbst viel Bronzewaaren), Altena, Hagen und die ganze berühmte Enneper- oder Emperstraße (hier allein gegen 40 Hämmer für Sensen und Sicheln) im Kreise Hagen des Rgsbz. Arnsberg; auch noch das hennebergische Suhl im Thüringerwald.

Bayern: Hirschau bei München (große Eisengießerei und Maschinenfabrik), bei Wunsiedel und Ludwigstadt im Fichtelgebirg in Ober-, zu Oberzell bei Würzburg in Unterfranken und zu Reichenhall und Rosenheim in Oberbayern.

Hannover: Rothehütte und Königshütte (Amt Elbingerode) sowie Clausthal und Goslar im Harz (Lddr. Hildesheim).

Braunschweig: Zorge, Rübeland und Tanne im Harz (Kreis Blankenburg) und Holzminden a. d. Weser im Kreise gl. N.

Sachsen: bei Zwickau (Kainsdorf), zu Morgenröthe und Rautenkranz, zu Schönhaida, Schwarzenberg, Erla, Wittichsthal, Großpöhla und Rittersgrün, Neidhardsthal, Unterblänenthal, Breitenhof, Pfeilhammer, Ober-Mittweida, Rothenhaus, Schmelzgrube, Schmiedeberg bei Dippoldswalde, Gröbitz bei Hain (Einsiedel), Olbernhau und Oberwiesenthal im Erzge-

[1] Remscheid unweit Lennep hat große Eisen- und Stahlfabrikation, besonders Kleinschmiederei, mit deren Fabrikaten, als Sensen, Sicheln, Sägen, Feilen, Zangen, Schaufeln, Spaten, Schnallen, Nägel, Schlösser, Schraubstöcke, Ambose, Ketten, Schlittschuhe 2c., ein ausgebreiteter Handel nach allen Weltgegenden getrieben wird. Hier und in der Umgegend befinden sich über 200 Eisenschmelzen und Draht-, Schleif- und Polirmühlen, so wie über 700 Schmieden (allein 400,000 Stück Sensen kommen jährlich zur Versendung). Auch Bronce- und Messingwaaren, namentlich Möbelbeschläge werden hier gefertigt. (Rade vor dem Walde macht besonders viel chirurgische und andere Instrumente, Zirkel- und feine Kunstschmiedearbeiten und Schneidewerkzeuge).

birge, sowie zu Potschappel, Obercarsdorf, Döhlen und Burk im Plauenschen Grunde bei Dresden und zu Buschbad bei Meißen.

Kurhessen: Schmalkalden und Brotterode im Thüringerwald (Prov. Fulda).

Schwarzburg: Günthersfeld bei Amt-Gehren (sondershäusisch) und Katzhütte bei Blankenburg (rudolstädtisch) im Thüringerwald.

Anhalt-Bernburg: Mägdesprung bei Harzgerode im Fürstenthum Ballenstädt.

Gewehre u. a. Waffen liefern hauptsächlich: Birmingham und London in England; — Lüttich und Charleroi in Belgien; — Paris, St. Etienne, Chatellerault (Poitou), Charleville (Champagne) und Mutzig und Klingenthal (Elsaß) in Frankreich; — Genf und Schaffhausen in der Schweiz; — Oviedo (Asturien) und Toledo (Neucastilien) in Spanien; — Brescia und Mailand in der Lombardei; — Skutari (Albanien), Selimnia (Rumelien), Sarajewo oder Bosna-Serai (Bosnien) und (Belgrad (Serbien) in der Türkei; — Sestrabeck bei Petersburg, Tula (Gouv. gl. N.) und Isch (Gouv. Wjätka im Kgr. Kasan) in Rußland; — Eskilstuna in Schweden; — Hellebeck (bei Helsingör auf Seeland) in Dänemark; — Wien, St. Aegid, Steier, Grätz, Ferlach und Prag in Oesterreich; — Breslau, Neisse, Potsdam, Solingen (berühmt durch die besten Klingen), Essen und Suhl in Preußen; — Amberg (Oberpfalz) in Bayern; — Herzberg und Hildesheim in Hannover; — Oberndorf (Schwarzwald) in Württemberg; — St. Blasien (Oberrheinkreis) in Baden; — Olbernhau in Sachsen; — Schmalkalden in Kurhessen; — Zella und Mehlis im Frstth. Gotha; — Gernrode am Harz im anhalt-bernb. Frstth. Ballenstädt.

Messer u. a. Kurz-[1] oder Quincailleriewaaren fabriciren besonders folgende Orte: Sheffield, Birmingham, London und Woodstock in England; — Namur und Gemblour (Hennegau) in Belgien; — Langres (Champagne), Moulins (Bourbonnais), Thiers (Auvergne), Cosne und Paris in Frankreich; — das Jourthal (Canton Waadt) und die berühmten Thäler Locle, Chaux de Fond, Aarau und Travers (C. Neufchatel), die hauptsächlich und zwar die besten Uhrmacherwerkzeuge liefern, aber auch die Städte

[1] Unter kurzen Waaren versteht man streng genommen alles, was nicht mit der Elle gemessen wird und noch den Namen der Waare verdient, nämlich für den Großhandel geeignet ist. Diese letztere Bestimmung ist das wesentliche Merkmal der kurzen Waaren, welches dieselben bestimmt begrenzt. Nicht Schönheit der Arbeit, nicht Werth des Materials allein, sondern vorzugsweise der merkantilische Werth ist es, der das Urtheil über die Kurzwaaren leiten muß.

Genf, Aarau und Bern in der Schweiz; — Steier, Waidhofen, Wien, Grätz, Prag, Nixdorf, Carlsbad und Reichenberg in Oesterreich; — Solingen,[1] Remscheid, Iserlohn, Sömmerda und Suhl in Preußen; — Schmalkalden[2] und Brotterode in Kurhessen; — Holzminden in Braunschweig; Nürnberg und Fürth in Bayern; — Tuttlingen (Schwarzwald) und Heilbronn in Württemberg; — Pforzheim (Mittelrhein) in Baden; — Dieburg in Hessen-Darmstadt; — Oberwiesenthal, Olbernhau und Neustadt bei Stolpen in Sachsen; — Ruhla bei Eisenach im Weimarischen und Gothaischen; — Sonnenberg und Steinbach in Meiningen.

Messing, sowie Messing- und Broncewaaren.

Am stärksten in dieser Fabrikation sind: Bristol und Birmingham und Macclesfield in England; — Norköping in Schweden; — Namur und Lüttich in Belgien; Paris und Romilly (Normandie) in Frankreich; — Riopas

[1] Die deutsche Fabrikation schneidender Waaren hat ihren Sitz vorzugsweise in Solingen; die dortigen Fabriken, mit Scheeren, Taschen-, Küchen-, Feder- und Rasirmessern beschäftigt, haben bereits eine bedeutende Höhe erreicht. In einem kleinen Bezirke finden 12,000 Menschen Nahrung und Beschäftigung in einem Industriezweige, in welchem wir das gefürchtete England als Rivalen haben. Der Producent hat ihrer technischen Vollkommenheit sich genähert und den Engländern die lange behaupteten für unbestreitbar gehaltenen Märkte entrissen. Dieß haben Iserlohn in den geprägten Broncen, Remscheid in seinen eigenthümlichen Eisenwaaren, Barmen und Lüdenscheid in den Knöpfen und Solingen in den Messern und Scheeren gethan. Es hat sich in Spanien und Portugal, wie in allen Staaten des Continents, selbst in Amerika einen festen Markt errungen und sich einen Umsatz von jährlich mehreren Millionen Thalern gesichert. In ordinären Sorten Messer und Scheeren hat Solingen den Sieg über seine englischen Mitbewerber gewonnen. Es verfertigt jährlich gegen 300,000 Klingen, 500,000 Dutzend Gabeln und Messer, 200,000 Dutzend Scheeren und eine unendliche Masse Kurzwaaren, die nach allen Erdtheilen verschickt werden. In der Nähe ist eine vortreffliche Gußstahlfabrik.

[2] So wie in Remscheid hat sich in Schmalkalden und der Umgegeud die Fabrikation von Eisenwaaren festgesetzt und ausgebreitet. Die ganze Bevölkerung beschäftigt sich ausschließlich mit solchen Arbeiten und ihre Produkte hat der kurhessische Verein gesammelt und in Berlin ausgestellt. Der Betrieb in Schmalkalden ist in der Weise eingerichtet, daß der Arbeiter zu Hause arbeitet, die fertige Waare dem Kaufmann bringt und von diesem neue Bestellung erhält. Den Preis der Arbeiten bestimmen die Fabrikanten gemeinschaftlich. Die Produktion erstreckt sich auf Stahlbijouterien, auf Werkzeuge, als: Beiß- und Nagelzangen, Hämmer, Feilkloben, Abziehstähle, Nagelbohrer, Raspeln und Feilen, dann auf Lockeneisen, Lichtscheeren, auf Federwagen, Feuerstähle, Hakenringe, Henkel, Plätteisen, Holzrollen, Vorlegeschlösser; ferner größere Arbeiten, als: Pferdegebisse, Steigbügel, Blasbälge 2c.; hier auch die vorzüglichen Schusterahlen. — Aehnliche Arbeiten hat auch Meklis bei Suhl, nämlich hübsche Stahlbijouterien aller Art, Pfropfenzieher, Lichtscheeren, Stimmhämmer und Stimmgabeln und schöne stählerne Nußknacker.

in Spanien; — Aachen und Stolberg,[1] Iserlohn und Altena, Neustadt-Eberswalde (Brandenburg) und Tarnowitz (Oberschlesien) in Preußen; — Krakau und Polen; — Nadelburg und Oede in Nieder-, Ebenau in Oberösterreich; Graslitz (Elbogener Kreis) in Böhmen; Achenrain in Tyrol; Frauenthal in Steiermark, und Neusohl in Ungarn; — Schwäbisch-Gmünd (Jaxtkreis) in Württemberg; — Augsburg, Nürnberg, Fürth und Lauf in Bayern; Rodewisch oder Niederauerbach und Rautenkranz (Voigtland) in Sachsen; — Goslar am Harz in Hannover; — Ocker am Harz in Braunschweig; — Bettenhausen bei Cassel in Kurhessen 2c.

Eisenblech. In gehämmertem Blech war bis auf die neueste Zeit Sachsen (Amt Schwarzenberg) und nächstdem Steiermark berühmt; jetzt liefert England mittelst Walzwerke, die hier zuerst angelegt wurden, das meiste und dann auch Schweden, Belgien (Lüttich), Frankreich, Rheinpreußen, der Harz, Bayern, Böhmen und Oberösterreich viel.

Blechwaaren. In Weißblechwaaren, namentlich in der Löffelfabrikation (jährlich über 300,000 Dutzend) ist noch immer Sachsen am stärksten, in den Aemtern Grünhain, Eibenstock und Schwarzenberg.

Argentan oder Neusilber liefert Sachsen zu Auerhammer bei Schneeberg aus der Fabrik des Erfinders (Dr. Geitner) und jetzt auch andere Länder, viel Argentanwaaren Leipzig, Berlin und Wien.

Nadeln[2] liefern Redditch (Worcester), Birmingham, Sheffield und Gloucester in England; — Paris, l'Aigle

[1] Die dasigen Messinghütten sind gesunken. Im Jahre 1816 waren 106 Oefen im Gange, gegenwärtig nur noch 40. Sie wurden durch Belgien sehr gedrückt, wo sich die Messinghüttenanlagen in der neuern Zeit sehr erweiterten. Der Debit nach der Ostsee ist größtentheils an das Messingwerk bei Neustadt-Eberswalde übergegangen.

[2] So viel die deutsche Nadelfabrikation auch durch die englische zu leiden hatte, und so sehr sie von dieser gedrückt und auf allen Märkten verdrängt wurde, hat sie sich bis zur jüngsten Zeit nicht nur erhalten, sondern in neuerer Zeit an Stärke und Ausdehnung zugenommen. Blühend, so lange noch der Kleinbetrieb allein allenthalben möglich war, nahm sie zwar in dem Maße ab, als die Fabrikausbildung, die Anwendung geeigneter Maschinen für feinere Sorten in England größere Verbreitung fanden, aber erholte sich schnell wieder, sobald auch die Deutschen denselben Weg einschlugen und in ihre erweiterten Fabriken die Maschinen einführten. Derzeit ist die Nähnadelfabrikation in schwunglichem Betrieb. In den drei Bezirken, welchen sie in Deutschland ausschließlich eigen ist, in Westphalen, der Rheinprovinz und in Mittelfranken, hat sie einen Umfang gewonnen, welche der englischen Fabrikation nahe gleichkommt. Sämmtliche Fabriken in den genannten Gegenden beschäftigen zusammen über 3000 Arbeiter und produciren jährlich circa 1700 Mill. Nähnadeln. Trotz dieser starken Produktion und während die deutschen Fabrikate nach Frankreich, Spanien, Italien, Polen und Rußland, nach der Levante, Persien, Ostindien und China und nach

und Rugle (Normandie) in Frankreich; — Aachen, Burtscheid, Eschweiler, Cöln, Altena und Iserlohn in Preußen; Schwabach, Lauf, Nürnberg und Fürth in Bayern; — Wien, Lichtenwerth und Nadelburg in Nieder-, und Hallein in Oberösterreich; Glauchau, Crimmitzschau, Auerbach und Oberwiesenthal in Sachsen.

Gold-, Silber- und Bijouteriewaaren.

Der Hauptsitz dieser immer mehr sich erweiternden Fabrikation ist in

Frankreich, namentlich in Paris, das allein gegen 700 Bijouteriefabriken zählt und dessen geschmackvoll gearbeitete Artikel von jeher den Vorrang behauptet haben. Außerdem finden sich aber in Frankreich auch gute Fabriken zu Lyon, Marseille, Bordeaux und Clermont (Auvergne).

Die Schweiz hat in Genf große und berühmte Fabriken, die namentlich auch viel schöne emaillirte Arbeiten liefern.

Italien: früher bedeutender als jetzt, jedoch Mailand, Venedig, Florenz und Genua noch immer ausgezeichnet.

England: London und Birmingham großartig.

Belgien: Antwerpen und Brüssel schon seit alter Zeit berühmt.

Deutschland: Hanau, Pforzheim, Mannheim, Karlsruhe, Stuttgart, Schwäbisch-Gmünd, Darmstadt, Offenbach, Frankfurt a. M., Nürnberg und Fürth, aber auch Augsburg, Berlin, Breslau, Prag und hauptsächlich Wien.

allen Theilen Amerikas verschickt werden, finden noch immer viele englische Nadeln den Weg nach Deutschland, ja man darf fast sagen, Deutschland verbraucht mehr englische als deutsche Nadeln. — Altena, Firma H. Witte und Söhne, beschäftigt an 1000 Arbeiter, 700 mit Nähnadeln, 200 mit Handarbeit in größeren Sorten, Stopf- und Straminnadeln, 50 mit Fischangeln, und producirt täglich nahe an 1½ Mill. Nähnadeln, wöchentlich 2000 Gros Stricknadeln und ½ Million Fischangeln. In Iserlohn ist dieser Industriezweig jünger als in Altena, die Zahl der Fabriken kleiner, aber die eine Fabrik daselbst ist die großte in Deutschland, ja vielleicht die größte in der Welt. J. Caspar Rumpe und Comp. in Altena besitzen die älteste Fabrik und sie war lange die bedeutendste und steht noch immer in sehr gutem Ruf. In den Rheingegenden ist die bedeutendste Fabrik von G. Pastor in Aachen, welcher als der Erste in Deutschland Maschinen einführte. Sie erhält sich großen Ruf in feinen Sorten Nähnadeln. Düren hat auch (geprägte) Nadeln. In Schwabach (Mittelfranken), wo die Nadelfabriken in Deutschland zuerst einheimisch waren, bestehen 48 Meister zunftmäßig, die gemeinschaftlich die nöthigen Wasserwerke besitzen, auf welchen geschliffen und polirt wird und die somit zusammen gleichsam eine große Fabrik bilden. In Nürnberg hat Wiß, nächst Witte in Altena, die größte Fabrik mit 500 Arbeitern. — Fingerhutfabrikation haben Ebbinghaus und Schrimpf in Iserlohn, Rumpe und Söhne und Rumpe und Comp. in Altena.

Uhren.

Der rege Sinn für fortschreitende Verbesserung und die Kunstfertigkeit, durch welche Eigenschaften namentlich die Schweizer Uhrenfabrikanten in diesem wichtigen Artikel immer mehr innere Vervollkommnung mit äußerer Schönheit in Uebereinstimmung zu bringen wußten, gaben in der neuesten Zeit dem Uhrengeschäft eine immer größere Ausdehnung. Die stärkste Fabrikation umfaßt

die Schweiz: und zwar Genf (jährlich gegen 80,000 Stück meist goldene Uhren) sowie die Jurathäler und Orte Chaux de Fond, Locle und Travers im Canton Neufchatel (zusammen an 130,000 Stück Uhren) auch das Jourthal im Canton Waadt. — Die Schweiz liefert auch die meisten Spieldosen u. a. mechanische Kunstwerke dieser Art.

Frankreich: Paris, ebenfalls berühmt; dann Besançon, Montbeillard, Pontarlier, Morez u. a. O. der Depp. Doubs und Jura in der Franche-Comté; aber auch Gex in Burgund und vorzüglich Beaucourt im Oberelsaß. — Paris bringt auch viel feine Pendulen oder Pendeluhren in den Handel, wozu der letzgenannte Ort aus den berühmten Fabriken der Gebr. Japy die meisten Gewerke liefert.

England: London, Liverpool, Birmingham, Coventry und Edinburg, welche Orte theure, aber auch mit großem Fleiß gearbeitete Uhren von dauerhafter Construktion liefern und vorzüglich durch die genauesten Chronometer sich auszeichnen.

Deutschland: hier macht nur Wien in selbstgearbeiteten geschmackvollen Pendulen ein nicht unbedeutendes Geschäft. — Stärker als jedes andere Land ist dagegen Deutschland in der Fabrikation von

Holzuhren. Dieser Industriezweig wird nirgends in der Ausdehnung und Vollkommenheit betrieben als im Schwarzwald (Schwarzwälder Uhren), namentlich in den badischen Bezirken Triberg und Neustadt (Oberrhein- und Seekreis), wo in 43 Ortschaften allein über 1200 Meister von diesem Geschäftszweige leben. Man baut schon längere Zeit nicht bloß hölzerne, sondern auch ganz metallene Uhren und dabei auch viel künstliche Spieluhren. — In Württemberg findet sich diese Industrie in weit geringerem Maßstabe zu Schwenningen. Außerdem zu Sneek im holländ. Friesland und zu Rönne auf der dänischen Insel Bornholm.

Erst in der neuesten Zeit wurde die Schwarzwälder Wanduhrenfabrikation nach Sachsen verpflanzt, wo sie zu Carlsfeld bei Eibenstock im höchsten Erzgebirge sich immer größer und wohlthätiger entfaltet.

Glas und Glaswaaren.

Den jetzt unentbehrlichen Artikel Glas liefern fast alle Länder, viel und gut aber vorzüglich [1]

Böhmen: in 75 in allen Gegenden, besonders aber im Leitmeritzer Kreise und an den Grenzen vertheilten Glashütten, deren allgemein geschätzte Waare zugleich im Verhältniß die wohlfeilste ist.

Kunst- oder geschliffenes sowie raffinirtes Krystall- und buntes Glas, auch künstliche Edelsteine, Perlin und Glaskorallen fabriciren hier vorzüglich die Orte Haida, Steinschönau und Kreibitz im Leitmeritzer-, Winterberg oder Adolph im Prachiner-, Gratzen im Budweiser-, Turnau und Gablonz im Bunzlauer- und vorzüglich auch Neuwald und Kleinwelt im Bidschower Kreise. — Außerdem hat Oesterreich noch gegen 150 Glashütten in allen Theilen der Monarchie.

Preußen: in 107 Glashütten, die meisten (25) in Schlesien zu Steinseifen, am Fuße der Schneekoppe, im Rgsbz. Liegnitz (im Riesengebirge, namentlich zu Schreiberhau und Warmbrunn), Brandenburg (zu Zechlin im Rgsbz. Potsdam), Westphalen (zu Gernheim bei Minden) und Rheinpreußen (zu Stolberg bei Aachen).

Bayern: wichtig namentlich die an Böhmen stoßenden Provinzen Niederbayern (bei Frauenau), Oberpfalz (bei Waldmünchen) und Oberfranken (viel Glasperlen-) und Mittelfranken (viel Spiegelfabriken); ferner Theresienthal im Regenkreise.

Außerdem viel Glashütten im Thüringerwald um Sonnenberg zu Lauscha ꝛc. (in Meiningen) und Sollingerwald (in Hannover und Braunschweig), zu Schauenstein in Niederhessen. — Außerhalb Deutschland am wichtigsten

England: großartig; Hauptsitz bei Newcastle am Tyne und bei Durham; dann bei London und Bristol, Stourbridge und Dudley (Worcestershire), Warrington (Lancashire) und Birmingham; aber auch bei Glasgow und Dunbarton in Schottland und bei Belfast, Dublin, Waterford und Cork in Irland.

Frankreich: ebenfalls auf hoher Stufe, besonders in Spiegel- und Krystallglas. Im Ganzen 165 Glashütten, ausgezeichnet Choisy-le-Roi bei Paris; Baccarat, St. Louis oder Münzthal, Toul und Saarburg in Lothringen; Mont-

[1] In den sächsischen Landestheilen von Deutschland war die Fabrikation eines reinen weißen Tafelglases seither ein Problem. Es ist gelöst. Im Ober-Erzgebirge Sachsens, auf der sogenannten Weitersglashütte, dem Auersberge gegenüber, wo seither nur ordinäres Hohlglas fabricirt wurde, ist es den unausgesetzten Bemühungen und Versuchen des jetzigen Besitzers endlich gelungen, das schönste Tafelglas zu gewinnen. Am 11. August 1848 wurde der wirkliche Betrieb auf der Hütte eröffnet. Schon die erste Walze zeigte sich in der vortrefflichsten Reinheit ꝛc.

cenis und Creusot in Burgund; Rive-de-Gier und Givors in Lyonnais, wie auch Bordeaux.

Belgien: ausgezeichnet die Hütten um Charleroi (Hennegau), Namur, Lüttich und Brüssel.

Italien: Venedig (Murano) lieferte am frühesten schönes Glas und Spiegel und übertraf lange Zeit alle andere europäische Länder; jetzt sehr gesunken und neben ihm Mailand und Florenz am wichtigsten.

Rußland: bereits hoch gekommen zu Petersburg, Moskau, Orel, Wladimir, Kaluga, Pensa u. a. O.

Spiegel.

Wichtig auch in diesem Artikel

Böhmen: 20 Hütten, die bedeutendsten zu Neuhurkenthal im Prachiner und zu Bürgstein im Leitmeritzer Kreise. — Außerdem berühmt die große k. k. Spiegelgießerei zu Glocknitz (die größte in Deutschland) und andere zu Viehofen bei St. Pölten und zu Wien in Niederösterreich.

Preußen: Neustadt a. d. Dosse in Brandenburg; zu Stralsund in Pommern; zu Reimbusch bei Berlin; zu Breslau, Friedrichsthal und Schreiberhau in Schlesien und zu Düsseldorf und Cöln am Rhein.

Bayern: Nürnberg und Fürth überaus wichtig, namentlich durch die ungeheure Menge von äußerst wohlfeilen Toiletten- und Taschenspiegeln, die nach allen Ländern der Erde gehen; die wichtigste Fabrik des Landes aber für große Spiegel ist zu Erlangen in derselben Provinz Mittelfranken. Außerdem viele Werke zu Ludwigsthal bei Regensburg im Ldger. Regen in Niederbayern.

Hannover: zu Amelith am Solling (unweit Nienover in der Lddr. Hildesheim).

Braunschweig: zu Grünenplan bei Greene an der Leine.

Kurhessen: zu Cassel und zu Altengronau in der Provinz Hanau.

Baden: zu Mannheim im Unterrheinkreise.

Sachsen: zu Olbernhau im Erzgebirge.

Meiningen: bei Sonnenberg (Köppelsdorf).

Ferner ausgezeichnet:

England: die großen Werke bei St. Helens (Ravenhead) unweit Liverpool und zu London und Bristol.

Frankreich: St. Gobin in der Picardie (Dep. Aisne), eine der berühmtesten Gießereien in Europa (Spiegel bis zu 175 Zoll Höhe und 125 Zoll Breite), Rouelle bei Langres in der Champagne und besonders auch St. Quirin bei Saarburg in Lothringen.

Spanien: die berühmte bisher königl. Fabrik zu San Ildefonso bei Segovia in Altcastilien.

Italien: die Spiegelhütten zu Murano bei Venedig, ehedem die berühmtesten in Europa, dann zu Mailand.

Rußland: die große k. Spiegelfabrik zu St. Petersburg.

Skandinavien: Kopenhagen in Dänemark und Calmar und Nyköping in Schweden.

Flintglas zu optischen Instrumenten, das bis auf die neueste Zeit nur London gut zu fabriciren verstand, liefert jetzt (nach Frauenhofers Erfindung) eben so gut Benedictbeuern in Oberbayern, und es wird dasselbe in den berühmten Utzschneider-Frauenhoferschen optisch-mechanischen Institut in München zu ausgezeichneten Instrumenten verarbeitet.

Böhmische Granaten.

Obwohl der Handel mit böhmischen Granaten bei weitem nicht mehr so blühend ist, wie früher, so verschafft er doch vielen Häusern der Stadt Turnau, wo dieselben geschliffen und in großen Partien verkauft werden, Erwerb und Beschäftigung. Sie werden im Czaslauer Kreise auf der Herrschaft Swietlau und im Leitmeritzer Kreise auf der Herrschaft Triblic und Dlaskowic, dann in der Gegend von Bilin aus der Erde gegraben und auf den geackerten Feldern, außerdem auch in Bächen gefunden. (Kommen auch eingewachsen im Serpentin vor, doch sind diese nicht zum Schliff geeignet.) Die schönsten werden bei Podsedlic gefunden. Zu welcher Größe zuweilen die Granaten in Böhmen gedeihen, davon zeugt unter Anderem der berühmte bei Podsedlic gefundene große Granat im Dresdner grünen Gewölbe, der zu den unschätzbaren Juwelen gezählt wird. Der stark ausgebeutete Boden liefert aber jetzt bei weitem weniger Granaten als früher, besonders werden die größeren Stücke immer seltener und sie betragen kaum den achten Theil der Gesammtausbeute von etwa 350 Pfund jährlich. Ehemals wurden die Granaten in Turnau geschliffen, am häufigsten aber, da man sie dort nicht bohren konnte, roh außerhalb des Landes, größtentheils nach Freiburg verführt, woher sie geschliffen wieder zurückgebracht und in Schnüren zu 250 bis 1000, oder auch als Rosetten zum Fassen in Schmucksachen, dutzendweise und einzeln in den Handel gebracht wurden. In neuerer Zeit haben sich die Herren Egydi Kriner und Söhne in Prag um die Ausbeutung dieses Handelsartikels wesentliche Verdienste erworben. Auch lassen sie viel Tyroler Granaten hier schleifen und bohren, die in beträchtlicher Quantität nach Böhmen geschafft werden. Mit dem Schliff- und Granatenhandel beschäftigen sich jetzt noch viele Häuser.

Porcellan.

Seit Böttcher von Schleiz zu Anfange des vorigen Jahrhunderts (1706) das Porcellan in Europa, wo man bis dahin nur chinesisches und japanisches gekannt, in Sachsen erfunden, hat sich diese Fabrikation fast über alle Länder verbreitet. Die wichtigsten Fabriken haben folgende Länder:

Sachsen: zu Meißen, die erste (1710 gegründet) und, in Hinsicht auf die Porcellanmasse, auch noch immer die berühmteste Fabrik in Europa. Niederlagen in Dresden und Leipzig.

Oesterreich: die große k. k. Fabrik zu Wien (seit 1718); außerdem die meisten bei Carlsbad (Schlackenwald, Elbogen ꝛc.), Klösterle (Kreis Saaz) und Gießhübel (Königgrätzer Kreis in Böhmen).

Preußen: die große königl. Fabrik zu Berlin (seit 1763), Alt-Moabit bei Berlin, andere zu Althaldensleben und Buckau bei Magdeburg, Bunzlau und Hirschberg in Schlesien und zu St. Martin bei Trier.

Bayern: die ebenfalls berühmte königliche Fabrik zu Nymphenburg bei München (seit 1747), andere bei Regensburg, Passau (Egendobel), Bruckberg (Mittelfranken), der Hauptsitz dieser Fabrikation aber in Oberfranken, zu Bayreuth u. a. O.

Kurhessen: zu Cassel und Hanau.

Thüringerwald: Auf diesem gibt es über 15 Porcellanfabriken, und zwar zu Ilmenau und Blankenhain im Weimarischen; zu Limbach, Rauenstein (unweit Sonnenberg), Pösneck und Wallendorf im Meiningischen; Ohrdruf und Elgersburg im Gothaischen; zu Volkstedt a. d. Saale im Rudolstädtischen; zu Breitenbach im Sondershäusischen sowie noch mehrere im Preußischen und Bayrischen.

Ferner noch zu nennen: Flörsheim am Main in Nassau; Fürstenberg am Solling (Kr. Holzminden) in Braunschweig; Eisenberg und Roschütz im Altenburgischen, sowie Gotha und Gera (Neuhaus). — Außer Deutschland groß:

Frankreich: die berühmte Nationalfabrik zu Sevres unweit Paris und gegen 32 Fabriken in der Umgebung von Paris selbst; ferner zu Chantilly (Dep. Oise), Limoges (Dep. Obervienne), Marseille, Bordeaux und Toulouse.

England: zu Worcester, Liverpool, Derby, Chelsea a. d. Themse bei London ꝛc. — Wichtiger und berühmter als das geringe und nicht sehr weiße englische Porcellan, das daher meist ganz bunt bemalt in den Handel kommt, ist das englische Steingut, namentlich das eben so bekannte als beliebte Wedgewood-Geschirr aus den Potteries und den Fabriken von Etruria bei Burslem in der Grafschaft Stafford.

Skandinavien: zu Kopenhagen und Stockholm.

Holland: nur zu Amsterdam, dagegen gute Fayencefabriken zu Delft in Südholland.

Belgien: zu Tournay, Mons, Brüssel und Gen (hier viel gute Fayence).

Schweiz: Genf und Nyon (C. Waadt).
Italien: Florenz und Turin.
Rußland: wo auch diese Fabrikation sehr an Umfang gewonnen, bei Petersburg (5 Fabriken), Moskau, Twer und Riga.

Holzwaaren.

In Holzwaaren aller Art, namentlich auch in Spielwaaren von Holz, Elfenbein ꝛc., ist vorzüglich Deutschland stark, wo dieser Industriezweig in gewissen Gegenden ganze Ortschaften und Distrikte beschäftigt, so daß diese Waaren, die in der neuern Zeit an Mannigfaltigkeit und Zierlichkeit der Arbeit viel gewonnen, einen bedeutenden Handelsgegenstand bilden und man darin immer stärkere Geschäfte nach allen Ländern der Erde macht. — Auszeichnung verdienen folgende Orte und Gegenden: Nürnberg, Fürth, Berchtesgaden und Ammergau in Bayern; Sonnenberg und die Umgegend in Meiningen; Neustadt a. d. Heide (für Sonnenberg) im Coburgischen; Krawinkel im Gothaischen; Ruhla (viel hölzerne u. a. Tabakspfeifen) im Weimarischen und Gothaischen; Seifen a. d. böhmischen Grenze, Grünhainchen unweit Zschopau, Waldkirchen, Marbach, Borstendorf, Wünschendorf, Börnichen und Olbernhau im sächsischen Erzgebirge; Oberleitensdorf und Rumburg in Böhmen; Ischl und Hallstadt in Oberösterreich; Debreczin in Ungarn (Millionen Tabakspfeifen); Steinseifen und Schreiberhau im schlesischen Riesengebirge; Zellerfeld bei Clausthal und Stiege bei Blankenburg im Harz in Hannover und Braunschweig; Geißlingen und Ulm in Württemberg (an letzterm Orte Pfeifenköpfe aus Holzmaser) und überhaupt auf dem Schwarzwald in Schwaben; das Gröbener Thal in Tyrol; besonders aber auch das Hasli- und Lauterbrunnerthal im Canton Bern, das Jourthal im C. Waadt und Glarus in der Schweiz; wie auch Spaa (Prov. Lüttich) und Hall (Südbrabant) in Belgien. — Die gewöhnlichen Namen für eine Menge von Holzwaaren sind: Nürnberger, Sonnenberger, Seifener, Gröbener, Berchtesgadener, Schwarzwälder, Geißlinger Waare.

Kutschen und Staatswagen von Brüssel, Lüttich und Wien.

Bleistifte in allen Nummern und in großen Quantitäten liefern Keswick (Cumberland) und London (die allerbesten), nächstdem Paris (jetzt auch aus künstlicher Masse), Wien, Regensburg, Nürnberg, Hafnerzell, (Niederbayern), Preßburg, Breslau und Kopenhagen.

Dosen: London, Paris, Toulon, Tula, Braunschweig, Nürnberg, Frankfurt a. M., Offenbach, Altenburg, Neukirchen bei Borna (Müller Dosen), Stuttgart.

Musikalische Instrumente.

Wie die Holzwaaren überhaupt, so bilden auch die musikalischen Instrumente einen blühenden Industriezweig in Deutschland, namentlich in Sachsen zu Neukirchen, Adorf, Klingenthal und Schöneck im Voigtlande, sowie zu Leipzig und Dresden (Fortepiano's und Messinginstrumente); aber auch zu Wien; zu Prag, Elbogen, Graslitz und Schönbach in Böhmen; Breslau und Schreiberhau in Schlesien; zu Nürnberg, Augsburg, München, Mittenwald a. d. Grenze von Tyrol und Schongau und Füssen am Lech in Bayern; zu Sonnenberg und Breitenbach (sondershäusisch) in Thüringen, wie auch zu Stuttgart, Darmstadt, Mainz, Göttingen und Hannover; zu Glarus in der Schweiz, und besonders zu Mailand und Cremona in der Lombardei; ferner zu Kiel und Rendsburg und Schleswig und Flensburg. — Violinen: Paris (von Villaume), Aachen (von Darche), Berlin und Leipzig (Busch).

Strohwaaren.

Von großer Wichtigkeit ist dieser wohlthätige und darum jetzt in mehreren Ländern immer mehr beachtete Industriezweig seit langer Zeit für Italien, namentlich für Toscana, wo die Fabrikation von Strohwaaren aller Art in und um Florenz, Siena, Pisa, Livorno und im ganzen Arnothale in großer Ausdehnung und mit viel Kunstfertigkeit (Florentiner Hüte) betrieben wird. Außerdem wichtig die Umgegend von Venedig, Mailand und Mantua, sowie Genua, Turin und Neapel. — Ferner die Schweizerorte Aarau, Freiburg, Luzern und Glarus, sowie Lyon, Paris, Alençon und Brüssel; in England: die Grafschaften Bedford, Hertford und Buckingham. — In Deutschland zeichnet sich, neben Wien, Hamburg, Berlin und Nürnberg, jetzt Sachsen und zwar Dresden und die Gegend zwischen Dresden und Pirna (Dohna, Kreischa, Wünschendorf 2c.), sowie Schramberg (Schwarzwaldkreis), Constanz und Baden in dem durch die Holzuhrenfabrikation bekannten Amte Triberg in diesem Industriezweig aus.

Zucker.

Die meisten und größten Zuckersiedereien haben die großen Seestädte, vorzüglich Hamburg (hier noch 50 thätig, früher über 300), London, Bristol, Liverpool, Amsterdam,

Rotterdam, Antwerpen, Havre, Bordeaux, Sevilla, Cadix, Malaga, Cette, Marseille, Venedig (hier die ältesten in Europa), Triest, Petersburg, Riga, Stockholm, Kopenhagen, Bremen, Stettin, Königsberg (die große Pollack'sche Dampfzuckersiederei), Danzig ꝛc.; indessen sind in der neuesten Zeit auch viele Raffinerien in den Binnenländern entstanden, und es zählt gegenwärtig allein der deutsche Zollverein gegen 100, von welchen etwa 70 auf Preußen (die meisten zu Cöln, gegen 20, Berlin, Potsdam, Breslau), die übrigen auf Bayern (Würzburg, Schweinfurt, Bamberg, Regensburg ꝛc.), Sachsen (Dresden und Meißen), Hessen (Cassel und Offenbach) kommen.

Runkelrübenzucker wurde zuerst in Deutschland, und zwar auf Marggrafs Entdeckung in Berlin im J. 1747, von Achard 1780 zu Kunern (Kr. Wohlau) in Niederschlesien bereitet. Während der Continentalsperre unter Napoleon entwickelte sich dieser Industriezweig vorzüglich in Frankreich, wo auch jetzt noch die meisten Rübenzuckerfabriken (1842 noch 380, 1837: 542), hauptsächlich im nördlichen Frankreich, in Flandern, Artois und der Picardie oder in den Depp. Nord, Pas de Calais, Somme und Aisne bei Lille, Valenciennes und Dünkirchen, bei Arras, Amiens und Laon, aber auch im Dep. Seine um Paris sich finden.

Deutschland zählt auch bereits über 200 Fabriken, die meisten in Böhmen (über 50, bei Prag, zu Dobrawitz bei Jungbunzlau ꝛc.), Mähren (hier Selowitz, Raitz und Blansko bei Brünn großartig); ferner: Wsetin, Klobauk und Napagedl im Kr. Hradisch, Ober-Suchau bei Freistadt (Kr. Teschen); Schlesien (hier erst wieder im J. 1830 durch den Grafen Magnis zu Eckersdorf angefangen und jetzt schon mehr als 20 Fabriken thätig, die meisten um Breslau) sowie bei Magdeburg (hier allein 12), Althaldensleben (Schützenbach'sche Aktiengesellschaft), und Quedlinburg in der Provinz Sachsen; dann in Bayern (Obergiesing und a. O. bei München; zu München sowie bei Ansbach und Ochsenfurt), Baden (Stockach im See-, Waghäusel bei Philippsburg im Unterrheinkreise, Mosbach, Ettlingen, Grötzingen, Offenburg, Freiburg und Constanz ꝛc.), Württemberg (Hohenheim, Ulm, Züttlingen, Altshausen ꝛc.), Kurhessen (bei Eschwege) und Sachsen (Grödel bei Großenhain, Lockwitz bei Dresden, Halte, Rossen bei Waldheim, Eythra bei Leipzig und Mühlbach bei Wurzen). — Außerdem noch viele Fabriken in Galizien und Ungarn. Hier die große Fabrik des Grafen Forgacz zu Ghymes im Neutraer Comit., durch einen geschickten Franzosen betrieben.

Belgien hat bereits über 40 Rübenzuckerfabriken, die meisten (20) in Hennegau und Brabant.

Rußland soll deren im J. 1841 schon 174 in Thätigkeit gehabt haben, die meisten um Moskau, Kaluga und Tula. Polen 1843: 29, im Gouv. Warschau allein 11.

Rauch- und Schnupftabak.

Die Tabaksfabrikation ist jetzt in allen Ländern und größern Plätzen bedeutend, unstreitig aber in Deutschland am stärksten; und wenn bisher Amsterdam in dieser Fabrikation als erster Platz in Europa galt, so stehen jetzt nicht minder groß Bremen (erster Platz in Cigarren) und Hamburg neben demselben.

Andere wichtige Orte in dieser Beziehung sind noch: Lübeck, Berlin, Stettin, Frankfurt a. d. O., Magdeburg, Leipzig, Hannover, Braunschweig, Cassel, Hanau, Frankfurt a. M., Offenbach, Nürnberg, Fürth, Augsburg, Lahr, Debreczin, Szegedin ꝛc. Außerdem berühmt die großen Cigarrenfabriken zu Sevilla, Cadix und Malaga in Spanien, die täglich über 500,000 Stück Cigarren bereiten sollen.

In Oesterreich ist bekanntlich die Tabaksfabrikation und der Tabakshandel Monopol der Regierung (Ungarn und Siebenbürgen ausgenommen), und es bestehen in der ganzen Monarchie nicht mehr als 10 große k. k. ärarialische Tabaksfabriken, nämlich zu Wien und Haimburg in Niederösterreich (die größten), zu Sedlecz (Czaslauer Kr.) in Böhmen, zu Göding (Brünner Kr.) in Mähren, zu Winniki unweit Lemberg in Galizien, zu Fürstenfeld (Grätzer Kr.) in Steiermark, zu Schwaz am Inn in Tyrol, zu Mailand und Venedig in der Lombardei und zu Ragusa in Dalmatien.

Eben so verhält es sich in Frankreich, wo die Regie ebenfalls allen Tabak in 10 großen königl. Fabriken, zu Paris, Havre, Morlaix (Bretagne), Lille, Straßburg, Bordeaux, Tonneins a. d. Garonne im Dep. Lot und Garonne, Toulouse, Marseille und Toulon verarbeiten läßt.

Schnupftabaksorten. Manche Namen der verschiedenen Schnupftabake sind willkürlich gewählt, manche beziehen sich auf das Land, wo die dazu verwendeten Blätter gebaut werden, oder wo man diese Sorten zuerst bereitete, obgleich jetzt durch ganz Deutschland fast alle Sorten des Schnupftabaks bereitet werden. Bekannte Namen sind: Espaniol oder Spaniol, auch Sevillatabak genannt, sowie Tonca oder Tonco (aus Spanien); ferner St. Omer und Dünkirchner oder Cardinal (nach den gleichen flandrischen Orten im nördlichen Frankreich, sogenannte flämische Carotten), **Rappé de Paris** oder Robillard (nach dem Pariser Fabrikanten dieses Namens), Bolongaro (nach dem Frankfurter Fabrikanten),

Macuba (nach einem Bezirk auf der französischen Insel Martinique in Westindien), Marokko, Marino, Brasil, St. Domingo, St. Vincent, Debröer oder Debrier (nach einem ungarischen Orte bei Erlau), Naturell oder Sans sauce, Holländer, Hanauer, Straßburger, Offenbacher, Augsbürger oder Lotzbeck (nach dem Fabrikanten in Augsburg und Lahr) 2c.

Seife.

Auch die Seife, die in den südlichen Ländern Europa's meist aus Olivenöl, in den nördlichen aber vorzüglich aus Talg und Alkalien bereitet wird, bildet in einigen Ländern und Orten einen bedeutenden Handelsartikel, und man kennt im Handel besonders englische, französische, spanische, italienische, ungarische und russische Seife. In großen Massen zur Ausfuhr fabriciren in

England, London und Brentfort a. d. Themse bei London, Liverpool, Newcastle, Bristol, Frodsham bei Chester und Glasgow (zusammen gegen 1 Mill. Centner jährlich).

Frankreich: Marseille, Cette und Montpellier (Marseille allein über 500,000 Ctr.).

Spanien: Alicante, Valencia und Alcoy, sowie Sevilla, Malaga und Barcelona.

Italien: Genua, Venedig, Livorno, Ancona und Neapel, wie auch Triest.

Ungarn: der Meßplatz Debreczin in Oberungarn und Szegedin a. d. Theiß.

Rußland: Astrachan, Moskau, Petersburg, Schuja und alle großen Städte in 500 Fabriken. Ebensoviel Fabriken liefern hier auch ungeheure Massen Talglichter zur Ausfuhr.

Auch die Insel Candia liefert von Canea und Retimo jährlich an 50,000 Ctr. Seife in den Handel.

Man macht jetzt in mehreren Ländern, namentlich in England, auch viel Palmöl- und Cocosnußöl-Seife. Siehe Seite 205.

Toiletten- oder Parfümseife wie überhaupt Parfümerien aller Art, Pommaden, feine Oele, Essenzen u. dgl. liefern jetzt alle großen Städte, hauptsächlich aber Paris, Lyon, Montpellier, Beziers und Cette, La Grasse und Marseille, aber auch London, Windsor und Bristol, Wien, Berlin, Cöln, Leipzig und Gera.

Chemische Waaren.

Die gewaltigen Fortschritte in der Chemie haben eine Menge Fabriken ins Leben gerufen, die mannigfaltige chemische Präparate, namentlich auch viele Farben in großen Quantitäten für den Handel darstellen. Große Anstalten dieser Art finden sich hauptsächlich bei Paris (Neuilly), Montpellier (hier unter andern die größten Grünspanfabriken), Lyon, Marseille, Rouen, sowie zu Thann bei Mühlhausen im Ober- und zu Buchsweiler im Niederelsaß in Frankreich; zu Venedig, Mailand, Florenz, Rom und Tolfa in Italien; zu Amsterdam, Rotterdam und Lüttich in den Niederlanden; zu London und Bristol in England, sowie in Deutschland: zu Wien und vorzüglich zu Nußdorf bei Wien (eine der größten in Europa), aber auch zu Prag (hier auch eine große Zündhütchenfabrik eines Leipziger Hauses), Altsattel an der Eger (Kr. Pilsen) und Kommotau (Kr. Saaz) in Böhmen und Klagenfurt in Kärnthen; zu Raitz bei Blansko in Mähren (Kr. Brünn); zu Schönebeck bei Magdeburg (großartig; hier ebenfalls wie zu Prag eine große Zündhütchenfabrik desselben Leipziger Hauses), zu Berlin, Breslau, Bonn und Cöln in Preußen; zu München, Augsburg, Schweinfurt (in Farben ausgezeichnet) und Rednitz bei Wunsiedel (Oberfranken) in Bayern; zu Goslar, Hannover und Osnabrück in Hannover; zu Zwickau, Freiberg, Schneeberg, Döhlen und Potschappel (bei Dresden) in Sachsen, wie auch zu Bremen, Braunschweig, Offenbach, Karlsruhe, Stuttgart, Heilbronn und namentlich auch zu Moskau.

Schießpulver.

Die meisten Länder bereiten sich ihren Bedarf an Pulver selbst, berühmt aber in Hinsicht auf Güte und Feinheit ist das englische von Hounslow und Dartfort bei London und von Battel (Battelpulver) unweit Hastings in Sussex, sowie das Schweizerpulver von Bern, neben welchem auch das von Danzig und Freiberg einen Namen im Handel hat. Ferner in Belgien, Honou bei Mons, zu Clermont zwischen Lüttich und Aachen; zu Bautzen, Dresden und Zwickau in Sachsen; zu Hameln und Andreasberg in Hannover; Spandau (seit 1838 von Berlin hieher verlegt) liefert jährlich 5000 Ctr. Die meisten Pulvermühlen sind im Bergischen am Rhein, in den Kreisen Lennep und Mühlheim, sowie in Westphalen in den Kreisen Hagen, Altona, Siegen und in Schlesien zu Neisse, Patschkau und Reichenstein. In Friedrichswerk, nordwestlich von Kopenhagen, sind sechs Pulvermühlen und eine Salpeterfabrik.

Vom Handel im Allgemeinen.

Der Handel oder der wechselseitige Verkehr der Völker, welcher den Reichthum an Natur und Kunstprodukten der verschiedenen Gegenden, Länder und aller Zonen ausgleicht, mußte bei der in der neuesten Zeit immer stärker gewordenen Produktion an Rohstoffen aller Art und dem Aufschwung der Fabrikindustrie, für welche die nach allen Punkten der Erde ausgedehnte Schifffahrt immer neue Absatzwege suchte, fortwährend an Ausdehnung gewinnen, und dieß um so mehr, da man demselben in der neuesten Zeit durch Anlegung von Kunststraßen, Kanälen und Eisenbahnen, durch Ausrüstung von stärkern Handelsflotten, durch Erweiterung und Vervollkommnung der Dampfschifffahrt, durch gut eingerichtetes Postwesen, durch Banken, Assecuranzen, Handelsgesellschaften und Aktienvereine, hauptsächlich aber auch dadurch zu Hilfe kam, daß in mehreren Staaten die Regierungen ihm ihre Aufmerksamkeit zu schenken und einem freiern Handelssystem, gestützt auf gegenseitige Handelsverträge, zu huldigen anfingen, in Folge dessen Institute zur Förderung und Belebung der Industrie sowohl als des Handels entstanden, hemmende Monopole und Privilegien aufgehoben oder beschränkt, vor allem aber durch Vereinfachung des immer drückender gewordenen Zollsystems wenigstens in einigen Ländern dem innern und äußern Verkehr große Erleichterung verschafft wurde.

Eintheilung des Handels.

Im Allgemeinen unterscheidet man allen Handel in folgende zwei Hauptbranchen, in

Waarenhandel oder das Geschäft, welches mit **Natur-** und **Kunstprodukten** getrieben wird, und in

Wechselhandel, welcher den Kauf- und Verkauf von **Gold** und **Silber**, gemünzt oder in Barren, sowie aller **Papiere (Effekten)**, welche Goldwerth oder gleich Münzen Curs haben, als **Wechsel**, **Anweisungen**, **Cassenscheine**, **Banknoten**, **Staatspapiere**, **Aktien**, **Schulddocumente** ꝛc.

begreift. — Die sich damit beschäftigen, heißen *Bankiers* oder *Wechsler*, und *Curs* ist bei Geldsorten und Papieren der jeweilige Nennwerth (Wechselstand) derselben oder das, was der *Preis* bei Waaren ist.

Unter *Papierhandel* versteht man im Geldgeschäft hauptsächlich den Handel mit *Staatspapieren* (*Staatseffekten*, *Staatsfonds*) oder denjenigen Anweisungen oder Schulddocumenten, die der Staat für eine gewisse Summe an Geld auf sich selbst ausstellt oder in Umlauf setzt und verbürgt, so daß solche im öffentlichen Verkehr statt baaren Geldes angenommen werden müssen. Je nachdem nun ein Staat seinen Credit zu erhalten und zu befestigen weiß oder nicht, steigen oder fallen die Papiere (wie man zu sagen pflegt) im Werthe. — Dieser Papierhandel hat in unserer Zeit in ganz Europa eine früher nie geahnte Ausdehnung erhalten und ist — wie auch das Geschäft in Aktien — fast zum Hazardspiel geworden.

Die Städte, welche bedeutenden Einfluß im Wechselhandel erlangt haben, heißen *Wechselplätze*. Ein solcher ist *London* für die ganze Handelswelt, *Amsterdam* und *Hamburg* zwischen England und dem Festlande, *Paris* und *Frankfurt* zwischen dem Westen und dem Innern, *Augsburg* und *Livorno* zwischen dem Süden und dem Innern, sowie *Berlin*, *Petersburg* und *Wien* zwischen dem Innern und dem Osten Europa's.

Der Waarenhandel kann seyn:

Binnenhandel oder *innerer Handel*, welcher bloß innerhalb eines Landes mit inländischen Waaren getrieben wird. Bei diesem Verkehr können die angelegten Capitale schneller zurück erhalten und öfter umgesetzt werden als beim auswärtigen Handel.

Aus- und Einfuhr- oder *äußerer Handel*, welcher inländische Waaren ins Ausland führt und dagegen (meist im Austausch) fremde Produkte zurückbringt. Er wird an einigen für den Transport günstig gelegenen Plätzen, sowie in Hafenstädten von einer Anzahl größerer Kaufleute betrieben und beschäftigt sich mit großen Massen von Waaren, während der Binnenhandel in vielen kleinen Unternehmungen erscheint und geräuschloser seinen Weg geht.

Den wichtigsten Zweig des äußern und zwar überseeischen Geschäfts in Europa bildet der vielleicht die Hälfte seines ganzen Handels umfassende

Colonie- oder *Colonialhandel*, d. h. der Verkehr, den Europa mit seinen Colonien treibt und welcher nicht mit dem von ihm abhängigen *Colonialwaarenhandel*, den ein Kaufmann an jedem Orte mit Colonialwaaren treibt, zu verwechseln ist. S. Seite 137.

In Hinsicht der Art der Thätigkeit, mit welcher der Ein- und Ausfuhrhandel getrieben wird, unterscheidet man:

Activhandel, den man selbst mit dem Auslande treibt, indem man demselben die eigenen Waaren zuführt und seinen Bedarf von fremden sich selbst hereinholt, und besonders wenn man mehr verkauft als einkauft; im Gegentheil ist der Handel

Passivhandel, wenn die Bewohner eines Landes Käufer und Verkäufer zu Hause erwarten, und besonders wenn man mehr einkauft als verkauft.

Zwischenhandel treibt ein Volk, wenn es die Waaren eines Landes bezieht, um sie wieder nach einem andern Lande zu verkaufen; also eine Vermittlung des Verkehrs zwischen zwei Völkern durch ein drittes, aber nicht zu verwechseln mit Spedition.

Der Zwischenhandel umfaßt folgende zwei Unterabtheilungen, den

Commissionshandel, welcher in Auftrag und für Rechnung Anderer die Besorgung von Handelsgeschäften übernimmt, oder für auswärtige Kaufleute Waaren einkauft oder verkauft. Derjenige, welcher sich diesem Geschäfte unterzieht, heißt Commissionär, und der, welcher den Auftrag dazu ertheilt, Committent. — Die zweite Untergattung des Zwischenhandels ist das

Speditionsgeschäft, welches in der Empfangnahme und kaufmännischen Besorgung der Weiterbeförderung Andern zugehöriger Waaren oder Frachtgüter an den Ort ihrer Bestimmung besteht. Derjenige, welcher dieses Geschäft übernimmt, heißt Spediteur. Das Speditionsgeschäft setzt den Transit voraus, welcher weiter nichts als den Durchgang von Waaren durch ein Land bedeutet.

Proprehandel ist Handel für eigene Rechnung oder mit Waaren, von denen man selbst Eigenthümer ist.

Nach der Größe des einzelnen Absatzes der Waaren zerfällt der Waarenhandel überhaupt in

Groß-, Grosso- oder en-gros-Handel, welcher die Waaren an der Quelle in größern Massen für den Bedarf ganzer Gegenden kauft und herbeischafft, oder dieselben wenigstens im Ganzen nach Centnern ꝛc. verkauft; daher der Name Großhändler, Grossist oder Engroist, — und in

Klein- oder Detailhandel, welcher die Verkleinerung der im Großhandel herbeigeschafften Vorräthe bewirkt, indem er die unmittelbare Versorgung des Consumenten bezweckt und die vom Großhändler erkauften Waaren in einem offenen Laden oder Gewölbe feil bietet (Kramhandel); daher der Name Kleinhändler oder Detaillist.

Der Großhandel nimmt ein weit größeres Capital, aber dagegen eine geringere Menge von Arbeit als der Kleinhandel in Anspruch: er erfordert, wo nicht mehr Waarenkenntniß, doch viel mehr geographisches Wissen und Bekanntschaft mit den vielen Hilfsmitteln des Handels (Wechseln, Banken, Assecuranzen, Messen rc.), die der Kleinhandel weniger benutzt, sowie überhaupt einen geübtern Verstand und einen schärfern Blick auf die Zeitverhältnisse und Conjuncturen des Handels, oder — Speculationsgeist.

Schleich- oder Schmuggelhandel, auch Contrebande, Einschwärzen und Paschen nennt man das Ein- und Ausführen verbotener Waaren auf geheimen Wegen, oder auch das Einbringen von Waaren, die einen Zoll geben, unter falschem Namen.

Handelsgeschichte.

Seit Jahrtausenden hat der Handel, dessen wohlthätiger Einfluß auf das Culturleben der Völker und ihre Entwicklung unverkennbar ist, seine Segnungen über viele Länder ausgebreitet, Länder und Völker in wohlthätige Verbindung gebracht, Städte und Staaten gegründet, zur Milderung der Sitten, zu Wohlstand und Bildung geführt, und noch immer ist er die Triebfeder, welche Leben und nützliche Thätigkeit nach allen Richtungen weckt, die Produktion und Industrie belebt und das Streben nach neuen Entdeckungen jeder Art zu unermüdeter Thätigkeit spornt, ohne welchen Eifer manche in ihrer Anwendung auf das Leben wichtige Erfindung nicht gemacht worden und weite Landstriche der Erde unbekannt und unbebaut geblieben wären.

Glücklich also das Land, wo der Handel sich niederläßt. Die Geschichte aller Zeiten gibt dafür Belege; denn alle Staaten, wo der Handel mit seinem Gefolge, den Gewerben, der Landwirthschaft und dem Bergbau einzog, hoben sich schnell über ihre Zeitgenossen empor. So glänzte in der grauen Vorzeit Phönizien mit seinem reichen Tyrus und Sydon durch Schifffahrt und Industrie, und beherrschte später durch Reichthum und Macht Carthago, von Jenen gegründet, das Mittelmeer. So gebot nach ihm Italien durch seine Handelsgröße und konnte stolz seyn auf den auch jetzt noch nicht verschwundenen Glanz der Jahrhunderte der Medicäer und auf Venedigs und Genua's Macht. So wußten die muthvollen Hanseaten durch ihren Handelsbund Deutschland aus der Barbarei zu reißen und seine Städte zu bereichern; so Holland und Großbritannien die Meere zu beherrschen und in fremden Erdtheilen zu gebieten, und so gelang es durch rege Thätigkeit auch einem Staate in der neuen Welt, der freien Union in Nordamerika, zur Bewunderung seiner Zeit sich schnell und glänzend aus seiner Kindheit zum mächtigen Rivalen im Welthandel und dadurch zu seiner politischen Bedeutung zu erheben.

Nicht immer aber waren Handel und Industrie so blühend und ausgedehnt und ihr Wirkungskreis so umfassend als jetzt, da nicht jede Zeitperiode eine so vielseitige intellectuelle Entwickelung und ein so schnelles und allgemeines Vorschreiten in vielen Fächern des menschlichen Wissens bezeichnet, wie unser 19. Jahrhundert, und eben so wenig waren es immer dieselben Länder, welche in dieser Hinsicht glänzten; es dürfte daher wohl nicht ohne Interesse seyn, in kurzen Abrissen die wichtigsten Erscheinungen des Handelslebens und seine Entwickelung von der ältesten bis auf die neuere Zeit zu bezeichnen.

Kurzer Abriß der Geschichte des Handels und der Industrie von den ältesten Zeiten bis zum Aufblühen der italienischen Städte.

(Von 2000 vor bis 1000 nach Chr.)

Aller Handelsverkehr kann anfangs kein anderer gewesen seyn als der, welchen man auch jetzt noch bei Völkern auf niederer Culturstufe findet, ein Austausch roher Naturprodukte bei Mangel auf der einen und Ueberfluß auf der andern Seite, der nur erst bei der Vermehrung der Menschen und ihrer Bedürfnisse zum Kauf und Verkauf nach gewissen Preisen oder nach dem frühzeitig allgemein gewordenen Tauschmittel, den edlen Metallen und Münzen bestimmt, übergehen mußte.

Im Orient oder Morgenlande, auf dessen früheste Entwickelung sowohl als auf dessen edle Producte die älteste Geschichte hinweist, und wo zugleich der Kunstfleiß seine erste Ausbildung erhielt, erlangte auch der Handel zuerst eine weitere Ausdehnung, indem man schon im höchsten Alterthume von Indien, Babylonien und Arabien (hier über Saba und Aden) nach den Westküsten Asiens und nach Aegypten geschätzte orientalische Waaren, Gewürze, Spezereien zu Räucherwerk, Gold, Edelsteine und Perlen, Elfenbein, feine Hölzer, Baumwolle, Seide, kostbare Gewebe und Gold- und Silberstoffe verbreitete, was, wie meist noch jetzt daselbst, der Sicherheit wegen in großen Gesellschaften oder durch Karawanen geschah.

Bald theilten mit diesen weithandelnden Völkern die freien Phönizier in Sidon und Tyrus an der syrischen Küste oder im Lande Kanaan diesen Verkehr. Sie begnügten sich aber nicht mit dem beschränkten und beschwerlichen Landhandel, sondern vervollkommneten die Schifffahrt und begaben sich als erstes kühnes Seevolk aufs Meer, dessen Gefahren reicher Gewinn aufwog, während sie zugleich durch Karawanen nach den reichen Märkten Babylons (über Heliopolis oder Baalbeck und Palmyra oder Tadmor), nach Indien und Arabien (Petra) sowie nach dem durch Getreide, Baumwolle und köstliche Leinwand berühmten Aegypten (nach Meroe, Theben und Memphis) Handel trieben. Schon um 1500 v. Chr. gründeten sie Handelsniederlassungen auf Cypern, Rhodus, Creta oder Candia, an der Küste Kleinasiens und in Griechenland, bevölkerten später durch Colonien, die ihnen als Stationen für ihre entfernten Fahrten dienten, Sicilien (Panormos, das heutige Palermo), einen Theil der Nordküste Afrika's, wo sie Utika, später Carthago (um 880 vor Chr.), und das silberreiche südwestliche Spanien, wo sie Gades, das heutige Cadix, und Hispalis, das heutige Sevilla in Tarsis anlegten, und sollen von der iberischen Küste oder den Säulen des Herkules (dem heutigen Gibraltar) aus bis zu den Zinninseln Britanniens und den Bernsteinküsten der Ostsee gekommen seyn und dahin Tyrische Waaren zum Austausch gebracht haben. Auch an der Westküste von Libyen sollen sie Inseln, Madeira, die glücklichen (canarischen) Inseln besucht und bevölkert haben.

Nach Osten ging ihre Schifffahrt, hauptsächlich zu Salomo's Zeit und in Verbindung mit diesem Könige des benachbarten Palästina's, von den Häfen Elath und Ezion-Geber am rothen Meere aus und hatte das goldreiche Ophir zum Ziele, das man bald in Ceylon, bald im glücklichen Arabien suchte und Neuere an der Ostküste Afrika's gefunden zu haben glauben; doch erlosch die Theilnahme der Israeliten am Handel zur See alsbald nach dem Tode ihres Königs Salomo.

Wie in der Schifffahrt, wurden die Phönizier auch groß und berühmt in mehreren Gewerben: sie erfanden das Glas und die Purpurfarbe, webten und färbten prächtige Stoffe, arbeiteten in Elfenbein, Glas, Bernstein, Gold, Silber, Edelsteinen und Perlen viel glänzende Waaren, und schon im homerischen Zeitalter und unter David und Salomo preiset man tyrische und sidonische Gewänder, die als Luxusartikel für Könige und Große nach allen Gegenden verführt wurden. Auch sollen sie zuerst Münzen geprägt haben.

Gleichzeitig blühend durch Industrie, in Folge seiner Handelsverbindung mit Indien, war das stolze Babylon am Euphrat, das nicht nur in der Baukunst, im Metallgießen und in der Stahl- und Lederbereitung, sondern, wie Tyrus und Sidon, in der Verfertigung aller Waaren des orientalischen Luxus, im Gold- und Silbersticken, in Schmuck- und Edelsteinarbeiten und, wie noch jetzt diese Gegend, namentlich Bagdad, in kostbaren Teppichen, Shawls u. a. feinen Zeugen von Wolle und Seide vor allen andern Orten berühmt war.

Ebenso erhob sich frühzeitig — wie es heißt durch phönizische und ägyptische Ansiedler begünstigt — auch Griechenland oder Hellas durch Schifffahrt und Handel, und es erlangten namentlich die Colonien der jonischen Griechen auf der Westküste Kleinasiens, vor allen Milet, die Königin aller griechischasiatischen Städte, aber auch Ephesus und Phokäa und das noch jetzt als Stapelplatz des Levantehandels berühmte Smyrna eine Handelswichtigkeit, die auch die Stürme der Perserherrschaft im 6. Jahrh. nicht zu zerstören vermochten und nur zur Folge hatten, daß von dieser jonischen Küste aus Handelsniederlassungen auf mehreren Inseln des Archipels, auf dem Peloponnes, an den Küsten Italiens (Großgriechenland) Siciliens und selbst Galliens, wo Phokäer Massilia, das heutige Marseille gegründet haben sollen, entstanden und in der Folge Athen und Corinth mit ihren vielen Colonien als wichtige Seehandelsplätze und zugleich durch ihre Kunstwaaren sich auszeichneten.

Größer aber als alle hatte sich seit dem vierten Jahrhundert vor Chr. die phönizische Colonie Carthago an der Nordküste Afrika's (in der Nähe des heutigen Tunis) nicht nur zu einem mächtigen Handelsstaate erhoben, der, bei gleichem Unternehmungsgeist wie das phönizische Mutterland, die Rolle dieses übernahm, und, die Schifffahrt noch mehr benutzend, die Meeresherrschaft gewann und lange Zeit den Handel des Abendlandes umfaßte. Carthager beherrschten in Folge dieses die Inseln und Küsten des Mittelmeers, namentlich Sicilien, wo sie Syrakus, Spanien, wo sie Carthago nova, das heutige Carthagena, Sagunt u. a. Handelsniederlassungen gründen. Ihre Flotten gingen durch die Säulen des Herkules in das offene Weltmeer nach Armoricum und Britannien und befuhren einen Theil der Westküste Afrika's. Dabei trieben sie auf der noch heute bestehenden Karawanenstraße durch Fezzan und Oberägypten durch das nördliche Afrika Handel bis nach Arabien, und es wurde Carthago endlich so reich und mächtig, daß es die Eifersucht und Furcht der wilden eroberungssüchtigen Römer erregte, von denen es denn endlich auch, nachdem es lange das Glück gleicher Größe, aber auch das Geschick gleich traurigen Verfalls mit dem alten Tyrus getheilt, nach vieljährigen Kämpfen (punische Kriege) erobert und gleichzeitig mit dem blühenden Corinth (146 v. Chr.) ganz zerstört wurde.

Später schwang sich an der Nordküste desselben Erdtheils ein neugegründeter Seeplatz schnell zu einer bedeutenden Handelsgröße empor: Alexandrien, der noch heute blühende Seehandelsplatz Aegyptens am Mittelmeer, erst nach der Zerstörung von Tyrus durch Alexander d. Gr. und dem Verfall des phönizischen Handels (332 v. Chr.) von dem Besieger Vorderasiens und Aegyptens erbaut und nach seinem Namen benannt, war es, das unter der glänzenden Herrschaft der griechischen Königsdynastie der Ptolemäer zugleich Sitz griechischer Thätigkeit und griechischer Bildung geworden war und gleich Athen und Corinth bald alles in sich vereinigte, was Reichthum, Kunst, Wissenschaft und Industrie nur Großes bieten konnten. Vermöge seiner günstigen Lage beherrschte es die Küsten dreier Erdtheile und theilte nach Carthago's Fall mit Rhodus und Corinth den Seehandel über das Mittelmeer. Dabei trieb Alexandrien auch Schifffahrt auf dem rothen Meer und umfaßte bald den größten Theil des arabischen und indischen Handels, für welchen die Häfen Berenike und Myos Hormos als Stapelplätze von den Ptolemäern angelegt worden waren, von welchen die Waarenzüge durch Kanäle zum Nil und zum Markt des Welthandels, in den Hafen von Alexandrien gelangten, dessen Reichthum endlich auch mit ganz Aegypten dem unersättlichen Rom anheimfallen sollte.

Ob nun schon das kriegerische Rom nach der Zerstörung Carthago's nothgedrungen der Schifffahrt und dem bisher vernachlässigten oder verachteten Handel, der hier lange Zeit mehr Sache freigelassener Sklaven und Bürger der untersten Classen war, mehr Aufmerksamkeit zu schenken angefangen und nach so vielen Siegen endlich auch eine Seemacht begründet und des vortheilhaften Verkehrs nach der Levante sowie, nach der Eroberung Aegyptens unter Augustus (30 v. Chr.), des arabischen und indischen Handels in Alexandrien sich bemeistert hatte: so konnte dasselbe bei seinen ewigen Kriegen doch kein Handelsstaat werden. Die durch die Eroberung fast aller bekannten Länder herbeigeführten Schätze erzeugten bei den Römern einen hohen Grad von Ueppigkeit und Genußliebe, wodurch zwar die schönen Künste sehr emporkamen, aber zugleich mit der zunehmenden Weichlichkeit und Erschlaffung am Ende der Verfall nicht nur des Handels, sondern des Staates selbst herbeigeführt wurde. Alexandrien in Aegypten behauptete daher fortdauernd den Rang des ersten Handelsplatzes im großen Römerreiche, und blieb bei allem Wechsel der Herrscher, mit nur geringen Unterbrechungen, noch über 1000 Jahre nach Roms Fall — bis zur großen, durch die Umschiffung Afrika's und die Entdeckung Amerika's herbeigeführten Katastrophe — ein Hauptstapelplatz des Welthandels und zugleich ein Hauptsitz gelehrter Kenntnisse.

Neben Alexandrien erhob sich nach Roms Sturz durch die Völkerwanderung (476 n. Chr.) das alte Byzanz oder die neue Residenz der oströmischen oder griechischen Kaiser, Constantinopel, besonders seit der Herrschaft Justinians, der die Seidenraupe von China nach Europa gebracht (um 555) und durch glückliche Kriege und weise Gesetze den Glanz Griechenlands gehoben hatte, zu einer bedeutenden Größe. Es wußte bald die vortheilhaftesten Handelsverbindungen für sich zu gegewinnen und zu benutzen, und wurde endlich nach der Eroberung Alexandriens durch die Araber oder neue Glaubensschaar der Muhamedaner (640) ein Hauptsitz des Handels und der Markt nicht nur für levantische, sondern überhaupt für asiatische wie für afrikanische Waaren, wo die Schätze vieler Länder zusammenflossen. Die Stadt selbst lieferte für ihren ausgebreiteten

Handel eine Menge geschätzte Fabrikate in Seide, Baumwolle, Wolle, Ziegenhaare, Leder, Stahl, Gold und Silber, und brachte neben Wachs, Wein, indischen Gewürzen und Spezereien, sowie Edelsteinen und Perlen, besonders auch schon viel russisches Pelzwerk zur Ausfuhr nach dem Abendlande.

Die Gründung des neuen Reiches in Vorderasien und Nordafrika durch Muhamed und seine Nachfolger oder das um die Mitte des 7. Jahrh. immer weiter um sich greifende Kalifat mußte allerdings das oströmische oder griechische Reich erschüttern, indem die durch den Islam auf einmal begeisterten und zu Eroberungen getriebenen Araber oder Muhamedaner wie ein reißender Strom unaufhaltsam weit nach Asien und Afrika und selbst über Spanien sich ausbreiteten und dem griechischen Kaiserthume Syrien, Kleinasien und Aegypten entrissen; indessen behauptete Constantinopel, wenn auch unter vielfachen Kämpfen, doch lange noch seine politische und commercielle Größe. Aber neben ihm erhob sich gegen das Ende des 8. Jahrh. der Sitz der mächtigen Kalifen und des orientalischen Luxus, das reiche Bagdad am Tigris, zum Mittelpunkte eines vielseitigen und ausgedehnten Handels, wie auch zu einer Hauptstätte für Kunst und Wissenschaft, welcher Glanz sich bald auch über Damaskus, das vor allen andern Plätzen durch seine Industrie in Baumwollen-, Seiden-, Leder- und Stahlwaaren groß geworden, sowie über Aleppo oder Haleb in Syrien verbreitete, und Araber waren es, welche in dieser Zeit von China und Java bis nach Marocco und Spanien Handelsverbindungen unterhielten, im 9. Jahrh. schon in Canton verkehrten und da den Thee, den Arak und das Porcellan kennen lernten.

So im Orient. Nachdem nun der Occident oder das westliche Europa von den durch Roms Untergang und die Bewegungen germanischer Stämme herbeigeführten Stürmen sich erholt und neue Staaten sich gebildet hatten: da blühten zuerst auf der pyrenäischen Halbinsel, unter der Herrschaft der Mauren oder der aus Arabien über Marocco schon zu Anfange des 8. Jahrh. (Tarik, 711) eingedrungenen Muhamedaner, neben den alten punischen und römischen Pflanzstädten Cadix, Sevilla, Malaga, Carthagena 2c., besonders Cordova (Kalifat), Granada, Murcia, Valencia, Tarragona, Barcelona, Saragossa, Toledo u. a. Städte Spaniens durch Kunstfleiß, den die Mauren zugleich mit dem Anbau des Bodens, wohin sie kamen, belebten, sowie durch Handel empor. — Eben so hatte auch schon das südliche Frankreich einen lebhaften Verkehr nach der Levante angeknüpft, und namentlich die alte Colonie Massilia oder Marseille, ihres Ursprungs würdig, sich zum wichtigsten Handelsplatz des westlichen Europa's erhoben, neben welchem bald Arles, Narbonne und

Bordeaux, Tours, Soissons und Paris durch Fabriken und Handel sich auszeichneten und Lyon und St. Denis durch ihre Messen berühmt wurden. Wie glücklich aber auch diese Anfänge in Spanien und Frankreich sich zeigten, so waren doch die folgenden Zeiten hier (und eben so in den Niederlanden und im nördlichen Deutschland) durch die wiederholten Einfälle der Normänner und später durch die Kämpfe mit den Engländern, dort durch die endlosen Kriege gegen die Mauren für das Emporkommen beider Staaten höchst ungünstig und die Folge davon, daß, obschon die Wein- und Salzausfuhr aus beiden Ländern, besonders nach den Niederlanden und England bereits lebhaft zu werden angefangen, ihr Handel bis auf die neuere Zeit im Ganzen noch sehr passiv blieb.

Seit Karl d. Gr. (um 800) erlangte auch Deutschland ein blühenderes Ansehen; denn schon unter ihm, der besonders auch um Landwirthschaft und Gewerbfleiß sich verdient machte, gewann man die meisten jetzigen deutschen Produkte und arbeitete besonders in Flachs, Wolle, Häuten und Metall für die nöthigsten Bedürfnisse des Lebens; die Küstenbewohner trieben starken Fischfang und mehrere Orte am Rhein waren schon durch ihren Reichthum an Wein berühmt. Der meiste Handel beschränkte sich aber hier auf Binnenhandel, welcher besonders in der Nähe der Stifter und Klöster bei festlichen Gelegenheiten — daher Messe genannt — getrieben wurde.

Wenn in dieser Zeit schon süddeutsche Städte mit Constantinopel in Handelsverbindung kamen, so ist als noch wichtiger, und zwar für das nördliche Deutschland, namentlich für die Ostseeländer, die Handelsstraße und der Waarenzug zu bezeichnen, der von Constantinopel aus über das schwarze Meer und mittelst Karawanen durch Rußland über Kiow oder Kiew am Dnjepr, den Mittelpunkt dieses ausgebreiteten Handels, und Nowgorod am Ilmensee zur Ostsee ging, und für welchen noch im 9. Jahrh. die slawische Stadt Wineta auf der pommerschen Insel Usedom, damals nächst Constantinopel der wichtigste Handelsplatz in Europa, und nach seinem Untergange Wisby (mit seinem Waterrecht) auf der schwedischen Insel Gotland der Stapelplatz war, wohin die levantischen und indischen Waaren gegen nordische Produkte (Pelzwerk, Bernstein, Flachs, Tauwerk, Wolle, Häute, Leder, Eisen, Kupfer, Theer, Thran ꝛc.) gelangten.

Als wichtige Verkehrsplätze zeichnen sich ferner seit dem 10. Jahrh. aus, an der Ostsee: Danzig, Julin auf der pommerschen Insel Wollin, Schleswig, besonders aber Lübeck; an der Nordsee: Ripen auf der dänischen Halbinsel Jütland, sowie Hamburg und Bremen; am Rhein: Cöln, Coblenz, Mainz, Worms, Speier und Straßburg, vorzüglich auch Frankfurt am Main (dessen Messen schon im Jahr 843 ihren

Anfang genommen), während im innern Deutschland: Bardowik im Lüneburgischen, Braunschweig, Magdeburg, Erfurt und Halle; in Süddeutschland: Ulm, Augsburg, Nürnberg, Regensburg, Prag, Salzburg und Wien durch Gewerbfleiß und Handel erblühten, und auch schon Belgien, namentlich das reiche Flandern und Brabant, in Gent, Brügge, Brüssel und Antwerpen Musterstätten des Kunstfleißes und besuchte europäische Märkte besaß.

Höher aber als Deutschland und das westliche Europa stiegen, seit 1000 n. Chr., durch Handelsschifffahrt auf dem Mittelmeer und nach dem Orient bereichert, mehrere Städte Oberitaliens, die der Herrschaft der deutschen Kaiser sich entzogen und zum Theil zu mächtigen Republiken sich gebildet hatten.

Von der Blüthe der italienischen Städte bis zur Entdeckung Amerika's und Auffindung des Seewegs nach Ostindien.

(Von 1000 bis 1498 nach Chr.).

Jahrhunderte lang hatte Italien, von harten Schlägen einer wild bewegten Zeit getroffen, darniedergelegen und die Greuel im Gefolge der vom Osten und Norden nach dem zertrümmerten Römerreiche sich drängenden rohen Völkerschwärme dieses schöne Land verwüstet: da entwickelte sich endlich durch Fleiß und Thätigkeit in Schifffahrt und Handel an mehreren Punkten ein neues fröhliches Leben, und es erhoben sich allmählig, durch den Verkehr nach der Levante, namentlich nach Constantinopel, bereichert, vorzüglich die Seeplätze Venedig, Genua, Pisa und Amalfi, während gleichzeitig Florenz, Siena, Mailand, Lucca, Bologna u. a. Plätze durch Handelsverbindungen mit ihnen sowie durch glänzende Industrie diese Größe theilten.

Die Kreuzzüge im 11. und 12. Jahrh. waren es besonders, welche den Verkehr zwischen dem Orient und Europa auf einmal außerordentlich belebten und erweiterten, und während derselben wurden namentlich Venedig und Genua durch ihre Seemacht und ihren Unternehmungsgeist berühmt. Sie brachten auf ihren Schiffen eine Menge Kreuzfahrer nach dem Orient und fanden dabei Gelegenheit, neue Verbindungen für ihren Verkehr anzuknüpfen sowie Vergünstigungen und selbst viele Niederlassungen für ihre umfassenden Geschäfte zu erhalten, wodurch endlich der Handel nach der Levante sowie nach Indien und China und nach allen damals bekannten Ländern in ihre Hände kam.

Venedig, längere Zeit im Besitz von Constantinopel (lateinisches Kaiserthum von 1204 bis 1261), aber durch seine mächtigen Rivalen, die Genueser, von diesem Platze wieder verdrängt, umfaßte den Handel nach Syrien und Aegypten, wo Ptolemais oder Akre und Alexandrien ihre Niederlagen wurden; es hatte Cypern, Rhodus, Samos, Chios, Candia, Negroponte, mehrere Küstenstrecken von Morea, die ionischen Inseln, Dalmatien u. a. wichtige Punkte im Archipel und adriatischen Meere gewonnen, während Genua den Handel von Constantinopel, Kleinasien und dem schwarzen Meere sich zugeeignet, hier die Halbinsel Taurien oder die Krim in Besitz genommen und die Seestadt Kaffa auf derselben zu einer glänzenden Handelsniederlage gemacht hatte, wo durch Karawanen russische, persische und indische Waaren zusammenflossen und mit den levantischen über Constantinopel nach dem Abendlande gelangten. So theilten beide, lange wetteifernd sich verfolgend, den gewinnreichen Handel und die Herrschaft zur See, bis endlich nach vieljährigem Kampfe Venedigs Uebermacht, von Genua anerkannt, über die Herrschaft der Lombardei und des Mittelmeers entschied.

Seitdem verminderten sich die Karawanenzüge vom Orient durch Rußland zur Ostsee, und Italiener verführten die morgenländischen und indischen Waaren, zugleich mit ihren eigenen Produkten und reichen Fabrikaten in Seide, Wolle, Papier, Glas, Spiegeln, Gold, Silber, Stahl und vielen Luxusartikeln, deren Verfertigung sie im Orient gelernt, nicht nur nach dem Nordwesten Europa's bis in die Niederlande, wo sie unter dem Namen Lombarden die von dem ganzen nördlichen Europa besuchten großen Waarenniederlagen und Messen zu Brügge, Gent, Brüssel und Antwerpen errichteten, sondern es gingen auch schon Waarenzüge nach dem südlichen Deutschland, und zwar vom schwarzen Meere längs der Donau nach Wien und Regensburg, sowie von Italien aus nach Augsburg und Nürnberg, welche Städte von dieser Zeit an zuerst als Niederlagen des italienisch-levantischen Handels sich auszeichneten.

Zugleich bildete sich in den italienischen Städten ein schon in früherer Zeit von dem durch Schifffahrt und Handel berühmten Rhodus im Süden und von Wisby im Norden begründetes und später von Barcelona, Marseille und Venedig angenommenes Seerecht, sowie im 13. Jahrh. das von Florenz ausgegangene Wechselrecht aus, neben welchem, ebenfalls zur Erleichterung der Handelsgeschäfte, schon im 12. Jahrh. zu Venedig die erste Girobank errichtet worden war.

Während dieß in Italien vorging, hatten sich auch in Deutschland mehrere Städte durch lebhaften Handelsverkehr gehoben, und dieß würde noch mehr der Fall gewesen seyn, hätte nicht in dieser rohen Zeit der Befehdung oder des Faustrechts und des Mangels an öffentlichem Schutz die Unsicherheit auf Reisen dem Handel so viele Hindernisse und Störungen bereitet und denselben allen äußern Anfällen Preis gegeben. Dieser Umstand veranlaßte damals, wo der Verkehr noch so vieler Hilfsmittel der spätern Zeiten ermangelte, daß Kaufleute eines Ortes oder einer Gegend in Verbindungen für Handelszwecke sich vereinigten und sich für Reisen theils selbst bewaffnet, theils mit bewaffnetem Gefolge zusammenhielten, was später hauptsächlich zur Erweiterung des Handels beitrug, indem diese Verbindungen endlich die Vereinigung mehrerer Städte mit einander, sowie die Anlegung gemeinschaftlicher Niederlagen und Sammlungspunkte im In- und Auslande zur Folge hatten. Was aber bisher nur Privatsache gewesen war, sollte nun Staatssache werden und politische Wichtigkeit erhalten.

Lübeck, das Haupt der norddeutschen Handelsplätze, wußte endlich, um dem Handel mehr Ausdehnung und namentlich um ihm gegen die so häufig vorkommenden Ueberfälle und Plünderungen auf den Landstraßen und Flüssen von Seiten der Raubritter und auf der Nord- und Ostsee von Seiten der normännischen Seeräuber durch eine Gegenwehr mehr Sicherheit und Schutz zu geben, durch Verträge die meisten größern Städte an der Ostsee, sowie an der Elbe, Weser und überhaupt im nördlichen Deutschland und zum Theil auch in den Niederlanden, für ein gemeinschaftliches Handelsinteresse zu gewinnen und durch sein im Jahre 1241 mit Hamburg und Bremen geschlossenes Schutz- und Trutzbündniß gegen gewaltsame und räuberische Störungen ihres Handels zu Land und zu Wasser den Grund zu jenem berühmten Handelsbunde, der deutschen Hansa, zu legen, der bald durch eine ansehnliche Landmacht nicht nur die Straßen sicherte und mehrere Raubschlösser zerstörte, sondern auch durch seine Flotten in den nördlichen Gewässern so mächtig wurde, wie gleichzeitig die italienischen Städte auf dem Mittelmeere.

Zur Erweiterung der Handelsgeschäfte errichtete die Hansa vier große Comptoire und Niederlagen als Stapelplätze ihres Handels im Auslande, nämlich für die Niederlande, Frankreich und das übrige südliche Europa, namentlich zur Verbindung mit den italienischen Republiken, anfangs zu Brügge in Flandern, später zu Antwerpen; für England zu London; für Skandinavien zu Bergen in Norwegen; für Rußland, Livland, Polen und Preußen, sowie zur Verbindung mit dem schwarzen Meer und dem Orient über Kiew, anfangs zu Nowgorod am Ilmensee, später zu Narwa am finnischen Meerbusen, und die Zahl der von der Mündung der Schelde in den Niederlanden bis zur Narowa in Rußland verbündeten Städte belief sich endlich auf 85, unter denen, neben den noch jetzt durch Bündniß vereinigten drei Hansestädten **Hamburg**, **Bremen** und **Lübeck**, besonders **Bergen**, **Wisby**, **Reval**, **Riga**, **Königsberg**, **Elbing**, **Danzig**, **Thorn**, **Krakau**, **Frankfurt a. d. O.**, **Berlin**, **Stettin**, **Stralsund**, **Rostock**, **Kiel**, **Gröningen**, **Nimwegen**, **Cöln**, **Münster**, **Minden**, **Bielefeld**, **Osnabrück**, **Hannover**, **Hildesheim**, **Lüneburg**, **Goslar**, **Braunschweig**, **Quedlinburg**, **Halberstadt**, **Magdeburg**, **Halle** u. m. a. sich auszeichneten.

Begünstigungen von allen Seiten, königliche und fürstliche Freibriefe und Privilegien, sowie vortheilhafte Verträge mit mehreren Nachbarstaaten, namentlich zur freien Aus- und Einfuhr in ihren Ländern, gaben dem Bunde Festigkeit und Ansehen, und die Vortheile des gesellschaften Verkehrs, besonders aber der gewinnvolle Zwischenhandel, der endlich fast jeden Handelspunkt Europa's in seinen Wirkungskreis gezogen hatte, verschafften demselben Schätze und dadurch die Macht, Jahrhunderte lang im Norden Europa's zu gebieten und bis gegen das Ende des 16. Jahrh. die Entwickelung eines eigenen activen Handels in den Ländern an der Ost- und Nordsee in seinem Interesse zu verhindern.

Zum Austausch gegen die von Italien kommenden Waaren des Südens, der Levante und Indiens erschienen nun durch die Thätigkeit der Hansa, namentlich auf ihrem Hauptstapelplatze zu Brügge, die nordischen Produkte in Menge, und zwar: **Getreide**, **Flachs**, **Hanf**, **Segeltuch** und **Tauwerk**, **Häute**, **Leder** und **Pelzwerk**, **Eisen**, **Kupfer** und **Bernstein**, **gesalzene Fische**, **Thran**, **Talg**, **Seife** und **Bauholz** von Rußland und der Ostsee, aber auch viel **Wolle**, **Zinn**, **Blei** und **Leder** von England.

Zu gleichem Zweck, zur Belebung und Sicherung des Handels gegen die Raubsucht des rohen Adels, namentlich auf dem Rhein und nach den Niederlanden, hatte sich bald nach dem hanseatischen der **rheinische Bund** (i. J. 1247) von den Städten **Mainz**, **Frankfurt**, **Aschaffenburg**, **Oppenheim**, **Worms**, **Mannheim**, **Heidelberg**, **Speier**, **Straßburg**, **Mühlhausen**, **Breisach**, **Basel**, **Zürich** und **Freiburg**, auch einigen am Niederrhein und in dessen Nähe gelegenen, namentlich **Bonn**, **Cöln**, **Wesel** und **Aachen** und mehreren westphälischen Städten gebildet, welcher im 14. Jahrhunderte durch den **schwäbischen Bund**, an dessen Spitze **Augsburg**, **Ulm**, **Nürnberg** und **Regensburg** standen, eine wohlthätige Erweiterung erhielt, indem durch denselben nicht nur der Donauhandel und die Handelsverbindung mit Constantinopel gefördert wurde, sondern auch der Verkehr der süddeutschen Städte mit den italienischen Republiken eine größere Erweiterung erhielt. In dieser Zeit war es, wo namentlich

Nürnberg und Augsburg, diese Hauptplätze zwischen Nord- und Süddeutschland, sich außerordentlich erhoben und durch eine vielseitige und ausgezeichnete Gewerbsindustrie, deren tausenderlei Artikel, wie noch jetzt nach allen bekannten Ländern der Erde ausgeführt wurden, ihre Reichthümer erwarben.

Da durch diese Städtevereine auch viele Manufakturen geschaffen wurden, ebenso der Bergbau in mehreren Gegenden, namentlich am Harz und im Erzgebirge, in dieser Periode schon reiche Ausbeute an Silber, Zinn und Eisen gewährte, so zeichnete sich, neben den Niederlanden, Deutschland frühzeitig durch eine Menge geschätzter Fabrikate (Leinwand, Tuch, Leder, Papier, Glas, Eisen- und Stahlwaaren) sowie durch lebhaften innern Verkehr und Wohlhabenheit seiner größern Städte aus; und wenn Belgien oder die flandrischen und brabanter Städte noch früher als Deutschland eine Höhe im Kunstfleiß erreicht, so besaß England vor andern Ländern hauptsächlich dadurch große Vorzüge, daß es nicht nur seine frühzeitig aufblühenden Wollenmanufakturen reichlich mit dem rohen Material versorgen, sondern davon noch ein Bedeutendes ausführen konnte, wodurch London, bei seinem starken Verkehr mit den Hanseaten, schon im 14. Jahrh. neben Brügge ein reicher und wichtiger Handelsplatz wurde.

Wenn so in Europa Handel und Gewerbe immer mehr aufblühten, ging der Orient bei den langen verheerenden Kriegen der Mongolen und Osmanen, bei welchen selbst die Karawanenzüge durchs südwestliche Asien (über Kaschmir, Lahore, Candahar, Kabul, Samarkand, Buchara, Herat, Teheran und Tauris, Kasan, Orenburg und Astrachan, Tiflis, Eriwan, Erzerum, Mossul, Bagdad und Basra, Mocca, Mecca, Medina, Damask, Aleppo, Tokat, Brussa und Smyrna) in mehreren Gegenden auf längere Zeit unterbrochen wurden, immer mehr seinem Verfalle entgegen, und nur Alexandrien blieb noch mit Indien in der Verbindung, welche seit Jahrhunderten von Venedig lebhaft unterhalten worden war. Auch die reichen Länder und Inseln des südöstlichen Europa's mußten später dieß Unglück theilen, als die wilden Osmanen im 14. und 15. Jahrhunderte von Asien herüber auch in diese verwüstend einfielen und endlich mit der Erstürmung von Constantinopel dem griechischen Kaiserthum (i. J. 1453) ein Ende machten, in Folge dessen zugleich für Genua und Venedig die erworbenen Besitzungen und Handelsfreiheiten in der Levante verloren gingen.

Im übrigen Europa blieb der Gang des Handels unverrückt, bis nach Einführung des Gebrauchs des Compasses zu Anfange des 14. Jahrh. eine neue Epoche für die Schifffahrt begann und mit Hilfe dieses einfachen Instrumentes erfolgreichere Seefahrten unternommen wurden, die endlich die gänzliche

Umgestaltung und daher eine neue Periode des Welthandes herbeiführten.

Seitdem erwachte die Lust zu weitern Seereisen, um die bis dahin noch ziemlich unbekannten Oceane zu erforschen und vielleicht glückliche Entdeckungen zu machen; und in Italien namentlich regte sich ein Sinnen und begannen Bestrebungen, einen directen Weg zur See nach Ostindien, vielleicht durch die Umschiffung Afrika's, zu entdecken, um so leichter zu den Quellen des Handels zu gelangen und die reichen Erzeugnisse dieses Landes aus erster Hand beziehen zu können, ohne sie erst, wie bisher, den ägyptischen Sultanen abkaufen zu müssen, die mit ängstlicher Vorsicht darüber wachten, daß kein Europäer durch ihr Land den arabischen Meerbusen oder das rothe Meer hinunter Handel nach Arabien und Indien trieb, was sie natürlich um den Gewinn gebracht hätte, den sie als Zwischenhändler bei den indischen Waaren genossen, die sie selbst nach Alexandrien und Damiette bringen und hier nach den von ihnen bestimmten Preisen von den Venetianern sich bezahlen ließen.

Allein nicht Italien, sondern Portugal und Spanien war es vorbehalten, diese große, für den Handel und für die Wissenschaft gleich wichtige Aufgabe zu lösen. Portugal namentlich that viel, und hatte daher auch, nachdem sein Königssohn Prinz Heinrich der Seefahrer die Bahn gebrochen und Porto Santo und Madeira (1418), die Azoren (1432), die capverdischen Inseln (1444) und Senegambien und die Goldküste Guinea (1452) entdeckt, zuerst den Triumph, durch die Umschiffung des Vorgebirgs der guten Hoffnung und die Auffindung des Seewegs nach dem vielgepriesenen Indien durch Vasco de Gama im Jahr 1498 das lang ersehnte Ziel zu erreichen. Während aber dieß von Portugal geschah, hatte der muthvolle Genuese Christoforo Colombo, der das ersehnte Land des fernen Osten auf dem Wege über den großen Ocean nach Westen suchen wollte, im Jahr 1492 die noch erfolgreichere Entdeckung des neuen Erdtheils Amerika für Spanien gemacht, welches endlich im Jahr 1522 dasselbe, was Portugal um Afrika gefunden, in entgegengesetzter Richtung durch Fernando de Magelhaens ausführte, durch welche glückliche Entdeckung zugleich die erste Weltumseglung vollendet ward und dem Handel, dem nun neue Bahnen gezeichnet wurden, der ganze Erdkreis sich erschloß.

Groß wurden nun Portugal und Spanien durch Erwerbung blühender Niederlassungen und Eroberung reicher Länder, sowie durch den Welthandel, der nun in Lissabon und Cadix seinen Sitz aufschlug, während Venedigs und Genua's Glanz mit dem Aufhören ihres Handelsmonopols allmählig schwand. Statt der Italiener versorgten nun Portugiesen und Spanier Europa mit der Fülle ost- und westindischer Produkte, die bis auf den heutigen Tag das Ziel ununterbrochener Seefahrten geblieben sind und von denen man bald die immer stärker in Europa begehrten, durch Colonisirung fruchtbarer Gegenden, in großen Anpflanzungen oder Plantagen zu erzeugen sich bemühte und diese nun unter dem Namen Colonialwaaren (Zucker, Kaffee, Cacao, Gewürze, Reis, Baumwolle, Indigo, Tabak rc.), zu deren Gewinnung im Großen man bald Hunderttausende von Negersklaven aus Afrika nach Amerika schaffte, nach Europa brachte. Da dieser immer mehr sich erweiternde Verkehr, dem sich bald auch der von China und Japan anschloß, welche reiche Länder die Portugiesen zur See aufgefunden hatten, einen starken Austausch von Manufaktur- und Fabrikwaaren aller Art veranlaßte, so belebte dieß die Betriebsamkeit und den Gewerbfleiß in Europa außerordentlich, und es hoben sich, neben dem damals und noch lange in Kunstfleiß in Europa am höchsten stehenden Italien, besonders Frankreich, die Niederlande, England, Deutschland und die Schweiz durch die Entwickelung eines vielseitigen Fabrikwesens und den Absatz einer Menge von Waaren aller Art für den überseeischen Handel, da Portugal und Spanien bei ihrer geringen Industriethätigkeit die Bedürfnisse der neuentdeckten Länder keineswegs zu befriedigen vermochten. Neben Lissabon, Cadix, Oporto, San Lucar und Sevilla blühte nun auch Bordeaux und Havre, besonders aber Antwerpen, das schon seit der Mitte des 15ten Jahrhunderts der glänzende Stapelplatz des Handels zwischen dem Norden und Süden Europa's war, wie auch Amsterdam und London durch Seehandel empor, und der Gewinn, den die Unternehmungen bei der neuen Richtung des Handels herheiführten, machte, daß bald auch Holländer, Engländer, Franzosen, Dänen u. a. an demselben thätigen Antheil zu nehmen bemüht waren, was endlich die Handelsthätigkeit so unendlich vervielfältigte und den Manufakturen die großartige Entwickelung gab, der Europa seinen Reichthum und seine Macht verdankt.

(Die Handesgeschichte der neuern und neuesten Zeit sehe man unter den einzelnen Ländern im II. und III. Theile der Handelsgeographie.)
